实用专利丛书

DIANXUE ZHUANLI
SHIWU ZHINAN(DI ER BAN)

电学专利实务指南（第2版）

仇蕾安　温子云　著

北京理工大学出版社
BEIJING INSTITUTE OF TECHNOLOGY PRESS

版权专有　侵权必究

图书在版编目（CIP）数据

电学专利实务指南 / 仇蕾安, 温子云著. --2 版. --北京：北京理工大学出版社，2022.1
　　ISBN 978-7-5763-0910-2

Ⅰ. ①电… Ⅱ. ①仇…②温… Ⅲ. ①电学－专利申请－中国－指南 Ⅳ. ①G306.3-62

中国版本图书馆 CIP 数据核字（2022）第 012660 号

出版发行 /	北京理工大学出版社有限责任公司
社　　址 /	北京市海淀区中关村南大街 5 号
邮　　编 /	100081
电　　话 /	（010）68914775（总编室）
	（010）82562903（教材售后服务热线）
	（010）68944723（其他图书服务热线）
网　　址 /	http://www.bitpress.com.cn
经　　销 /	全国各地新华书店
印　　刷 /	保定市中画美凯印刷有限公司
开　　本 /	710 毫米×1000 毫米　1/16
印　　张 /	16
字　　数 /	264 千字
版　　次 /	2022 年 1 月第 2 版　2022 年 1 月第 1 次印刷
定　　价 /	66.00 元

责任编辑 / 施胜娟
文案编辑 / 施胜娟
责任校对 / 周瑞红
责任印制 / 李志强

图书出现印装质量问题，请拨打售后服务热线，本社负责调换

前　言

知识产权是指"权利人对其所创作的智力劳动成果所享有的专有权利"。各种智力创造例如发明、文学和艺术作品，以及在商业中使用的标志、名称、图像以及外观设计，都可被认为是某一个人或组织所拥有的知识产权。

专利权是知识产权的一个重要组成部分。从技术领域分，专利分为电学、机械和化学。而本书专门涉及的电学是指广义的电学领域，不仅包括电气、微电子，还包括自动控制、光电、通信、计算机、机电一体化，等等。在学科交叉越来越多的情况下，电学领域还涉及医学、经济、数理分析等更广阔的学科。这使电学领域的专利撰写和审查意见答复工作更为复杂和多样化，不仅需要注意新创性、公开充分等问题，还需要注意专利权的保护客体问题以及不授予专利权的情形。

基于上述特点，本书在第 1 章介绍了知识产权的概念、特征及类型，并针对知识产权的重要组成部分——专利权进行了详细介绍，特别提出对于电学领域的专利申请文件撰写需要注意的问题，使读者对获得专利权的基本条件形成清晰的认识。第 2 章和第 3 章分别从电学领域专利申请文件撰写以及审查意见答复进行举例介绍；在专利申请文件的撰写部分，通过 6 个典型案例展示了撰写过程中可能遇到的各种问题，包括创造性挖掘问题、权利要求布局问题、技术主线不清晰问题、不符合授权客体问题、公开充分问题、单一性问题，等等。笔者通过对比发明人撰写的技术交底书和代理人撰写的申请文件，指出在撰写专利申请文件时的法律依据及撰写思路；在专利审查意见的答复部分，通过 6 个方面、14 个案例列举出电学专利申请可能出现的几乎所有类型的审查意见，并依照相关法条给出了在遇到该类审查意见时如何进行有效答复的方案。

本书的出版得到北京理工大学研究生教育培养综合改革项目的资助。

希望本书对有意了解并进入专利代理行业的人士起到积极的作用。由于时间仓促，水平有限，本书中的观点和内容难免存在偏颇或不足之处，希望读者批评指正，提出宝贵的意见和建议。

目 录

第 1 章　知识产权及相关概念 ··· 1
1.1　知识产权的概念和特征 ·· 1
1.2　知识产权的种类 ··· 2
1.3　电学领域发明专利简介 ·· 7

第 2 章　电学部专利撰写 ·· 12
2.1　案例 1　周界防范高压电网防短路控制方法、装置和模块 ············· 12
　　2.1.1　案例类型概述 ·· 12
　　2.1.2　技术交底书及解读 ··· 16
　　2.1.3　权利要求书和说明书的撰写思路 ···································· 25
　　2.1.4　最终递交的申请文件 ·· 29
　　2.1.5　小结 ··· 42
2.2　案例 2　一种用于影像数据提取的剖分预处理方法及数据提取方法 ··· 42
　　2.2.1　案例类型概述 ·· 42
　　2.2.2　技术交底书及解读 ··· 45
　　2.2.3　权利要求书和说明书的撰写思路 ···································· 50
　　2.2.4　最终递交的申请文件 ·· 54
　　2.2.5　小结 ··· 62
2.3　案例 3　一种基于贝叶斯网络的机械类产品的性能评估方法 ·········· 63
　　2.3.1　案例类型概述 ·· 63
　　2.3.2　技术交底书及解读 ··· 65
　　2.3.3　权利要求书和说明书的撰写思路 ···································· 74
　　2.3.4　最终递交的申请文件 ·· 78
　　2.3.5　小结 ··· 86
2.4　案例 4　一种恢复小凹光学系统所成像的黑边信息的系统 ············· 86
　　2.4.1　案例类型概述 ·· 86
　　2.4.2　技术交底书及解读 ··· 89
　　2.4.3　权利要求书和说明书的撰写思路 ···································· 90
　　2.4.4　最终递交的申请文件 ·· 92

2.4.5 小结 95
2.5 案例5 一种基于起伏地形的SAR森林二次散射有效路径计算方法 96
  2.5.1 案例类型概述 96
  2.5.2 技术交底书及解读 97
  2.5.3 权利要求书和说明书的撰写思路 102
  2.5.4 最终递交的申请文件 104
  2.5.5 小结 113
2.6 案例6 基于GeoSOT剖分编码的网络地址设计方法和数据资源调度方法 113
  2.6.1 案例类型概述 113
  2.6.2 技术交底书及解读 115
  2.6.3 权利要求书和说明书的撰写思路 122
  2.6.4 最终递交的申请文件 127
  2.6.5 小结 138

第3章 电学部专利答复审查意见 139

3.1 针对《专利法》第二十二条第三款的答复 139
  3.1.1 法条解读 139
  3.1.2 答复思路分析 140
  3.1.3 案例1：一种有表面微织构的车用旋转密封磨损分析方法 142
  3.1.4 案例2：基于北斗系统的应急生命监护救援系统 156
  3.1.5 案例3：毫米波圆极化一维和差车载通信天线 167
3.2 针对《专利法》第二十五条第（二）项的答复 172
  3.2.1 法条解读 172
  3.2.2 答复思路分析 173
  3.2.3 案例4：基于区域极点配置的鲁棒增益调度控制方法 174
3.3 针对《专利法》第二条第二款的答复 177
  3.3.1 法条解读 177
  3.3.2 答复思路分析 177
  3.3.3 案例5：一种基于图的个性化推荐方法 177
  3.3.4 案例6：一种模拟超声空泡动力学行为的数值方法 181
3.4 针对《专利法》第二十六条第四款的答复 184
  3.4.1 法条解读 184
  3.4.2 答复思路分析 185
  3.4.3 案例7：一种内燃机直气道参数优化设计方法 185

  3.4.4 案例 8：一种在龙芯计算平台上实现独立显卡显存分配的方法…… 193
  3.4.5 案例 9：一种半导体激光器超高频微波阻抗匹配方法……………… 206
  3.4.6 案例 10：基于喷雾燃烧引燃的附壁油膜燃烧实验装置和方法…… 212
  3.4.7 案例 11：一种 340 GHz 基于薄膜型器件准光型宽带双工器……… 220
3.5 针对《专利法》第二十六条第三款的答复 …………………………………… 226
  3.5.1 法条解读………………………………………………………………… 226
  3.5.2 答复思路分析…………………………………………………………… 226
  3.5.3 案例 12：一种基于零日攻击图的网络脆弱性评估方法…………… 227
3.6 针对实用新型审查意见的答复 ………………………………………………… 236
  3.6.1 法条解读………………………………………………………………… 237
  3.6.2 答复思路分析…………………………………………………………… 238
  3.6.3 案例 13：一种次氯酸钠溶液精确配制装置………………………… 239
  3.6.4 案例 14：一种心谱贴…………………………………………………… 242

参考文献……………………………………………………………………………… **248**

第 1 章

知识产权及相关概念

1.1 知识产权的概念和特征

知识产权是指权利人对其所创作的智力劳动成果所享有的专有权利。各种智力创造,如发明、文学和艺术作品,以及在商业中使用的标志、名称、图像以及外观设计,都可被认为是某一个人或组织所拥有的知识产权。知识产权是关于人类在社会实践中创造智力劳动成果的专有权利。

关于知识产权的特征,学术界有不同的表述,但大致有以下四个特征。

1. 知识产权客体的可复制性

知识产权客体的可复制性,即工业再现性,是指知识产权保护的客体可以被固定在有形物上,并可以重复再现和重复利用的特性。也就是说,通过对知识产权的利用,将其客体和其本身体现在某种产品、作品及其复制品或者其他物品等物质性载体上。知识产权客体的可复制性是知识产权被视为一种财产权的基本原因之一。

2. 知识产权的专有性

知识产权的专有性,也称为独占性、排他性或垄断性。主要表现在以下三个方面:

(1) 权利人对其知识产权的依法独占性:权利人依法可以独占其知识产

权,是知识产权专有性的充分体现。

(2)知识产权使用的授权性:在权利有效期内,未经知识产权所有人许可,在规定的区域内,其他任何人或单位不得使用此项权利,否则构成侵权。

(3)知识产权授予的专有性:对于一项智力成果,国家所授予的某一类型的知识产权应当是唯一的,以确保一项知识产权权利主体具有唯一性。

知识产权的专有性直接来源于法律的规定或者国家的授权,这是知识产权的专有性和不同于物权及人身权专有性的地方。知识产权专有性的核心在于对知识产权生产和利用的支配,这种对知识产权的控制支配同对有形财产的控制支配具有实质上的区别。

3. 知识产权的地域性

知识产权的地域性是指依据一国法律所获得的知识产权,仅在该国领域内有效,而在其他国家原则上并不发生效力。知识产权的地域性主要来源于国家主权原则,即一国授予的知识产权只能在该国范围内受到保护。

4. 知识产权时间上的有限性

知识产权时间上的有限性是世界各国为了促进科学文化发展、鼓励智力成果公开所普遍采用的原则。根据各类知识产权的性质、特征以及本国实际情况,各国法律对著作权、专利权、商标权和其他知识产权都规定了相应的保护期限。在中国,发明专利权的保护期限为 20 年,实用新型的保护期限为 10 年,外观设计专利的保护期限为 15 年(自 2021 年 6 月 1 日起施行)。根据知识产权的时间性要求,在法定的保护期限内权利有效,超过了保护期限则权利终止。

1.2 知识产权的种类

知识产权包括版权(著作权)及相关权利(指邻接权)、商标权、专利权、地理标志权、商业秘密权(含技术秘密)、植物新品种保护权、域名权、集成电路布图设计权、商号权、商品化权等。知识产权的类型是不固定的,而是随着科技的发展、社会的进步不断进行增加或调整。

1. 版权(著作权)及相关权利(指邻接权)

版权(著作权)理论上被称为文学艺术产权,保护的是文学、艺术和科学领域内具有独创性并能以有形形式复制的智力成果。邻接权是与著作权有关的权利，保护的是出版者、表演者、录音录像制作者、广播电台和电视台在作品传播活动中所付出的创造性劳动。著作权是基于文学、艺术、自然科学、社会科学、工程技术等作品依法产生的权利。

《安娜女王法》：1709年，英国议会通过了以保护作者权利为目的的《安娜女王法》，该法承认作者本人是著作权产生的源泉，承认了作者的财产权。《安娜女王法》在世界上首次承认作者是著作权保护的主体，确立了近代意义上的著作权思想，后来人们就把《安娜女王法》称为历史上第一部著作权法。

我国著作权法所称的作品，包括下列形式创作的文学、艺术和自然科学、社会科学、工程技术等作品：文字作品；口述作品；音乐、戏剧、曲艺、舞蹈、杂技艺术作品；美术、建筑作品；摄影作品；电影作品和以类似摄制电影的方法创作的作品；工程设计图、产品设计图、地图、示意图等图形作品和模型作品；计算机软件以及法律、行政法规规定的其他作品。

不适用著作权法保护的对象包括：法律，法规，国家机关的决议、决定、命令，以及其他具有立法、行政、司法性质的文件及其官方正式译文；时事新闻；历法、通用的数表、通用的表格、公式。

2．商标权

商标，是指自然人、法人或其他组织在商品或服务上使用，由文字、图形、字母、数字、三维标志、颜色组合等要素或其组合构成，用以区别商品或服务来源的标志。经国家核准注册的商标为注册商标。商标是不同经营者使用的、符合一定条件的，区分彼此商品或者服务的标志。商标权是商标所有人对其商标所享有的权利。

《中华人民共和国商标法》（以下简称《商标法》）规定，申请注册的商标，应当有显著特征，便于识别，并不得与他人在先取得的合法权利相冲突。商标注册人有权标明"注册商标"或者注册标记。

下列标志不得作为商标使用：①同中华人民共和国的国家名称、国旗、国徽、军旗、勋章相同或者近似的，以及同中央国家机关所在地特定地点的名称或者标志性建筑物的名称、图形相同的；②同外国的国家名称、国旗、国徽、军旗相同或者近似的，但该国政府同意的除外；③同政府间国际组织的名称、旗帜、徽记相同或者近似的，但经该组织同意或者不易误导公众的除外；④与表明实施控制、予以保证的官方标志、检验印记相同或者近似的，但经授权的除外；⑤同"红十字""红新月"的名称、标志相同或者近似的；⑥带有民族歧视性的；⑦夸大宣传并带有欺骗性的；⑧有害于社会主义道德风尚或者有其他不良影响的。县级以上行政区划的地名或者公众知晓的外国地名，不得作为商标。但是，地名具有其他含义或者作为集体商标、证明商标组成部分的除外；已经注册的使用地名的商标继续有效。

下列标志不得作为商标注册：①仅有本商品的通用名称、图形、型号的；②仅仅直接表示商品的质量、主要原料、功能、用途、重量、数量及其他特点的；③缺乏显著特征的。前款所列标志经过使用取得显著特征，并便于识别的，可以作为商标注册。

驰名商标：一般来讲，驰名商标是指在市场上具有较高声誉并为社会公众所熟知的商标。相对于一般商标，驰名商标的保护不以商标注册为条件，且驰名商标的保护范围从同类保护扩大到跨类保护。

3. 专利权

专利权（Patent Right），简称"专利"，是发明创造人或其权利受让人对特定的发明创造在一定期限内依法享有的独占实施权。我国于1984年颁布《中华人民共和国专利法》，1985年颁布该法的实施细则，对有关事项作了具体规定。

专利权的客体，也称专利法保护的对象，是依法应授予专利权的发明创造。根据我国《专利法》第二条的规定，专利法的客体包括发明、实用新型和外观设计三种。关于专利权会在下节内容中作进一步的详细介绍。

4. 地理标志权

我们所讲的地理标志是《商标法》中的术语，指的是某商品来源于某地区，该商品的特定质量、信誉或其他特征，主要由该地区的自然因素或人文因素所决定的标志。

地理标志权是指特定地域范围内某些同类商品的经营者，对其产地名称所享有的专有性权利。它具有以下特征：①蕴含巨大商业价值；②标明商品或服务的真实来源地；③不是单纯的地理概念，而是表明商品特有的品质，并和特定地区的自然因素或人文因素有极密切的联系；④不归属于某一特定企业或个人单独享有，而是属于某特定产地所有生产同类产品的，或者提供类似服务的企业或个人。

5. 商业秘密权

商业秘密是指不为公众所知悉、能给权利人带来经济利益、具有实用性并经权利人采取保密措施的技术信息和经营信息。关于商业秘密，在《关于禁止侵犯商业秘密行为的若干规定》（1998年修正）中有更详细的解释：不为公众所知悉，是指该信息是不能从公开渠道直接获取的；能为权利人带来经济利益、具有实用性，是指该信息具有确定的可应用性，能为权利人带来现实的或者潜在的经济利益或者竞争优势；权利人采取保密措施，包括订立保密协议，建立保密制度及采取其他合理的保密措施；技术信息和经营信息，包括设计、程序、产品配方、制作工艺、制作方法、管理诀窍、客户名单、货源情报、产销策略、招投标中的标底及标书内容等信息；权利人，是指依法对商业秘密享有所有权或者使用权的公民、法人或者其他组织。

商业秘密主要有秘密性、价值型和保密性等特征。

6. 植物新品种保护权

《专利法》（2008）第二十五条规定，植物品种不属于专利法保护对象，但对是生产方法则可以授予专利权。为了保护植物新品种权，国务院制定了《植物新品种保护条例》，并于1999年4月加入了《国际植物新品种保护公约》。

根据《植物新品种保护条例》（2013）的规定，植物新品种是指经过人工培育的或者对发现的野生植物加以开发，具备新颖性、特异性、一致性和稳定性并有适当命名的植物品种。植物新品种分为农业植物新品种和林业植物新品种。

培育植物新品种对国民经济的健康发展和社会稳定具有极为重要的意义，但培育植物新品种是一个相当复杂的过程，需要投入时间、资金和精力，而培育出来的植物新品种，却易于被人繁殖；因此，如果国家没有相应的法律制度保证培育者因其先前的投资获得合理回报，就无法鼓励人民培育更多优良品种，也就无法满足社会发展和人民生活的需要。

植物新品种保护也叫"植物育种者权利"，同专利、商标、著作权一样，是知识产权保护的一种形式。完成育种的单位或者个人对其授权品种享有排他的独占权。任何单位或者个人未经品种权所有人许可，不得以商业为目的地生产或者销售该授权品种的繁殖材料，不得以商业为目的地将该授权品种的繁殖材料重复使用于生产另一品种的繁殖材料。

7. 域名权

域名也称为网址，是连接到互联网上计算机的数字化地址，代表着入网申请者的身份，是互联网中用于解决地址对应问题的一种方法。现代活动已十分依赖于互联网，争夺网上的空间市场已经成为具有现代意识实业家的商战战略。域名作为一种在因特网上的地址名称，在网络蓬勃发展的今天，已成为代表一个单位形象的标志。

域名权是指域名持有人对其注册的域名依法享有的专有权，包括使用权、禁止权、转让权、许可使用权等几项具体权利。权利人对之享有使用、收益并排除他人干涉的权利。

域名是无形资产。域名作为企业在网络中的唯一具有识别性的标志，具有显著的区别功能，从某种程度上说其代表了一个企业的形象、信誉、商品及服务质量等，与域名持有者的商业声誉和其他名誉、荣誉等紧密相连，其商业价值不仅仅在于域名本身，更重要的是域名包含了持有者丰富的文化底蕴，具有巨大的无形价值。

域名具有专有性。域名作为域名持有者在网上的标志符号，其在全球范围都是唯一的，不可能存在两个完全相同的域名。也正是域名注册系统的这一技术特点决定了域名具有无可争议的专有性，只有权利人（域名持有者）可以在网络中使用该域名，除此之外，任何人均不得使用，也无法使用。

域名具有时间性。域名需要定期年检，否则便会被撤销。《中国互联网络域名注册实施细则》第19条规定：域名注册后每年都要进行年检（这类似于商标的续展），自年检日起30日内完成年检及交费的，视为有效域名，30日内未完成年检及交费的，暂停域名地运行，60日内未完成年检及交费的，撤消该域名。可见域名也不是无时间限制的权利。

域名具有地域性。域名的地域性表现为在网络中的"地域性"，而不像其他传统的知识产权类型的现实世界中的地域性。

中国互联网络信息中心（CNNIC）是中国负责管理和运行中国顶级CN域名的机构，2002年CNNIC出台了《中国互联网信息中心域名争议解决办法》和《中国互联网络信息中心域名争议解决办法程序规则》，为互联网络域名的注册或者使用而引发的争议的裁决提供了法律依据。

8. 集成电路布图设计权

根据《集成电路布图设计保护条例》（2001）第二条规定，集成电路布图设计是指集成电路中至少有一个有源元件的两个以上元件和部分或者全部互连线路的三维配置，或者为制造集成电路而准备的上述三维配置。布图设计需要投入相当的资金和人力，而其仿造却比较容易，且成本低、耗时短；因此，为了保护开发者的积极性，保护微电子技术行业的发展，有必要对其进行法律保护。

集成电路布图设计权是权利持有人对其布图设计进行复制和商业利用的专有权利。布图设计权的主体是指依法能够取得布图设计专有权的人，通常称为专有权人或权利持有人。布图设计专有权的取得方式通常有以下三种：登记制；有限的使用取得与登记制相结合的方式；自然取得制。关于布图设计权的保护期，各国法律一般都规定为10年。根据《关于集成电路的知识产权条约》的要求，布图设计权的保护期至少为8年。《知识产权协议》所规定的保护期则为10年。我国《集成电路布图设计保护条例》第十二条规定，布图设计专有权的保护期为10年，自布图设计登记申请之日或者在世界任何地方首次投入商业利用之日起计算，以较前日期为准。但是，无论是否登记或者投入商业利用，布图设计自创作完成之日起15年后，不再受该条例保护。

9. 商号权

商号，也称企业名称、厂商名称，是指法人或者其他组织进行民商事活动时用于标识自己并区别于他人的标记。商号是生产经营者的营业标志，体现其商业信誉和服务质量，是企业重要的无形资产。

商号与商标作为企业的无形资产，都是企业从事经营活动中使用的标识，都有一定的识别功能和经济价值。但两者也存在以下区别：附着载体不同，商号附着在生产经营者上，商标附着在商品上；一个生产经营者只有一个商号，却可以使用多个商标；商号的构成要素主要为文字，而商标则可以由文字、图形、字母、三维标志和颜色等或者其组合构成。

商号权，又称商事名称权，是指企业对自己使用行货注册的商号已发享有的专有权，包括商号使用权以及商号专用权。在中国，商号权的取得采取登记生效主义。根据《企业名称登记管理规定》（2012）第三条规定，企业名称在企业申请登记时，由企业名称的登记主管机关核定。企业名称经核准登记注册后方可使用，在规定的范围内享有专用权。

1.3　电学领域发明专利简介

本书所述的电学领域，是指广义的电学领域，不仅包括电气、微电子，还包括自动控制、光电、通信、计算机、机电一体化，等等。在学科交叉越来越多的情况下，电学领域还涉及医学、经济、数理分析等更广阔的学科。因此，对于电学领域的代理人，需要不断学习，来适应技术领域的广度以及发展的快速性。

电学领域专利权的撰写不仅需要注意新创性、公开充分等问题，还需要注意专利权的保护客体问题以及不授予专利权的情形。

1. 专利权的保护客体

专利权的客体，也称专利法保护的对象，是依法应授予专利权的发明创造。根据我国《专利法》第二条的规定，专利法的客体包括发明、实用新型和外观设计三种。电学领域会涉及发明和实用新型。

发明是指对产品、方法或者其改进所提出的新的技术方案。发明必须是一种技术方案，是发明人将自然规律在特定技术领域进行运用和结合的结果，而不是自然规律本身，因而科学发现不属于发明范畴。未采用技术手段解决技术问题，以获得符合自然规律的技术效果的方案，不属于专利法规定的保护客体。根据专利审查制度的规定，发明分为产品发明和方法发明两种类型，既可以是原创性的发明，也可以是改进性的发明。产品发明是关于新产品或新物质的发明；方法发明是指为解决某特定技术问题而采用的手段和步骤的发明。

实用新型是指对产品的形状、构造或者其结合所提出的适于实用的新的技术方案。实用新型专利只保护产品。该产品应当是经过工业方法制造的、占据一定空间的实体。一切有关方法（包括产品的用途）以及未经人工制造的自然存在的物品均不属于实用新型专利的保护客体。

2. 不授予专利权的情形

《专利法》第五条和第二十五条规定了不授予专利权的情形。

《专利法》第五条第一款规定：对违反法律、社会公德或者妨害公共利益的发明创造，不授予专利权。其中法律是指由全国人民代表大会或者全国人民代表大会常务委员会依照立法程序制定和颁布的法律，不包括行政法规和规章。社会公德是指公众普遍认为是正当的并被接受的伦理道德观念和行为准则。妨害社会公共利益，是指发明创造的实施或使用会给公众或社会造成危害，或者会使国家和社会的正常秩序受到影响。

《专利法》第五条第二款规定：对违反法律、行政法规的规定获取或者利用遗传资源，并依赖该遗传资源完成的发明创造，不授予专利权。专利法所称遗传资源，是指取自人体、动物、植物或者微生物等含有遗传功能单位并具有实际或者潜在价值的材料；专利法所称依赖该遗传资源完成的发明创造，是指利用了遗传资源的遗传功能完成的发明创造。

《专利法》第二十五条规定了不授予专利权的客体：科学发现，智力活动的规则和方法，疾病的诊断和治疗方法，动物和植物品种，原子核变换方法和用该方法获得的物质，对平面印刷品的图案、色彩或者二者的结合做出的主要起标识作用的设计。

（1）科学发现：科学发现指自然界中客观存在的物质、现象、变化过程及其特性和规律的揭示。

（2）智力活动的规则和方法：其中智力活动是指人的思维运动，它源于人的思维，经过推理、分析和判断产生出抽象的结果，或者必须经过人的思维运动作为媒介，间接地作用于自然产生结果。智力活动的规则和方法是指导人们进行思维、表述、判断和记忆的规则和方法。由于其没有采用技术手段或利用自然规律，也未解决技术问题和产生技术效果，因而不构成技术方案。

（3）疾病的诊断和治疗方法：疾病的诊断和治疗方法是指以有生命的人体或者动物体为直接的实施对象，进行识别、确定或消除病因或病灶的过程。

（4）动物和植物品种：动物和植物品种可以通过专利法以外的其他法律法规保护，例如，植物新品种可以通过《植物新品种保护条例》给予保护。而微生物和微生物方法可以获得专利保护。

（5）原子核变换方法和用该方法获得的物质：原子核变换方法以及用该方法获得的物质关系到国家的经济、国防、科研和公共生活的重大利益，不宜为单位或私人垄断，因此不能被授予专利权。

（6）对平面印刷品的图案、色彩或者二者的结合做出的主要起标识作用的设计实际上是指商标。商标采用《商标法》保护，不适用于《专利法》。

3. 常见的不授予专利权的电学发明专利申请

（1）不是一种技术方案/智力活动的规则和方法。

技术方案是指能够解决技术问题、采用技术方案、带来技术效果的方案。问题、解决方案和效果都必须是技术性的。未采用技术手段解决技术问题，以获得符合自然规律的技术效果的方案，不属于《专利法》第二条第二款规定的客体。而智力活动的规则和方法仅仅涉及没有采用技术手段或利用自然规律的方案。对于一种技术方案来说，如果仅仅是人为规定方案，则落入智力活动的规则和方法的范畴；而如果这个方案有一些技术特征（例如数据库、数据传递），但是这些技术特征并不是核心内容，则有可能落入不是一种技术方案的范畴。

在电学领域中，有很多方案仅涉及纯数学模型，如神经网络的构建，该数学模型没有应用到某个技术领域，解决技术问题，因此被认为是没有解决技术问题，采用的不是符合自然规律的技术方案，而是纯数学方案以及纯人为规定，这样的方案就会被认为"不是一种技术方案"，因此需要特别注意。本书撰写部分的案例 3 分享了对于可能存在"非技术性"方案的撰写方式和注意事项。

（2）疾病的诊断和治疗方法。

出于人道主义的考虑和社会伦理的原因，医生在诊断和治疗过程中应当有选择各种方法和条件的自由。另外，这类方法直接以有生命的人体或动物体为实施对象，无法在产业上利用，不属于专利法意义上的发明创造。因此疾病的诊断和治疗方法不能被授予专利权。

但是，疾病的诊断和治疗方法仅仅涉及对"方法权利要求"的限制，对于实施疾病诊断和治疗方法的仪器或装置，以及在疾病诊断和治疗方法中使用的物质或材料属于可被授予专利权的客体。因此在撰写中，涉及诊断、治疗的技术领域，应该避免写成方法权利要求，而是通过设备的角度进行保护。例如一种血压测量方法，虽然其方案是对血压数据进行处理，但是仍会被认为是落入了"疾病的诊断和治疗方法"的范畴，因此应该处理为血压测量装置。

《专利审查指南》第二部分第一章 4.3.1.1 节给出了属于诊断方法的例子，包括血压测量法、诊脉法、足诊法、X 光诊断法、超声诊断法、胃肠造影诊断法、内窥镜诊断法、同位素示踪影像诊断法、红外光无损诊断法、患病风险度评估方法、疾病治疗效果预测方法、基因筛查诊断法。

《专利审查指南》第二部分第一章 4.3.2.1 节给出了属于治疗方法的例子，包括①外科手术治疗方法、药物治疗方法、心理疗法。②以治疗为目的的针灸、麻醉、推拿、按摩、刮痧、气功、催眠、药浴、空气浴、阳光浴、森林浴和护理方法。③以治疗为目的利用电、磁、声、光、热等种类的辐射刺激或照射人体或者动物体的方法。④以治疗为目的的采用涂覆、冷冻、透热等方式的治疗方法。⑤为预防疾病而实施的各种免疫方法。⑥为实施外科手术治疗方法和／或药物治疗方法采用的辅助方法，如返回同一主体的细胞、组织或器官的处理方法、血液透析方法、麻醉深度监控方法、药物内服方法、药物注射方法、药物外敷方法等。⑦以治疗为目的的受孕、避孕、增加精子数量、体外受精、胚胎转移等方法。⑧以治疗为目的的整容、肢体拉伸、减肥、增高方法。⑨处置人体或动物体伤口的方法，如伤口消毒方法、包扎方法。⑩以治疗为目的的其他方法，如人工呼吸方法、输氧方法。

（3）动物和植物品种。

但这里所说的生产方法是指非生物学的方法，不包括生产动物和植物主要是生物学的方法。《专利法》不保护动物和植物的品种，但是根据《专利法》第二十五条第二款的规定，对动物和植物品种的生产方法，可以授予专利权。例如用于提高产量的奶牛养殖方法，以及植物水培方法。

（4）原子核变换方法和用该方法获得的物质。

对于原子核变换方法，其是指使一个或几个原子核经分裂或者聚合，形成一个或几个新原子核的过程，例如：完成核聚变反应的磁镜阱法、封闭阱法以及实现核裂变的各种方法等，这些变换方法是不能被授予专利权的。但是，为实现原子核变换而增加粒子能量的粒子加速方法（如电子行波加速法、电子驻波加速法、电子对撞法、电子环形加速法等），不属于原子核变换方法，而属于可被授予发明专利权的客体。同时，为实现核变换方法的各种设备、仪器及其零部件等，也属于可被授予专利权的客体。

对于用原子核变换方法所获得的物质，主要是指用加速器、反应堆以及其他核反应装置生产、制造的各种放射性同位素，这些同位素不能被授予发明专利权。但是这些同位素的用途以及使用的仪器、设备属于可被授予专利权的客体。

综上，电学领域的技术方案范围比较广泛，不仅需要注意新颖性、创造性、公开充分等各领域普遍需要注意的问题，还需要注意上述特别强调的客体问题和不授予专利权的情形，采用合适的角度进行撰写，从而保护申请人的利益。

第2章 电学部专利撰写

2.1 案例1 周界防范高压电网防短路控制方法、装置和模块

2.1.1 案例类型概述

1. 案例类型及其相关法律法规

本案例采用多种主题保护一种技术方案，各主题符合单一性要求，保护比较全面。权利要求的上位有多个实施例支撑，权利要求层次明显。

借由这个案例，希望和读者分享多主题撰写、单一性和权利要求书的上位问题。

（1）关于多主题

我们经常能够看到一件专利中既包括方法又包括产品（系统、装置、电路、存储介质等均属于产品），例如心电信号中QRS波群的检测方法、系统、存储介质和计算机设备。多主题撰写主要是为了圈定侵权客体，即在侵权判定中更容易对标到侵权产品。对于方法以及根据该方法所撰写的虚拟装置，它们的保护范围相同，但是在被诉侵权过程中的作用不同。

《专利法》第十一条第一款规定，发明和实用新型专利权被授予后，除

本法另有规定的以外,任何单位或者个人未经专利权人许可,都不得实施其专利,即不得为生产经营目的制造、使用、许诺销售、销售、进口其专利产品,或者使用其专利方法以及使用、许诺销售、销售、进口依照该专利方法直接获得的产品。

该法条对方法专利和产品专利的侵权行为做出了规定。其中,方法专利的侵权行为包括"使用其专利方法以及使用、许诺销售、销售、进口依照该专利方法直接获得的产品",产品专利的侵权行为包括"制造、使用、许诺销售、销售、进口"。产品的侵权行为多了一个"制造"。因此,只要是被诉侵权产品中包含产品权利要求中所有模块,且被证实侵权方制造了该专利产品,则能够确认侵权,而不需要证明使用了该产品。新方法的保护虽然延及用该方法直接获得的产品,但只能防止别人使用、许诺销售、销售、进口该产品,而不能防止别人制造该产品,保护不够全面。

因此,在撰写权利要求时,需要根据专利保护对象考虑撰写哪些主题。当然,在撰写多主题时,也需要基于单一性考虑这些主题写入一件专利申请,还是分案申请。

(2)关于单一性

《专利法》第三十一条第一款对发明和实用新型的单一性做出了规定,一件发明专利申请应当限于一项发明,属于一个总的发明构思的两项以上的发明,可以作为一件申请提出。

该条款的意思是,如果一件申请包括几项技术方案,这几项技术方案必须属于同一发明构思,这几项技术方案才能写在一件申请中。

专利申请应当符合单一性要求的主要原因是:

① 经济上的原因:为了防止申请人只支付一件专利的费用而获得几项不同发明或者实用新型专利的保护。

② 技术上的原因:为了便于专利申请的分类、检索和审查。

有关单一性的审查参照《专利审查指南》第二部分第六章第2节的规定。

(3)关于权利要求书的上位

上位是为了获得更大的保护范围,从而在技术之地圈出一片更大的属于自己的领地。在一件专利申请的权利要求书中,独立权利要求所限定的技术方案的保护范围最宽。上位是为了在撰写独立权利要求时,能够通过文字将更多的实施方式囊括其中,概况出更上位的技术方案,获得更大的保护范围。

上位也是有条件的,即需要在具体实施方式中尽可能列举出可能的实施方式,以支持和解释权利要求。就像《专利法》第二十六条第四款所要求的那样,权利要求书应当以说明书为依据,清楚、简要地限定要求专利保护的范围。

上述法条中所谓的"支持"就针对具体实施方式所列举的实施例应该支持要求保护的范围。当独立权利要求覆盖的保护范围较宽，其概括不能从一个实施例中找到依据时，应当给出至少两个不同的实施例，以支持要求保护的范围。

2. 案例类型的撰写思路

（1）对于多主题问题

通常对于方法专利，一般发明人可能只会在技术交底书中给出方法过程的描述。专利代理师在拿到交底书后，思考是否需要增加相应的装置、应用系统、计算机设备以及可读存储介质的主题。需要考虑专利技术的使用方式，尽可能全面撰写出可能独立制造的产品权利要求；对于方法权利要求，也最好同步撰写出虚拟装置。

（2）对于单一性问题

对于单一性的理解，关键在于如何判断几项发明或者实用新型是否属于同一个总的发明构思。

《专利法实施细则》第三十四条规定，可以作为一件专利申请提出的属于一个总的发明构思的两项以上的发明或者实用新型，应当在技术上相互关联，包含一个或者多个相同或者相应的特定技术特征，其中特定技术特征是指每一项发明或者实用新型作为整体，对现有技术做出贡献的技术特征。

上述条款定义了一种判断一件申请中要求保护两项以上的发明是否属于一个总的发明构思的方法。也就是说，属于一个总的发明构思的两项以上的发明在技术上必须相互关联，这种相互关联可以通过独立权利要求是否包含相同或相应的特定技术特征来判断。

所谓特定技术特征是专门为评定专利申请单一性而提出的一个概念，应当把它理解为体现发明对现有技术做出贡献的技术特征，也就是使发明相对于现有技术具有新颖性和创造性的技术特征。

【例2.1.1】

权利要求1：一种编码器，其特征为A+B；

权利要求2：一种编码器，其特征为A+C。

如果经过检索，A为区别特征，则两种编码器有单一性；如果A为现有技术，则由于B和C为不同的特征，使两种编码器不具有单一性。

【例2.1.2】

权利要求1：一种编码器，其特征为A；

权利要求 2：一种解码器，其特征为 A′。

如果 A 包含编码过程中的利用码序列 X 的压缩过程，A′ 包含解码过程中利用码序列 X 的解码过程，则 A 和 A′ 是相应的技术特征，因此两项独立权利要求具有单一性。

【例 2.1.3】

权利要求 1：一种自动收放机构 A。

权利要求 2：一种包含自动收放机构 A 的收放线器。

权利要求 3：一种钓鱼竿，包括竿部以及安装在竿部的导线器和含有自动收放机构 A 的收放线器。

经检索，自动收放机构 A 是新的并具有创造性。

该三项权利要求具有相同的特定技术特征自动收放机构 A，因此它们之间有单一性。

参见《专利审查指南》第二部分第六章第 2.2.1 节，属于一个总的发明构思的两项以上发明的权利要求可以按照以下六种方式之一撰写：

（i）不能包括在一项权利要求内的两项以上产品或者方法的同类独立权利要求；

（ii）产品和专用于制造该产品的方法的独立权利要求；

（iii）产品和该产品的用途的独立权利要求；

（iv）产品、专用于制造该产品的方法和该产品的用途的独立权利要求；

（v）产品、专用于制造该产品的方法和为实施该方法而专门设计的设备的独立权利要求；

（vi）方法和为实施该方法而专门设计的设备的独立权利要求。

以上所列六种方式并非穷举，在属于一个总的发明构思的前提下，还允许有其他的方式。

（3）对于权利要求上位问题

考虑独立权利要求的上位时，需要考虑两方面的内容：

一是需要思考如何与现有技术区别开：如果上位后概况范围过大而将现有技术包括在内，则审查意见很可能会指出独立权利要求的创造性问题。届时，为了克服创造性问题，需要缩小独立权利要求的保护范围。而修改审查意见时不容易进行二次概况，容易超范围修改；但直接将从属权利要求的内容加入独立权利要求中，可能会过大地缩小了保护范围。因此，需要通过与申请人沟通，甚至配合检索，了解现有技术范围，将概率范围圈定在合适的范围内。

二是需要思考如何得到说明书的支持：根据所要概况的保护范围，以及申请人已经给予的实施方式，找出其中的差距，沟通发明人提供相应实施例，采用多个实施例去支撑较大的保护范围。对于一些容易想到的实现方式，专利代理师也可以自行撰写。例如，对于用户操作设备 A 的方式，申请人给出了直接通过设置在设备 A 的人机交互界面实现的实施例，专利代理师可以扩展通过终端与设备 A 的通信实现，或者终端联网后台服务器，后台服务器联网设备 A，用户通过终端和后台服务器与设备 A 实现交互。

只有做到了上述两点，上位出来的较大范围的独立权利要求才能经得起审查的考验。

2.1.2 技术交底书及解读

1. 技术交底书

摘要及其摘要附图

一种周界防范高压电网防短路控制装置，该装置包括高压机械切换单元、过电流检测单元、超低功耗 Cortex-M3 部分、高能电池管理单元、高压绝缘外罩等。整套设备由相同硬件的主机和分机，如上图：将该装置 A 和 B 分别串联到各高压输出回路，当负载电流急剧增大，如短路等异常情况，该装置会在设定时间内自动切换 A、B 两路高压的输出状态，从而实现周界防范高压电网在线间短路时仍有打击效能和保护设备不损坏。该装置适合于现有监所的周界防范高压电网系统。

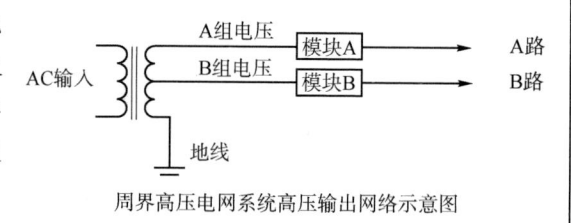

说明书

周界防范高压电网防短路控制系统

技术领域

本发明属于自动化技术领域，涉及嵌入式系统、智能传感、无线通信等技术，尤其是一种适应于周界防范高压系统的高压输出异常短路后，保护电网系统与确保高压打击效能的一种设备。

背景技术：无

发明内容

一种周界防范高压电网防短路控制装置及其方法，其特征是由高压机械切换装置、电流互感器、信号耦合放大电路、逆变升压电路、超低功耗Cortex-M3主控电路、高能电池能耗控制软件部分，以及高压绝缘外罩等组成。将该装置串联到某组高压输出回路，通过非接触式的电流互感器及信号处理电路来获取负载电流大小，当某路高压输出静态电流和脉冲电流达到短路电流一定时间内断开该路高压输出，互控另一路保持高压输出。当各路高压输出静态电流和脉冲电流均达到短路电流一定时间后该装置间断轮流断开各路高压输出，始终保持一路有高压输出，从而实现周界防范高压电网在线间短路时仍有打击效能和保护设备不损坏。

在一个实施例中，该装置由主模块和一个或多个分模块组成，主模块和分模块的区别在于软件部分，硬件电路相同。可安装于由奇数或偶数排列组成的高压线网络中。

所述的高压电网防短路控制区别于一般过流断电的工作原理，在运行过程中主模块和分模块相互协调工作，在设定时间内进行规律性的数据交换，当A路高压输出与B路高压输出短路时，利用A、B两路电流互感器感知电流状态信号经判断断开一组高压后电流明显减小的原理，另一组保持高压的输出，排除短路故障并保持电网对地仍有高压，保持打击效能。当A路与大地出现短路时，利用只有A路电流互感器感知的电流增大的原理，在经模块间数据交换并由CPU及软件判断后断开A路高压输出，排除该短路故障并保持电网线间和对地仍有高压，保持打击效能。当B路与大地出现短路时，利用只有B路电流互感器感知的电流增大的原理，在经模块间数据交换并由CPU及软件判断后断开B路高压输出，排除该短路故障并保持电网线间和对地仍有高压，保持打击效能。当A路、B路、大地都出现短路时，利用只有A路、B路电流互感器感知的电流均增大和断开一组高压后电流没有明显减小的原理，在经模块间数据交换并由CPU及软件判断后控制A路或B路的某一路的高压输出，然后延迟等待30～60秒时间，其间A、B模块连续检测两路电流大小，在设定时间到时如两路电流依然超出设定值，CPU及软件将交替切换A、B两路的高压输出，此工作模式更大程度上避免高压发生设备短路发热问题，延长周界防范高压电网的使用寿命。以上各种状态不影响原周界防范高压电网系统的各种报警功能。

高压电网防短路控制装置的高压机械切换单元，为使在电池供电高压控制装置最大使用时间，由双向保持式电磁铁、高压干簧管及其他附件组成。具备快速切换、低功耗等特点。

主设备和分设备的时钟同步方法，均采用高精度晶体振荡器稳频，在设定时间内，由主、分设备通过信标帧来实现的时钟同步算法，在频率漂移或射频严重干扰环境下，可靠工作。时钟同步分两种方法实现。

第一种方法就是出厂前对模块进行标定，利用特制的仪器C来配合，把调试好的A、B模块分别放在仪器C附近，A、B模块会与仪器C通信，由仪器C来发送标定信号，传感器在收到后标定为出厂模式，此模式A、B模块工作模式处于待机状态，无线射频通信停止工作，除电流检测外所有外设停止工作，耗电流小于1 uA，解除出厂模式可在安装完成后的现场进行，通过用高压工具触碰并短路高压线1秒时间来实现，模块由出厂模式转为工作模式，无线射频电路启用，A、B模块可以通过不定时的数据交换来完成时钟的同步。

第二种方法是正常工作时的失步，此问题出现概率很低，如软件复位等，考虑到会有异常发生，此方法可用于软件的自恢复时钟同步，等同于方法一的效果。在时钟失步后，A或B模块在约定时间内没有收到对方的数据，在延迟等待一段时间后启用查询模式，此时A模块在每经一秒发送0.1秒不同时间点的数据向B模块发送命令，B模块每隔1秒钟接收0.1秒时间，由A模块来主动查询，在经过10秒后同步成功。

本发明的高能电池管理的方法，A、B模块使用高能锂电池供电，在数据同步时需要启用无线射频单元进行通信完成数据的交换，无线射频部分发射电流约10 mA，发射接收一组数据需要5～10 ms的时间。在正常工作时，交换数据才可识别高压是否需要切换，所以频繁数据收发会降低电池使用寿命。本方法在保证数据通信的前提下，尽可能减少发射次数，工作中严格按照时序工作，每次数据交换要经CPU及软件分析处理后才可决定是否执行高压切换动作，A、B模块约定时间后才可进行下次无线射频数据交换通信，约定时间由环境参数决定，在5～60秒，此方式模块大部分的工作时间在uA级电流下，延长电池使用时间。

附图说明

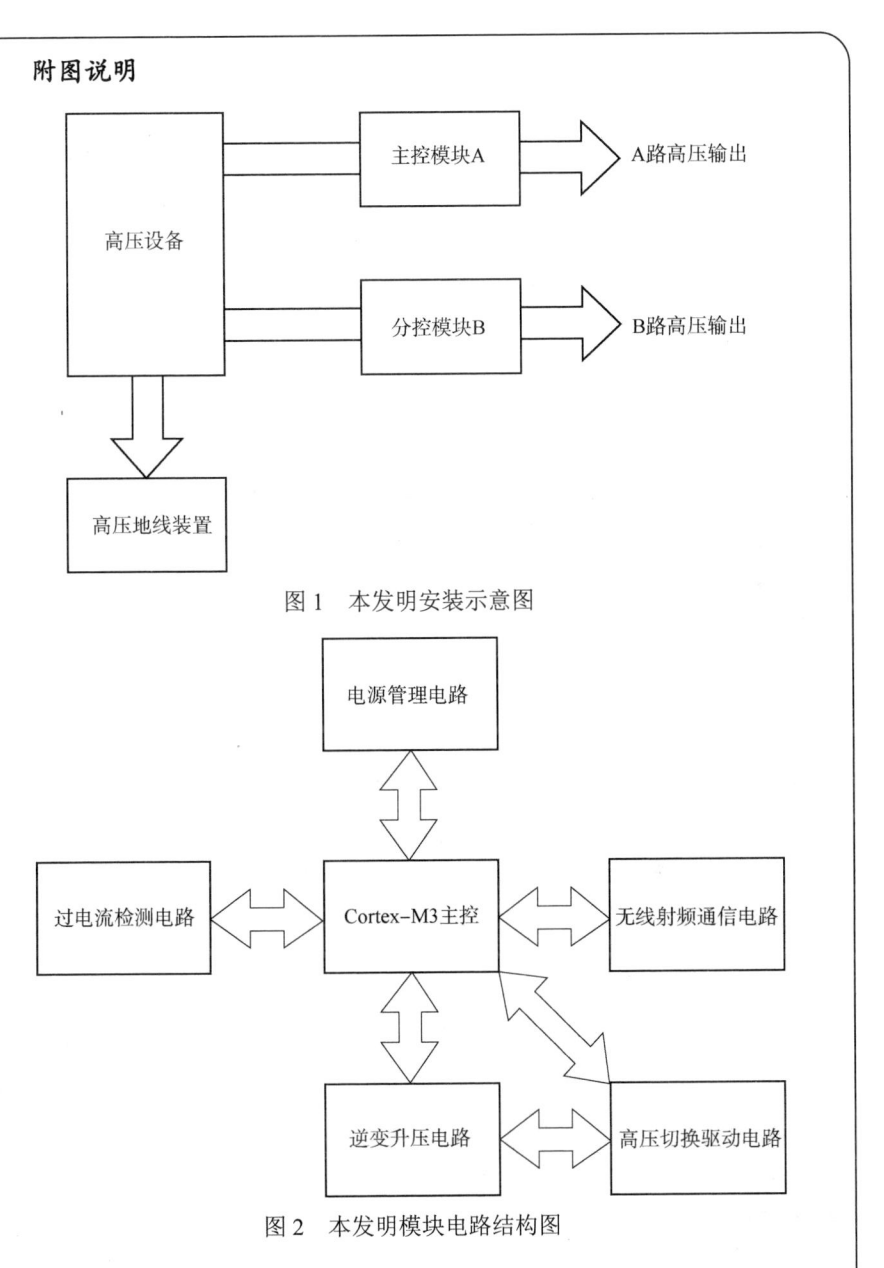

图 1　本发明安装示意图

图 2　本发明模块电路结构图

具体实施方式

如图 1 实施例所示，本发明安装于高压电网设备输出回路中，由一个主控模块 A 和一个或多个分控模块 B 组成，模块 A 和 B 利用 2.4 GHz 无线射频电路来实现数据同步通信，同步时间由出厂时校准，内部工作在 32.768 KHz 的高精度晶体振荡电路为同步提供时基信号，在设定时间内，每隔 30～60 秒模块 A 和 B 握手通信一次，交换本地实时监控信息及同步信息。

如图 2 实施例所示，本发明周界防范高压电网防短路控制系统由 6 部分组成，即 Cortex-M3 主控、过电流检测电路、高能电池供电管理电路、无线射频通信电路、逆变升压电路和高压切换驱动电路。

Cortex-M3 主控使用目前性能比高的 EFM32 芯片，具有可靠性高、处理速度快、功耗极低等优点。该芯片管理着所有外设模块有序工作，并且内部集成有运放电路和 PWM 驱动源电路，提高电路一致性和兼容性。

高能电池电源经电源管理模块转为 3 V 电压提供给 EFM32 核及外设电路，在首次上电时，EFM32 初始化各个模块参数后进入休眠状态，同时启动计时电路为第一次通信做准备，在此模块大部分时间处于半休眠状态，耗电流小于 1 uA，电流检测电路进入正常状态。模块 A 和 B 需配对使用，模块 A 起到主控作用，模块 B 的数据每隔一段时间上传给模块 A，两路高压的切换由模块 A 来决定，如出现异常通信情况，A 模块和 B 模块不会轻易切断高压的输出。

模块出厂前需经过标定才可使用，把调试好的 A 模块和 B 模块配对 ID 号后，由专用标定仪器 C 来写入出厂模式，具体方法可将 A 模块和 B 模块放置标定仪器 C 附近，在设定时间内 A 模块和 B 模块会去访问仪器设备 C，仪器设备 C 会下发标定信号给 A 模块和 B 模块。成功进入出厂模式后模块会发送成功信号给仪器 C。出厂模式下模块无线射频停止工作，电流检测正常工作，电流消耗小于 1 uA。

出厂模式为仓库储藏等未投入使用时的模式，在安装到现场后，可用专用工具触发短路高压网 A 路和 B 路组成的线间，这时 A、B 模块同时检测到过流信号，从而启动无线射频电路及其他外设电路，进入工作模式。

以下为高压机械切换电路、电流检测部分、无线射频通信电路、逆变升压电路、电源供电软件的具体实现，这里省略。高压机械切换电路更没有写清实现方案。

2．技术交底书解读

该技术交底书技术内容撰写比较详细，方案披露清楚全面。只是对于装置的披露，只有详细的实施例，且已经具体到芯片层级，保护范围过小，需要根据领域现状、本发明可行的其他实施方式等，重新确定更合理的保护范围。

下面针对上述改进方向和技术交底书中其他需要改进的内容逐条进行分析。

（1）改进方向1：通过实施例扩展，获得合理的保护范围

交底书中给出了一种周界防范高压电网防短路控制装置，"包括高压机械切换单元、过电流检测单元、超低功耗Cortex-M3部分、高能电池管理单元、高压绝缘外罩等组成部分。整套设备由相同硬件的主机和分机组成，也是摘要附图中的装置A和B，装置A和B分别串联到各高压输出回路，当负载电流急剧增大，如短路等异常情况，该装置会在设定时间内自动切换A、B两路高压的输出状态，从而实现周界防范高压电网在线间短路时仍有打击效能和保护设备不损坏"。

可见，本发明的核心在于，在电网系统中加入模块A和模块B，通过二者的工作，实现周界防范高压电网对短路的应对。

进一步的，根据发明内容所述，模块A和模块B的应对方案为："当某路高压输出静态电流和脉冲电流达到短路电流一定时间内断开该路高压输出，互控另一路保持高压输出。当各路高压输出静态电流和脉冲电流均达到短路电流一定时间后该装置间断轮流断开各路高压输出，始终保持一路有高压输出，从而实现周界防范高压电网在线间短路时仍有打击效能和保护设备不损坏。"此外，"由主模块和一个或多个分模块组成，主模块和分模块区别在于软件部分，硬件电路相同。"

可见，模块A和模块B分为主和分两种角色，且采用一主+多分的配合方式。A和B有两种配合方式，第一种配合方式用于其中一路短路，则执行如下方案，即"当某路高压输出静态电流和脉冲电流达到短路电流一定时间内断开该路高压输出，另一路保持高压输出"；第二种配合方式是用于所有路均短路的情况，则执行如下方案，即"当各路高压输出静态电流和脉冲电流均达到短路电流一定时间后该装置间断轮流断开各路高压输出，始终保持一路有高压输出"。

充分理解了交底书所披露的方案后，专利代理师提出以下建议。

建议：

通过与申请人的沟通，建议增加以下实施方式，以支持独立权利要求1：

① 一主多分的方式并非必须，因此可以考虑增加非主从的实施例。

② 多个模块分别控制的方式可以实现单独置换，在个别模块出现问题时，只要进行置换并重新标定时钟即可继续使用，降低了整个装置的成本。因此，需要增加非模块化的实施方式。

③ 高压线的负载电流超限的判定方式并非唯一，且与申请人确认后发现目前的描述有瑕疵，需修正，且需要增加新的实施方式。

鉴于上述考虑，在构建独立权利要求时不体现一主多分、模块化和高压线负载电流超限判断具体方式。同时，由高压机械切换单元、过电流检测单元、超低功耗 Cortex-M3 部分、高能电池管理单元、高压绝缘外罩组成的装置也是更具体的方案，不体现在权利要求 1 中。但是要在实施例中明确非主从、非模块化和其他负载电流超限判断方案，以支持独立权利要求 1。在描述其他方案时，可以采用简要描述的方式，并说明主从、模块化和该负载电流超限判断方案的进一步技术效果，从而说明这些实施方式均是实现本发明所要解决的技术问题的进一步优选实施方式，并非必需。

通过与申请人的沟通，独立权利要求 1 需要体现以下特征，以满足创造性：

由于在实际中，有可能出现树枝或其他物体短时间误碰电网的情况，而且可能触碰一条线路，或者所有线路，针对第二种情况，本发明并没有将所有高压输出均断开，而是间断轮流断开各高压线的高压输出，始终保持有一路高压输出，从而避免高压设备的长时间短路造成损坏。第二种情况为更重要的技术方案，且是区别方案，因此必须在权利要求 1 中进行限定，以保证权利要求 1 的创造性。

（2）改进方向 2：保护主题全面性

从技术交底书中看，本发明想要保护的是模块（交底书所述的周界防范高压电网防短路控制装置）以及这些模块所组成系统的工作方法。但实际上，该方案可以以周界防范高压电网防短路控制方法作为主题，不具体描述模块结构，只强调控制方案。这种写法的保护范围更大。

基于上述周界防范高压电网防短路控制方法，可以相应保护实现该方法的硬件设备，即周界防范高压电网防短路控制装置。

同时，由于在市场售卖时，因为模块的可替换性，可以单独生产和售卖模块，因此可以将模块作为一个主题进行保护。而且这也是申请人重点想保护的对象。

建议：以周界防范高压电网防短路控制方法、装置和模块作为权利要求的保护主题。同时，由于这些主题均以高压线负载电流超限后的应对方案作为特定技术特征，因此具有单一性。

（3）改进方向 3：没有背景技术

目前交底书中缺少背景技术。背景技术需要写明现有技术的方案，分析现有技术的问题。交代背景技术的目的是找到一条对比线，基于该对比线提出所要解决的技术问题。该背景技术越接近实际，对于专利代理师来说，越能准确地确定发明点。

建议：增加背景技术部分。

（4）改进方向4：核心技术方案在摘要中出现

技术交底书中可以不包含摘要。申请人需要将所有需要表达的方案均写入说明书，或者代理机构提供的技术交底书模板。对于申请文件来说，摘要并不是法律文件的一部分，申请文件递交后，摘要也不能作为申请文件的修改依据。因此，摘要的作用和地位较为次要。申请人也不用在摘要处多做工作。

建议：如果摘要中有关键技术内容，则需要将摘要的内容写入说明书，而不必提供摘要。

（5）改进方向5：关键技术描述不够清晰

技术交底书中提供了一种机械切换电路控制高压线断开的方案。该高压机械切换电路由高压干簧管、永久磁铁和保持式电磁铁组成，高压干簧管内部有惰性气体，在高压状态下不会出现拉弧现象，输入输出绝缘度高，可完全关断高至万伏的小电流高压通路，起到开关作用。永久磁铁和保持式电磁铁组成执行动作部件，保持式电磁铁的切换时间约0.1秒，从逆变到切换的最快频率为5秒/每次。本方法可替代高压继电器的不足，可适应于周界脉冲高压电网系统的高压控制。

上述描述并没有清晰地说明高压干簧管、永久磁铁和保持式电磁铁的相互作用方式，导致描述不清晰。

建议：增加机械切换电路的示意图及结构描述。

（6）改进方向6：关键细节的增加

技术交底书中涉及了异常通信的处理，在与申请人的沟通中，申请人提到该异常通信处理方案也是模块间交互的优选方案，想要保护。

建议：增加异常通信的具体描述。

3．技术交底书补充结果

（1）增加了背景技术并确认创新点

申请人增加了背景技术的描述：

目前，全国的监狱、看守所等相关单位，为防止在押犯人的非法逃离，在周界围墙上都安装有周界防范高压电网设备，该设备在周界围墙形成一道带有高压的高压线物理屏障，防止犯人非法通过。该高压电网线路的网架一般直立或平行于墙头上安装，高压线分为5线、6线或其他线数分布，可根据环境或监所方的要求实现不同的物理警戒高度。另外，在周界围墙内侧墙体上安装有高压发生设备，简称高压箱，该设备可输出3 000～10 000伏的脉冲高压到高压线网上，如有人触碰时可对人体产生高压放电，使其失去行动能力，从而阻止在押犯人的非法越界逃离。

经分析，目前监所运行使用的周界防范高压电网设备采用普遍的高压变压器升压技术，没有短路保护变压器和智能高压输出切换功能，假设当有人非法越界时，用铁丝或者其他导体放在高压网上，会使高压网络电压短路失去电击能力，并且长时间短路还会使高压箱的变压器烧毁，为此，周界防范高压防短路控制器解决了上述问题，能够在高压线网络出现短路时，经控制模块CPU的分析与判断，控制高压机械切换单元实现动态的高压线输出切换，更大程度上维持了高压网络打击的效能，进一步阻止犯人的非法翻越。周界防范高压防短路控制器在人为或其他异常的长时间高压网短路也起到一定的保护作用，防止高压箱设备的烧毁。

但是，上述背景技术中含有对本发明的介绍，这部分内容应该放到本发明的发明内容或具体实施方式中进行介绍，而不应该混淆在背景技术中。

基于上述背景技术，专利代理师还向申请人确认了支撑独立权利要求1的创新点是否有所变化。

（2）增加了其他实施方式

向申请人确认一主多分、模块化和高压线的负载电流超限判断方式是否有其他实施方式，并确认了上述非必要技术特征的附加技术效果。

针对一主多分，增加了以下方案：

在实际中，也可以不分主从，各模块均进行判断，当出现需要切换的情况时，各模块交互判断结果，确认当前情况，如果一定比例的模块均判定需要切换，则进行切换操作。这种方案虽然可以保证判定结果的可信度，但是也降低了切换控制的及时性。而且，可能出现控制不协调的问题。

针对模块化，增加了以下方案：

在实际中，也可以采用一体化装置，将模块化的功能集成在该装置中实现。

针对高压线的负载电流超限判断，增加了以下方案：

在实际中，还可以采用其他方式判断是否出现负载电流超限，例如采用负载电流的梯度或者静态电流和脉冲电流联合进行判断。

（3）增加了机械切换电路

增加了机械切换电路的附图和文字描述。

所述机械切换装置由高压干簧管、永久磁铁、保持式电磁铁及位置检测装置组成；高压干簧管的两端接入被控高压线；永久磁铁固定在保持式电磁铁的伸缩杆上，位置检测装置位于伸缩杆的顶端，当保持式电磁铁的伸缩杆伸出到位时，永久磁铁位于能够令高压干簧管触点断开的位置，当保持式电磁铁的伸缩杆回缩到位时，永久磁铁位于能够令高压干簧管触点接通的位置。

增加的附图参见申请文件的图4（a）和图4（b）。

（4）增加了异常通信方案

增加了出现异常后，模块间的时钟同步方案。参见申请文件中的权利要求5和权利要求6的内容。

2.1.3 权利要求书和说明书的撰写思路

1. 确定本发明的主要改进点

本发明提供了一种周界防范高压电网防短路控制方案，其主要改进点是：当某路高压输出静态电流和脉冲电流达到短路电流一定时间内断开该路高压输出，互控另一路保持高压输出。当各路高压输出静态电流和脉冲电流均达到短路电流一定时间后该装置间断轮流断开各路高压输出，始终保持一路有高压输出，从而实现周界防范高压电网在线间短路时仍有打击效能和保护设备不损坏。

进一步的，本发明还提供了周界防范高压电网防短路控制装置模块化实现方案、主从方案、常用的两线高压网络的控制方案、时钟同步方案、通信异常处理方案、负载电流超限判定方案，以及应用于该控制装置的控制模块的具体实现。但是这些内容都是进一步的改进点。

2. 确定最接近的现有技术及其问题

目前监所运行使用的周界防范高压电网设备采用普遍的高压变压器升压技术，没有短路保护变压器和智能高压输出切换功能，假设当有人非法越界时，用铁丝或者其他导体放在高压网上，会使高压网络电压短路失去电击能力，并且长时间短路还会使高压箱的变压器烧毁。

3. 基于最接近的现有技术，确定本申请所要解决的技术问题

基于上述现有技术的描述，本发明所要解决的主要技术问题是：

能够在高压线网络出现短路时，实现动态的高压线输出切换，更大程度上维持了高压网络打击的效能，进一步阻止犯人的非法翻越，而且还能避免长时间短路造成高压箱的变压器烧毁。

基于前述进一步改进点，本发明还需要解决以下次要技术问题：
- 模块化以降低整个装置的维修成本问题；
- 主从结构减少分别判断带来的控制失误，控制不协调等问题；
- 采用最少成本实现的优选方案，而且不仅能够区分短路状态，而且可以有效且有针对性地处理；
- 时钟同步方式，能够缩短同步时间；
- 机械切换电路，维持高压接通或断开不需要持续供电，大大节省了电能。

这些进一步所要解决的问题所对应的方案采用从权的方式进行限定，不体现在权利要求1中，因此这些问题也不要体现在说明书发明内容部分对本发明所要解决的技术问题的描述中。本发明所要解决的技术问题是针对独立权利要求的，独立权利要求的技术方案必须与所要解决的技术问题相呼应。如果不相呼应，独立权利要求就缺少必要技术特征了。例如，将本发明所要解决的技术问题定义为"解决控制不协调"问题，则需要将主从结构加入独立权利要求中。

4. 确定权利要求的主题

本发明主题为：一种周界防范高压电网防短路控制方法、装置和模块

如前所述，方法不强调装置实现，保护范围更大。装置为实现方法的实体，保护更有针对性，可以限制制造产品，且更容易进行侵权判定。在市场售卖时，因为模块的可替换性，可以单独生产和售卖模块，因此有必要单独保护。

5. 确定独立权利要求的必要技术特征——独立权利要求的撰写

（1）方法独权

为了解决上述主要问题，防短路控制装置的设置位置、对电流大小的监测和短路处理均为必要技术特征。尤其是当所有高压线的负载电流均超限时的处理。而模块化实现方案、主从方案、两线高压网络的控制方案均为具有进一步效果的方案，因此构建权利要求1为：

一种周界防范高压电网防短路控制方法，其特征在于，在周界防范高压电网的高压输出回路上串接防短路控制装置；防短路控制装置检测各条高压线的负载电流大小并进行切换判断与控制：当某条高压线的负载电流超限时，切断该条高压线的高压输出；当所有高压线的负载电流均超限时，间断轮流断开各高压线的高压输出，始终保持有一路高压输出。

从上述权利要求 1 的描述可以看到,对于负载电流超限的具体判断方案并没有写入,因此需要在实施例中解释"负载电流超限"还有其他方案。

(2) 装置独权

相应的,对于装置构建独立权利要求 8 为:

一种周界防范高压电网防短路控制装置,其特征在于,该装置包括至少两个防短路控制模块,一个防短路控制模块串联在一根受控高压线路中;每个防短路控制模块获取自身所在高压线的负载电流大小;各防短路控制模块每隔设定通信时间 T_1 交互自身数据,并根据交互数据进行切换判断与控制:

当某条高压线的负载电流超限时,切断该条高压线的高压输出;

当所有高压线的负载电流均超限时,间断轮流断开各高压线的高压输出,始终保持有一路高压输出。

独立权利要求 8 尽量采用与权利要求 1 相同的技术特征描述方式。对于本方案,权利要求 1 的技术方案只提到了"防短路控制装置",没有分"防短路控制模块",而权利要求 8 如果也采用不分模块的描述方法,则权利要求 8 的硬件(虚拟硬件)仅包括装置本身,描述过于笼统,不利于对比侵权产品的功能。而且,通过与申请人的沟通,多模块的实现方式是更为重要的实现方式。因此将权利要求 8 的保护范围定在模块化的装置上,权利要求 8 与权利要求 1 的保护范围没完全一样。

(3) 模块独权

独立权利要求 9 保护用于上述装置的模块。在权利要求项数有限的情况下,将控制模块的保护范围限定到申请人实际生产制造的产品上,没有做过多的上位。因此,权利要求 9 保护的防短路控制模块具体包括高压绝缘外罩,以及设置在高压绝缘外罩内部的机械切换装置和控制电路;所述控制电路包括电流检测电路、主控电路、无线射频通信电路、逆变升压电路、高压切换驱动电路和电源管理电路。

如果对权利要求项数没有过多要求,则可以先考虑较大的范围,不对控制电路做限制。

6. 从属权利要求书的撰写

本发明从属权利要求包括以下内容:

权利要求 2 引用权利要求 1,限定防短路控制装置由至少 2 个防短路控制模块组成;

权利要求 3 引用权利要求 2,限定防短路控制装置包括模块 A 和模块 B,其中一个为主控方,另一个为分控方;

权利要求 4 引用权利要求 3,限定模块 A 和模块 B 根据负载电流进行防短路控制分为三种情况进行处理;

权利要求 5 引用权利要求 2 或 3,限定出厂之前对各防短路控制模块进行时钟同步,以及防短路控制模块在工作模式下,当出现异常通信情况时,防短路控制模块自行进行时钟同步;

权利要求 6 引用权利要求 5,限定异常通信情况下,防短路控制模块自行进行时钟同步时的具体参数;

权利要求 7 引用权利要求 1~6 中任意一项,限定高压线的负载电流超限的判定方式;

权利要求 10 引用权利要求 9,限定机械切换装置的具体实现方案。

7. 说明书的撰写

本小节主要介绍发明内容和具体实施方式。

（1）发明内容

发明内容主要包括所要解决的技术问题、技术方案和技术效果三大部分。

本发明独立权利要求 1 所要解决的技术问题是:在高压线网络出现短路时,实现动态的高压线输出切换,更大程度上维持了高压网络打击的效能。该技术问题权利要求 8 和 9 均能解决,因此描述是合适的。

技术方案一般都将权利要求书的内容拷贝到此处并进行适应性调整,使其不出现"其特征在于"的描述。

技术效果采用分条描述的方式,其中第（1）条针对独立权利要求 1/8/9,第（2）~（6）条针对从属权利要求,总结有益效果。这种分层次的描述方式有利于在答复审查意见时对区别特征的识别。

（2）具体实施方式

本案例的具体实施方式并没有单独写多个实施例,而是以其中一个实施例为主线,采用层层展开的方式对其他各实施例进行描述。

首先,以基本思想开启具体实施方式的描述。基本思想与权利要求 1 相呼应。紧接着对权利要求 1 的技术方案能够达到的技术效果进行分析阐述。

然后,依次针对高压线的负载电流超限判断方式、模块化实施例、主从方案进行描述。其中,

负载电流超限判断方式除了权利要求中保护的方案,还提供了两种实施方式;

模块化实施例对应权 2,并说明了模块化的好处是"这种每个模块负责一路高压线的方式,在个别模块出现问题时,可以进行单独置换,只要重

新标定时钟即可继续使用，降低了整个装置的成本"；

主从方案实施例对应权3，并说明了主从设计的好处是"可以减少分别判断带来的控制失误，控制不协调等问题，而且降低各模块的协作难度"。

然后通过介绍高压线分为5线、6线或其他线数分布，可根据环境或监所方的要求实现不同的物理警戒高度。但一般来说高压箱只向高压网络提供两根高压线A和B，从而引出权4的技术方案。而且说明这"是采用最少硬件实现本发明目的的较优实施方案，而且可以适用于对奇数或偶数排列的高压网络"。

接着对时钟同步（权利要求5～权利要求6）的方案及其细节进行描述，并对不好理解的间隔时间T_A变化规律进行举例说明。

上述方案描述过程相当于涵盖了方法和装置。接着再用一些篇幅针对防短路控制模块的具体实现做详细介绍。介绍时结合图3、图4。其中，机械切换电路的结构描述为申请人在专利代理师建议下新补充的部分。

（3）附图

图1是对应权1的原理图。原交底书中只有两路高压输出，为了对应多路方案，在图1中增加了省略号，表示有多路。

图2对应权4的技术方案。

图3对应防短路控制模块的技术方案。

图4（a）和图4（b）是机械切换电路控制高压线断开和连通时的示意图，是申请人在专利代理师建议下新补充的部分。

2.1.4　最终递交的申请文件

本申请文件只给出了权利要求书、说明书和附图。

权利要求书

1. 一种周界防范高压电网防短路控制方法，其特征在于，在周界防范高压电网的高压输出回路上串接防短路控制装置；防短路控制装置检测各条高压线的负载电流大小并进行切换判断与控制：当某条高压线的负载电流超限时，切断该条高压线的高压输出；当所有高压线的负载电流均超限时，间断轮流断开各高压线的高压输出，始终保持有一路高压输出。

2. 如权利要求1所述的方法，其特征在于：防短路控制装置由至少2个防短路控制模块组成，一个防短路控制模块串联在一条受控高压线路中；每个防短路控制模块获取自身所在高压线的负载电流大小；各防短路控制模块每隔设定通信时间T_1通过无线通信方式交互自身数据，并根据交互数据进行切换判断与控制；所述设定通信时间 T_1 的取值范围为：5～60秒。

3. 如权利要求2所述的方法，其特征在于，所述防短路控制装置包括两个防短路控制模块，记为模块A和模块B；在高压箱向高压网络输出高压电的A、B两根高压线上分别串接一个防短路控制模块，其中一个防短路控制模块为主控方，另一个防短路控制模块为分控方；分控方的数据每隔设定通信时间 T_1 上传给主控方，高压线切换判断由主控方决定。

4. 如权利要求3所述的方法，其特征在于，模块A和模块B根据负载电流进行防短路控制分为以下三种情况进行处理。

情况① A、B两根高压线之一对地短路：

当模块A和模块B中只有一方检测到负载电流超限的现象，则控制检测到该现象的一方断开自身所在高压线的高压输出。

情况② A、B两根高压线之间短路：

当模块A和模块B同时检测到负载电流超限的现象，控制其中一方先断开所在高压线的高压输出，另一方检测所在高压线负载电流的变化，在下一个通信时间到来时，未断开一方的负载电流退出超限状态，此时保持当前两路高压线的通断状态不变。

情况③ A路、B路、大地都出现短路：

当模块A和模块B同时检测到负载电流超限的现象，控制其中一方先断开所在高压线的高压输出，另一方检测所在高压线负载电流的变化，在下一个通信时间到来时，未断开一方的负载电流仍超限，此时切换当前两路高压线的通断状态；并且继续进行数据交互，在下一个通信时间到来时，判断未断开一方的负载电流是否退出超限状态，如果是，则按照情况②进行处理，否则，再次切换当前两路高压线的通断状态，如此循环。

5. 如权利要求2或3所述的方法，其特征在于，该方法包括出厂之前对各防短路控制模块进行时钟同步，具体包括：将各防短路控制模块分别放在标校仪器的通信范围内，标校仪器发送时钟信号；防短路控制模块接收到所述时钟信号后，将自身时钟与时钟信号对准，且将自身状态标定为出厂模式；在出厂模式下，防短路控制模块均处于待机状态，仅保留时钟与电流检测功能正常工作；防短路控制模块安装完成后，用高压工具触碰并短路高压线，此时各防短路控制模块均检测到所在高压线的负载电流超限，且当前模式为出厂模式，则将自身状态修改为工作模式，并且启动防短路控制模块中各组成硬件的正常工作。

防短路控制模块在工作模式下,当出现异常通信情况时,防短路控制模块自行进行时钟的同步,具体为:防短路控制模块在约定的通信时间无法收到其他防短路控制模块数据则启动查询模式,在该查询模式下,主控方每隔一个间隔时间 t_A 向各分控方发送一次同步信息,同步信息发送持续时间为 $α$,每次发送同步信息的间隔时间 t_A 依次缩短;各分控方每隔一个间隔时间 t_B 接收一次同步信息,同步信息的接收维持时间也为 $α$;t_B 与 t_A 的初始值相同,t_B 保持不变。

6. 如权利要求 5 所述的方法,其特征在于,间隔时间 t_A 的变化规律为 $t_A=T-(n-1)×\triangle$,其中 T 为设定的基础间隔时间且 $t_B=T$,n 为发送第 n 次同步信息,$\triangle$ 为 t_A 的缩短步长。

7. 如权利要求 1~6 任意一项所述的方法,其特征在于,高压线的负载电流超限的判定方式为:高压线流过防短路控制装置的电流大于设定电流门限且保持时间大于设定时长,则判定高压线的负载电流超限。

8. 一种周界防范高压电网防短路控制装置,其特征在于,该装置包括至少两个防短路控制模块,一个防短路控制模块串联在一根受控高压线路中;每个防短路控制模块获取自身所在高压线的负载电流大小;各防短路控制模块每隔设定通信时间 T_1 交互自身数据,并根据交互数据进行切换判断与控制:

当某条高压线的负载电流超限时,切断该条高压线的高压输出。

当所有高压线的负载电流均超限时,间断轮流断开各高压线的高压输出,始终保持有一路高压输出。

9. 一种用于周界防范高压电网防短路控制装置的防短路控制模块,其特征在于,该防短路控制模块设置在被控高压线路上,其包括:高压绝缘外罩,以及设置在高压绝缘外罩内部的机械切换装置和控制电路;所述控制电路包括电流检测电路、主控电路、无线射频通信电路、逆变升压电路、高压切换驱动电路和电源管理电路;主控电路与其他各控制电路组件相连;机械切换装置与高压切换驱动电路和主控电路相连。

机械切换装置,串联在高压线中,用于实现高压线的切断和连通,并向 Cortex-M3 主控电路返回高压线的当前切换状态。

电流检测电路,用于采用非接触式的电流互感器检测高压线的负载电流,经过信号处理后发送给主控电路。

无线射频通信电路,用于实现与防短路控制装置中其他防短路控制模块的数据交换。

主控电路，用于实现负载电流的判断、高压线断开和连通的控制，当根据数据交换结果判定仅有自身所在高压线的负载电流超限时，切断所在高压线的高压输出；当根据数据交换结果判定所有高压线的负载电流均超限时，与其他防短路控制模块相互协作间断轮流断开各高压线的高压输出，始终保持有一路高压输出；主控电路还负责无线射频通信电路的通信管理。

逆变升压电路，用于实现将电源管理电路提供的电能转换为高压驱动电能。

高压切换驱动电路利用所述高压驱动电能实现对机械切换装置的动作驱动。

电源管理电路采用电池作为电源，用于实现防短路控制模块的电能提供和管理。

10. 如权利要求9所述的模块，其特征在于，所述机械切换装置由高压干簧管、永久磁铁、保持式电磁铁及位置检测装置组成；高压干簧管的两端接入被控高压线；永久磁铁固定在保持式电磁铁的伸缩杆上，位置检测装置位于伸缩杆的顶端，当保持式电磁铁的伸缩杆伸出到位时，永久磁铁位于能够令高压干簧管触点断开的位置，当保持式电磁铁的伸缩杆回缩到位时，永久磁铁位于能够令高压干簧管触点接通的位置。

说明书

周界防范高压电网防短路控制方法、装置和模块

技术领域

本发明涉及高压电网防短路控制技术，尤其涉及周界防范高压电网防短路控制方法、周界防范高压电网防短路控制装置和用于该装置的防短路控制模块。

背景技术

监所、各类重要场所安全防范的重点是周界防范设施，周界防范设施唯一具有打击效果和威慑力的就是周界高压电网设备，它是监狱的最后一道防线。若高压电网设备不能实现全天候有效打击、事故预警，其后果则不堪设想。高压电网一般以不同角度固定在墙头或地面，高压线数量为4～12线间隔20厘米分布，每100～150米为一区段配备一个高压发生器（简称高压箱），该设备可输出3～10千伏的脉冲高压到高压线网上，有人触

碰高压线网时可对人体产生高压放电，使其失去行动能力，从而阻止不法分子的非法越界。

经分析，目前监所运行使用的周界防范高压电网设备采用普遍的高压变压器升压技术，没有短路保护变压器和智能高压输出切换功能，假设当有人非法越界时，用铁丝或者其他导体放在高压网上，会使高压网络电压短路失去电击能力，并且长时间短路还会使高压箱的变压器烧毁。监狱近年来已发生多起因周界电网被短路后犯人成功越狱的事件，因此急需高压电网防短路控制技术问世。

发明内容

有鉴于此，本发明提供了一种周界防范高压防短路控制方案，能够在高压线网络出现短路时，经分析判断，实现动态的高压线输出切换，更大程度上维持了高压网络打击的效能，进一步阻止犯人的非法翻越，而且还能避免长时间短路造成高压箱的变压器烧毁。

为了解决上述技术问题，本发明是这样实现的：

【参见权利要求书部分】

有益效果

（1）本发明通过检测负载电流，当非所有高压线的负载电流超限时，断开超限高压线的高压输出，让正常高压线保持打击。一旦所有高压线均超限，为避免高压设备的长时间短路造成损坏，采用间断轮流断开各高压线的方式，从而实现周界防范高压电网在线间短路或分别对地短路时仍有打击效能和保护设备不损坏。

（2）防短路控制装置由多个模块组成，每个模块负责一路高压线，且各模块通过无线通信方式交互数据，当个别模块出现问题时，可以进行单独置换，只要重新标定时钟即可继续使用，降低了整个装置的成本。而且无线通信方式可以避免有线通信方式带来的高压泄露等安全隐患，且安装方便，不需要实体通信线路。

（3）防短路控制装置的多个组成模块采用主从结构，可以减少分别判断带来的控制失误、控制不协调等问题，而且降低各模块的协作难度。

（4）采用两个防短路控制模块安装在高压箱的输出线路上的方案，这是采用最少硬件实现本发明目的的较优实施方案，可以适用于对奇数或偶数排列的高压网络。而且给出了 A 路/B 路单独对地短路，A 路和 B 路之间短路，A 路和 B 路、大地都出现短路的处理方式，不仅能够区分短路状态，而且可以有效且有针对性地进行处理。

(5) 本发明给出的时钟同步方式，能够缩短同步时间。

（6）本发明给出了一种机械切换电路，其维持高压接通或断开不需要持续供电，大大节省了电能，可适应于周界脉冲高压电网系统的高压控制。而且防短路控制模块在约定时间进行通信，也可以减小电能消耗，从而为采用电池作为电源提供了基础。

附图说明

图1为本发明防短路控制方案原理图。

图2为本发明采用两个模块实现的防短路控制方案。

图3为防短路控制模块组成示意图。

图4（a）为机械切换电路控制高压线断开时的示意图。

图4（b）为机械切换电路控制高压线连通时的示意图。

具体实施方式

本发明提供了一种周界防范高压电网防短路控制方案，其基本思想是：在周界防范高压电网的高压输出回路上串接防短路控制装置；防短路控制装置检测各条高压线的负载电流大小并进行切换判断与控制：当某条高压线的负载电流超限时，切断该条高压线的高压输出；当所有高压线的负载电流均超限时，间断轮流断开各高压线的高压输出，始终保持有一路高压输出。

可见，本发明通过检测负载电流，当非所有高压线的负载电流超限时，断开超限高压线的高压输出，让正常高压线保持打击。一旦所有高压线均超限，为避免高压设备的长时间短路造成损坏，采用间断轮流断开各高压线的方式，从而实现周界防范高压电网在短路时仍有打击效能和保护设备不损坏。

在实际中，有可能出现树枝或其他物体短时间误碰电网的情况，为了避免误切换，高压线的负载电流超限的判定方式为：高压线流过防短路控制装置的电流大于设定电流门限且保持时间大于设定时长，则判定高压线的负载电流超限。这里的设定时长可以采用高压电网打击脉冲的打击周期为单位。在实际中，还可以采用其他方式判断是否出现负载电流超限，例如采用负载电流的梯度或者静态电流和脉冲电流联合进行判断。

下面结合附图并举实施例，对本发明进行详细描述。

如图1所示，防短路控制装置可以由两个或两个以上的防短路控制模块组成，一个防短路控制模块串联在一条受控高压线路中，每个防短路控制模块获取自身所在高压线的负载电流大小；各防短路控制模块每隔设

定通信时间 T_1 通过无线通信方式交互自身数据，并根据交互数据进行切换判断与控制。这种每个模块负责一路高压线的方式，在个别模块出现问题时，可以进行单独置换，只要重新标定时钟即可继续使用，降低了整个装置的成本。在实际中，也可以采用一体化装置，将模块化的功能集成在该装置中实现。

通信间隔 T_1 可以从 5~60 秒中选择，较佳选择为 30~60 秒，在约定时间进行通信可以减少防短路控制模块的能源消耗，从而为采用电池作为电源提供了基础。

优选地，其中一个防短路控制模块为主控方，其他防短路控制模块均为分控方；分控方的数据每隔一段设定时间 T_1 上传给主控方，高压线切换判断由主控方决定，分控方只需听从指挥。这种主从结构可以减少分别判断带来的控制失误、控制不协调等问题，而且降低各模块的协作难度。在实际中，也可以不分主从，各模块均进行判断，当出现需要切换的情况时，各模块交互判断结果，确认当前情况，如果一定比例的模块均判定需要切换，则进行切换操作。这种方案虽然可以保证判定结果的可信度，但是也降低了切换控制的及时性。而且，可能出现控制不协调的问题。

高压电网线路的网架一般直立或平行于墙头上安装，高压线分为 5 线、6 线或其他线数分布，可根据环境或监所方的要求实现不同的物理警戒高度。但一般来说高压箱只向高压网络提供两根高压线 A 和 B，如图 2 所示，高压网络侧采用来回环绕的方式实现 5 线、6 线或其他线数分布。因此，可以将防短路控制装置设计为由两个防短路控制模块组成，记为模块 A 和模块 B，分别串接在高压箱向高压网络输出高压电的 A、B 两路高压线上。如果采用主从结构，则设模块 A 为主控方，模块 B 为分控方，模块 B 将数据提交给模块 A，高压线切换判断由模块 A 决定。这种将防短路控制模块安装在高压箱的输出端子处的方案，是采用最少硬件实现本发明目的的较优实施方案，而且可以适用于对奇数或偶数排列的高压网络。

对于采用模块 A 和模块 B 的方案，高压电网线路异常有以下 3 种可能性：

① A 路单独与大地出现短路，或 B 路单独与大地出现短路；
② A 路高压输出与 B 路高压输出之间短路；
③ A 路、B 路、大地都出现短路。

对于第①种情况，当 A 路单独与大地出现短路时，只有 A 路电流增大，B 路电流正常。当 B 路单独与大地出现短路时同理。

对于第②种情况，当 A 路高压输出与 B 路高压输出之间短路时，A、B 两路电流均有增大，断开一组高压后另一组高压电流会明显减小。

对于第③种情况，当 A 路、B 路、大地都出现短路时，A、B 两路电流均有增大，该现象与情况②相同，但当断开一组高压后另一组高压电流并不会有明显减小，这与情况②是不同的。

基于上述 3 种情况分析，模块 A 和模块 B 根据负载电流分情况进行处理。

当模块 A 和模块 B 中只有一方检测到负载电流超限的现象，判定其中一路高压线对地短路（情况①），则控制检测到该现象的一方断开自身所在高压线的高压输出。该操作可以排除短路故障并保持电网线间和对地仍有高压，保持打击效能。

当模块 A 和模块 B 同时检测到负载电流超限的现象，控制其中一方先断开所在高压线的高压输出，另一方检测所在高压线负载电流的变化：

在下一个通信时间到来时，如果未断开一方的负载电流退出超限状态，判定两路高压线之间短路（情况②），则保持当前两路高压线的通断状态不变。该操作可以排除短路故障并保持电网对地仍有高压，保持打击效能。在实际中，还可以定期查询一下被确定为短路的高压线电流，如果恢复正常，则可以将其接通。

在下一个通信时间到来时，如果未断开一方的负载电流仍超限，判定两路高压线和地均短路（情况③），此时切换当前两路高压线的通断状态。然后继续进行数据交互，在另一个通信时间到来时，判断未断开一方的负载电流是否退出超限，如果是，则按照情况②进行处理，否则，再次切换当前两路高压线的通断状态，如此循环。那么如果两路高压线对地短路状态没有变化则一直交替切换输出高压的线路，一旦因为人为修复或其他原因使其中高压线退出短路，则可以自动转换到情况②，甚至情况①，实现了自动检测和恢复功能。该情况③的处理方式虽然没有排除故障，但是利用交替输出的控制方式，可以最大限度避免高压箱设备短路发热问题，延长周界防范高压电网的使用寿命。

以上各种状态不影响原周界防范高压电网系统的各种报警功能。

本发明中，各模块是在约定的时间进行通信的，因此通信的同步性十分重要，如出现异常通信情况，各模块不会轻易因通信失败而切断高压的输出，而是进行时钟同步以恢复通信。

为了实现精确同步，本发明各模块均采用高精度晶体振荡器稳频，在设定时间内，通过信标帧来实现的时钟同步算法，在频率漂移或射频严重干扰环境下，能够保证装置的可靠工作。时钟同步分为出厂前同步和工作中同步。

▲出厂前时钟同步：

指出厂前对作为一组的防短路控制模块进行时钟标定。具体采用可以发射时钟信号的仪器C来配合，把调试好的A、B模块分别放在仪器C的通信范围内，A、B模块会与仪器C通信，由仪器C来发送时钟信号，模块A和模块B在接收到仪器C发送的时钟信号时，立即开启自身的时钟并与仪器C发送的时钟信号进行对准，并且将自身状态标定为出厂模式。在出厂模式下A、B模块处于待机状态，除时钟电路与电流检测外所有外设停止工作，耗电流小于1μA，从而节省电能。

出厂模式为仓库储藏等未投入使用时的模式，在模块安装到现场后，可用高压工具触发短路高压网A路和B路组成的线间，这时A、B模块同时检测到所在高压线的负载电流超限，且当前模式为出厂模式，则将自身状态修改为工作模式，并且启动模块间的无线通信及其他外设电路。

▲工作中自恢复时钟同步：

正常工作时可能由于外界干扰、软件复位等原因出现时钟失步，从而在约定时间内无法正常通信，因此需要进行时钟同步。模块A或B在约定时间内没有收到对方的数据，当延迟等待一段时间还无法正常通信，则确定时钟失步，同时启用查询模式，在该查询模式下，模块A每隔一个间隔时间t_A向各模块B发送一次同步信息，同步信息发送持续时间为$α$，每次发送同步信息的间隔时间t_A依次缩短；模块B每隔一个间隔时间t_B接收一次同步信息，同步信息的接收维持时间也为$α$；t_B与t_A的初始值相同，但t_B保持不变。由于模块A发送同步信息的间隔逐渐缩短，因此在有限的时间内一定能够与模块B实现同步，缩短了同步时间。

其中，间隔时间t_A可以等步长缩短，其变化规律为：$t_A=T-(n-1)×\triangle$，T为设定的基础间隔时间且$t_B=T$，n为发送第n次同步信息，$\triangle$为t_A的缩短步长，n取能够使t_A为正数的正整数。

例如，t_A的初始值为1秒，缩短步长$\triangle$为0.1秒，$α$为0.1秒，则模块A每次发送0.1秒时长，且发送间隔为1秒、0.9秒、0.8秒、……0.1秒，模块B每隔1秒钟接收0.1秒时间，在经过10秒后同步成功。

在上述方案中，各防短路控制模块可以采用相同硬件结构，如果采用主从结构则只是主控方和分控方的软件所有差别。防短路控制模块包括高压绝缘外罩，以及设置在高压绝缘外罩内部的机械切换装置和控制电路。图3为控制电路部分示意图，如图3所示，控制电路包括电流检测电路、Cortex-M3主控电路、无线射频通信电路、逆变升压电路、高压切换驱动电路和电源管理电路。Cortex-M3主控电路与其他各控制电路组件相连；机械切换装置与高压切换驱动电路相连。

机械切换装置用于实现高压线的切断和连通，并向Cortex-M3主控电路返回高压线的切换状态即切断和连通状态。

电流检测电路用于实现高压线的负载电流的检测，包括非接触式的电流互感器和信号处理电路，该非接触式的电流互感器检测高压线的负载电流，经过信号处理后发送给Cortex-M3主控电路。

Cortex-M3主控电路用于实现负载电流的判断、高压线断开和连通的控制，以及无线射频通信电路的通信管理。

逆变升压电路用于实现将电源管理电路提供的电能转换为高压驱动电能。

高压切换驱动电路利用所述高压驱动电能实现对机械切换装置的动作驱动。

电源管理电路采用电池作为电源，用于实现防短路控制模块的电能提供和管理。

下面对上述各组成模块进行详细描述。

（1）机械切换装置

机械切换装置起到电子开关作用，其可采用高压继电器实现，但是高压继电器维持接通需要持续供电，这样会消耗大量电能。

本发明提供了一种节电的机械切换电路，如图4所示，其由高压干簧管、永久磁铁、保持式电磁铁及位置检测装置组成；高压干簧管内部有惰性气体，在高压状态下不会出现拉弧现象，输入输出绝缘度高，可完全关断高至万伏的小电流高压通路，起到开关作用。高压干簧管的两端分别接周界防范高压箱的高压输出和被控高压线的输入。永久磁铁和保持式电磁铁组成执行动作部件，保持式电磁铁内部具有两组线圈，通电后分别用于控制伸缩杆的伸出和回缩，永久磁铁固定在保持式电磁铁的伸缩杆上，位置检测装置位于伸缩杆的顶端，当保持式电磁铁的伸缩杆伸出到位时，永久磁铁位于能够令高压干簧管触点断开的位置，如图4（a）所示，当保持式电磁铁的伸缩杆回缩到位时，永久磁铁位于能够令高压干簧管触点接通的位置，如图4（b）所示。位置检测装置用于向Cortex-M3主控电路返回永久磁铁实际位置，Cortex-M3主控电路可以该永久磁铁实际位置确定其是否运动到位，并且获知高压线的切换状态。图中的绝缘体用于固定高压干簧管和保持式电磁铁，且为永久磁铁的稳定运动提供滑道。

向保持式电磁铁的正向线圈通电后，伸缩杆带动永久磁铁移动到高压干簧管触点附近，并在断电后仍维持在伸出状态，从而实现高压干簧管的持续断开；同理，向保持式电磁铁的反向线圈通电后，伸缩杆带动永久磁铁离开高压干簧管触点，并在断电后仍维持在回缩状态，从而实现高压干簧管的持续接通。保持式电磁铁的切换时间约0.1秒，从逆变到切换的最快频率为5秒每次。

可见，该机械切换电路维持高压接通或断开均不需要持续供电，可替代高压继电器，可适应于周界脉冲高压电网系统的高压控制。

(2) Cortex-M3主控电路

Cortex-M3主控使用目前性能比高的EFM32芯片，具有可靠性高、处理速度快、功耗极低等优点。该芯片管理着所有外设模块有序工作，并且内部集成有运放电路和PWM驱动源电路，提高电路一致性和兼容性。EFM32芯片采用32.768 KHz的高精度晶体振荡电路为同步提供时间基准信号。每隔30～60秒控制无线射频通信电路与其他模块握手通信一次，交换本地数据。当进行高压输出线路切换后，会在5秒钟后通信一次确定切换的结果值。

(3) 电流检测电路

电流检测部分使用非接触式电流互感器，把耦合到的电流信号经限幅及滤波后送到EFM32芯片的内部运放电路，该运放组成电压比较器，可对输入的信号电压进行比对，发现异常后置异常标志等待射频数据交换，比对门槛电压值可由软件来设定。

(4) 无线射频通信电路

无线射频通信电路使用ATMEL的芯片，工作频率2.4 GHz，采用DSSS扩频技术，可运行在强干扰环境下，通信速率达每秒250 Kbit。该芯片主要起到数据交换作用，通信时间在10 ms之内，休眠时电流在20 nA。数据通信接口为SPI协议，EFM32芯片的指令及数据均通过SPI来传输，CLK最高时钟频率为8 MHz。发射功率可由软件来设定，最大+3 dbm，本装置设定最小发送功率-17.2 dbm，即可满足通信要求。

(5) 逆变升压电路

逆变升压电路由电感元件、MOSFET功率管等附属元件组成，工作在1 MHz范围内，EFM32芯片产生PWM脉冲控制MOSFET管的通断，由此产生的反激电动势经快恢复二极管整流后给大容量电容充电，产生大约12 V的电压供给机械切换装置中的保持式电磁铁作为切换驱动电源。

（6）高压切换驱动电路

利用逆变升压电路输出的12 V的电压实现对机械切换装置的动作驱动。

（7）电源管理电路

本发明采用锂电池作为电源，在数据同步时需要启用无线射频单元进行通信完成数据的交换，无线射频部分发射电流约10 mA，发射接收一组数据需要5~10 ms。在正常工作时，交换数据才可识别高压是否需要切换，所以频繁数据收发会降低电池使用寿命。本方法在保证数据通信的前提下，尽可能减少发射次数，工作中严格按照时序工作，每次数据交换要经CPU及软件分析处理后才可决定是否执行高压切换动作，A、B模块约定时间后才可进行下次无线射频数据交换通信，约定时间由环境参数决定，在5~60秒，此方式模块大部分的工作时间在μA级电流下，延长电池使用时间。

综上所述，以上仅为本发明的较佳实施例而已，并非用于限定本发明的保护范围。凡在本发明的精神和原则之内，所作的任何修改、等同替换、改进等，均应包含在本发明的保护范围之内。

说明书附图

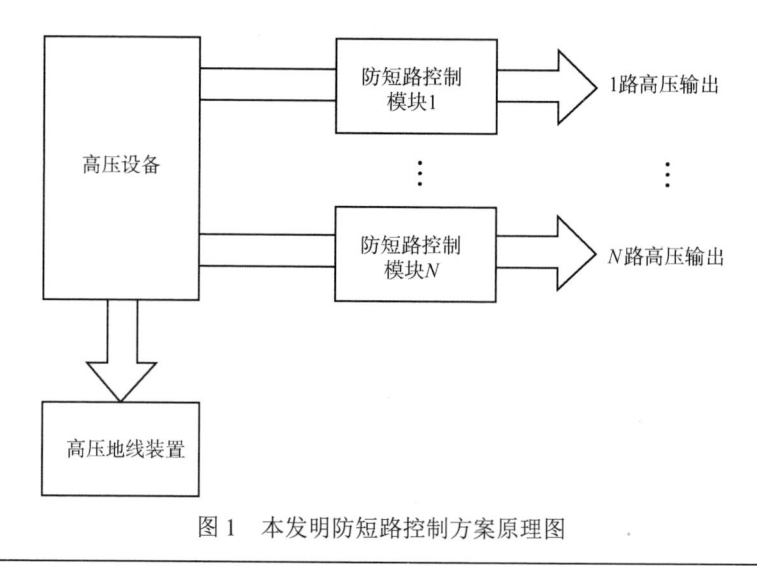

图1　本发明防短路控制方案原理图

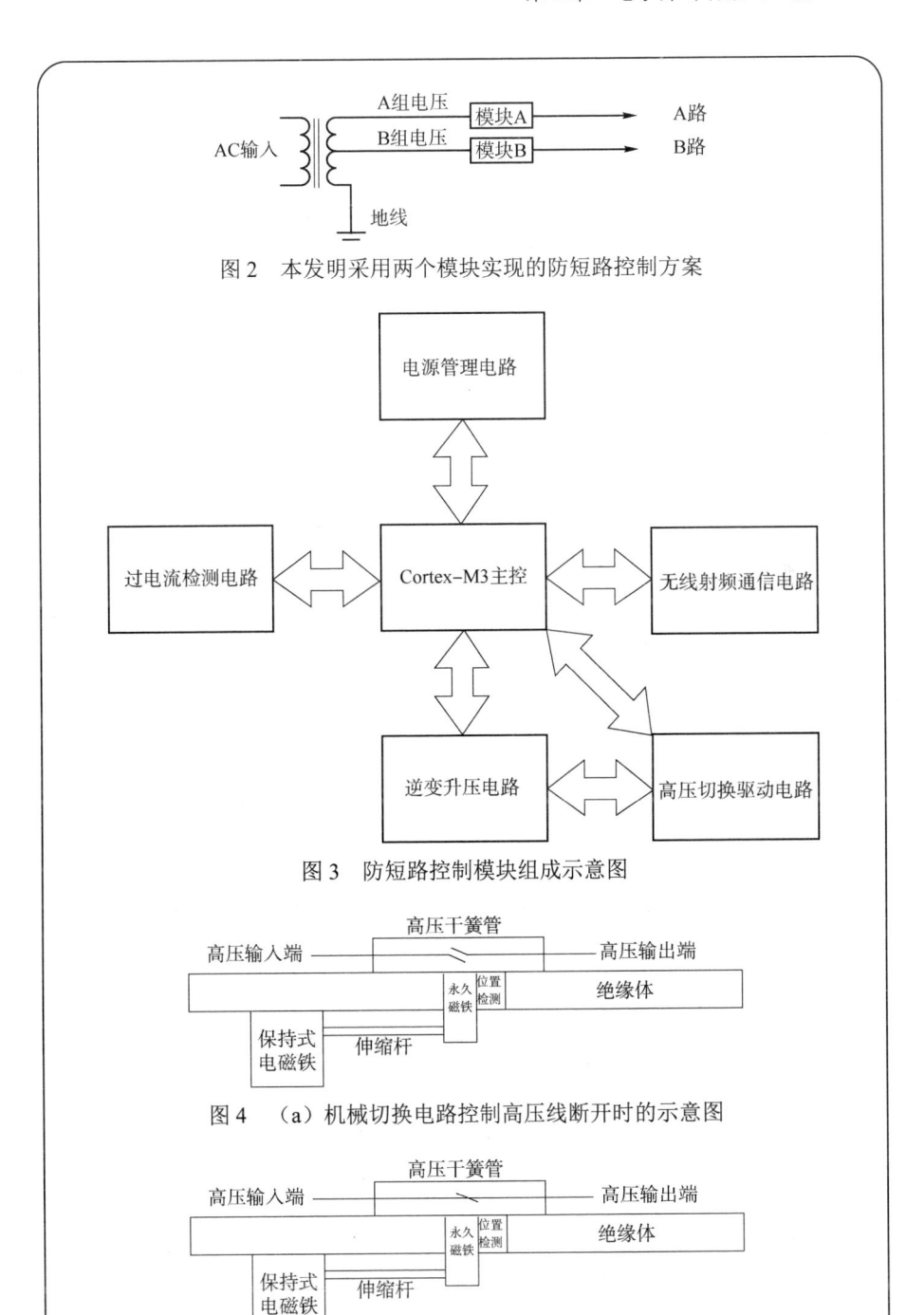

图 2　本发明采用两个模块实现的防短路控制方案

图 3　防短路控制模块组成示意图

图 4　（a）机械切换电路控制高压线断开时的示意图

图 4　（b）机械切换电路控制高压线连通时的示意图

2.1.5 小结

本案例着重讨论多主题撰写、单一性和权利要求的上位问题,针对这三个问题的相关法律法规、处理思路进行了分析。结合周界防范高压电网防短路控制方案的撰写,对于如何延展出多主题以及权利要求上位时如何扩展实施例问题进行了详细的描述。同时解决了案例中关键技术描述不清晰、缺少背景技术的问题。

2.2 案例2 一种用于影像数据提取的剖分预处理方法及数据提取方法

2.2.1 案例类型概述

1. 案例类型及其相关法律法规

通过本案例希望和读者分享技术交底书撰写中技术主线不顺的问题。

技术主线是笔者对专利交底书撰写方式的一种形容。专利交底书交代清楚技术主线,就完成了80%的内容。所谓的技术主线包括三部分:技术问题—技术方案—技术效果。这三者是对应的、有关联的。技术问题是技术方案能够解决的问题,技术效果是技术方案能够带来的效果。如果技术方案无法解决技术问题,技术效果与技术问题不匹配,都是出现了主线不顺的问题。其中,技术问题和技术方案的对应关系更为重要。

技术问题的撰写涉及背景技术和发明内容。《专利法实施细则》第十七条第三款和第四条规定"背景技术:写明对发明或者实用新型的理解、检索、审查有用的背景技术;有可能的,并引证反映这些背景技术的文件";"发明内容:写明发明或者实用新型所要解决的技术问题以及解决其技术问题采用的技术方案,并对照现有技术写明发明或者实用新型的有益效果"。

写背景技术的目的是提出技术问题,这个技术问题需要与发明内容中的技术问题对应起来。背景技术的撰写要求有"针对性"地撰写,不要出现"老""广""偏"的问题。

"老"是指写入老旧的、无可比性的现有技术,技术已经发展到智能控制阶段,背景技术还在写手动控制,写入的不是最接近的现有技术。老旧的现有技术不能给专利代理师有用的信息,可能会导致专利代理师归纳出错误的发明点。

"广"是指没有针对性地分析现有技术的缺陷，而是笼统地说"没有相关现有技术"。没有针对性的缺陷分析，往往导致专利代理师在总结本发明优点时也会比较笼统，针对性不强，不利于全面地分析本发明的发明点和优势。

"偏"是指所要解决的技术问题和解决方案之间关联性不好。出现这种情况有可能是所要解决的问题总结错误，也有可能是解决方案没有写清楚，或者是问题与解决方案之间的关联关系的分析没有处理好。本案例就是这种类型的缺陷。

背景技术应该写入最接近的现有技术。最接近的现有技术是指现有技术中与要求保护的发明最密切相关的一种技术方案，它是判断发明是否具有突出的实质性特点的基础。最接近的现有技术，如可以是，与要求保护的发明技术领域相同，所要解决的技术问题、技术效果或者用途最接近和／或公开了发明的技术特征最多的现有技术，或者虽然与要求保护的发明技术领域不同，但能够实现发明的功能，并且公开发明的技术特征最多的现有技术。这种现有技术与本发明最接近，有利于专利代理师更清晰地把握区别特征及其效果，从而提炼出更突出的特点和进步之处。

2. 案例类型的撰写思路

为了梳理出清晰的主线，在撰写技术交底书时，可以采用反向思考的方法，就需要考虑以下几个问题：

（1）本发明技术方案的亮点在哪——确定核心发明点；

（2）核心发明点能够解决什么问题——确定所要解决的问题；

（3）为了解决上述技术问题本发明还做了哪些工作——确定其他发明点；

（4）本发明还有哪些附加的发明点，其效果是什么——进一步完善发明点及其效果。

当发明人想清楚上述问题后，就能够捋顺问题—方案—效果的主线了。只是写作的时候，还是需要按照先技术问题再技术方案最后技术效果的顺序进行撰写。技术方案包括核心发明点、其他发明点和附加发明点，根据主次关系，合理布局权利要求书。发明内容所要解决的技术问题部分只写明核心发明点所要解决的问题。发明内容有益效果部分可以分条写入各个发明点所带来的技术效果，先写核心发明点的效果，再根据从属权利要求的属性，写明其他/附加发明点的效果。

在撰写之前，还需要判断技术方案的创造性，可以采用以下步骤进行分析：

（1）结合发明所属技术领域、所解决的技术问题和所产生的技术效果，总结技术方案的必要技术特征，并将必要技术特征组合形成技术方案。

（2）对于必要技术特征组合形成的技术方案，采用以下步骤进行创造性判断。

① 确定最接近的现有技术。

参见第1小节对最接近的现有技术的介绍。

② 确定发明的区别特征和发明实际解决的技术问题。

应当客观分析并确定发明实际解决的技术问题。为此，首先应当分析要求保护的发明与最接近的现有技术相比有哪些区别特征，然后根据该区别特征所能达到的技术效果确定发明实际解决的技术问题。然后根据该区别特征在要求保护的发明中所能达到的技术效果确定发明实际解决的技术问题。从这个意义上说，发明实际解决的技术问题，是指为获得更好的技术效果而需对最接近的现有技术进行改进的技术任务。

③ 判断要求保护的发明对本领域的技术人员来说是否显而易见。

在该步骤中，要从最接近的现有技术和发明实际解决的技术问题出发，判断要求保护的发明对本领域的技术人员来说是否显而易见。判断过程中，要确定的是现有技术整体上是否存在某种技术启示，即现有技术中是否给出将上述区别特征应用到该最接近的现有技术以解决其存在的技术问题（即发明实际解决的技术问题）的启示，这种启示会使本领域的技术人员在面对所述技术问题时，有动机改进该最接近的现有技术并获得要求保护的发明。如果现有技术存在这种技术启示，则发明是显而易见的，不具有突出的实质性特点。

④ 若经过判断，必要技术特征组合形成的技术方案具备创造性，则可以作为独立权利要求。对于独立权利要求的附加方案，可以采用从权的方式撰写。

⑤ 若技术交底书中记载了不止一种技术方案，应当判断所有技术方案是否属于同一个总的发明构思。若所有技术方案属于同一个总的发明构思，则可以作为同一件申请提出，若不属于一个总的发明构思，则需要分别作为单独的申请提出。单一性的介绍参见案例1以及《专利法实施细则》第三十四条的规定。

按照上述流程完整思考后，就可以开始撰写了。

2.2.2 技术交底书及解读

1. 技术交底书

一种用于影像数据提取的剖分预处理方法

技术领域

涉及地球空间信息组织、影像数据处理技术领域。

背景技术

目前，不同部门根据自身业务特点，按照事先规划的数据网格切分，形成数据体，并以此为单元对影像数据进行组织。不同行业的信息管理系统应用不同的地理网格组织数据，例如卫星地面数据接收中心的原始遥感影像数据按照轨道条带或者轨道景组织，而轨道条带、轨道景主要依据轨迹重复的世界参考系 WRS（Worldwide Reference System）和格网参考系 GRS（Grid Reference System）所形成的固定参考格网并利用 Path/Row 对条带景编码与组织；在测绘部门的正射影像数据产品，低级数据产品按照轨道景数据组织、高级数据产品（4级以上）按照地图图幅标准进行组织；广泛使用的空间数据服务，如 Google Earth、Worldwind、天地图、百度地图等，都采用构建影像金字塔的方式进行数据组织。这种不同部门建立各自独立的遥感影像数据组织和索引方式，均可很好地适应本部门内影像数据提取业务的需要，但跨部门间数据提取时，由于数据分块组织与标识方法不同，导致同一区域不同类型数据在提取、整合与应用上存在效率较低的问题。

发明内容

为了解决上述问题，本发明以探寻建立一种有利于影像数据快速提取的统一的数据分块规则和数据索引方法为目标，在地球剖分格网的基础上，设计影像数据的剖分预处理方法。

在地球剖分网格方面，本发明选择由北京大学 2011 年公开的"基于 2n 及整型一维数组的全球经纬度剖分网格"（缩写为 GeoSOT）。GeoSOT 网格采用全四叉树递归剖分，将地球表面空间从全球剖分至厘米级，共计 32 个层级。GeoSOT 网格编码有四进制、二进制（1维或2维）和十进制等四种形式。分辨率单个像素代表的地面范围、空间分辨率。

本发明逻辑框架如图 1 所示（图略），本发明的技术方案如下：

步骤1：获取待处理影像的空间范围信息和分辨率信息。

根据影像的属性文件或者影像的元数据信息，获得影像数据文件的空间范围信息，即计算待处理影像的空间范围的最小外包矩形；同时，利用影像数据的属性文件或者元数据信息，获得影像分辨率信息，影像分辨率以度为单位。

步骤2：根据影像的分辨率确定影像对应的剖分层级 i（$i\in[0,31]$），利用影像的空间范围确定影像在第 i 层剖分面片上的覆盖面片集合 Cij（$i\in[0,31]$，$j\geqslant 1$）。

根据影像分辨率 r 以及影像分辨率与剖分网格 GeoSOT 层级对应原则，确定影像与剖分网格 GeoSOT 第 i 层对应。其对应原则是，当每一个剖分面片对应的影像数据块大小为 2n×2n 像素时，影像分辨率 r 应与 CellSize$i$/2n 近似之间差的绝对值小于 0.5，即|CellSize$i$/2n−r|<0.5。n 为整数，多取 6~11，CellSize$i$ 为第 i 层剖分面片大小，以度（°）为单位。

根据影像四个角点的坐标信息，分别计算该影像四个角点所在第 i 层的剖分面片，从而确定影像覆盖第 i 层剖分面片集合 Cij（$i\in[0,31]$，$j\geqslant 1$）。

步骤3：遍历覆盖剖分面片集合 Cij（$i\in[0,31]$，$j\geqslant 1$），计算每个剖分面片角点对应的影像行列号，建立剖分逻辑索引。

在步骤2的基础上，遍历影像覆盖的剖分面片集合 Cij（$i\in[0,31]$，$j\geqslant 1$）中的每一个剖分面片，并根据剖分面片的空间位置信息计算与剖分面片四个角点空间位置对应影像中像素行列号，同时将剖分面片地址码与四个角点对应的影像像素行列号写入相应影像索引文件或索引数据库中，由此实现影像数据提取的剖分预处理。

具体实施方式

本发明"一种用于影像数据提取的剖分预处理方法"主要包括：步骤1：获取影像的空间范围和影像分辨率；步骤2：计算影像所在的剖分层级和覆盖的剖分面片集合；步骤3：遍历每个剖分面片，建立影像文件的逻辑剖分索引。下面以分辨率为 90 米、空间范围为（115°E~120°E，40°N~45°N）的某气象卫星遥感图像 QX1 为例，进行详细说明。

类似上面的例子，当然可以不必具体写出实际的数字，用字母表示就可以，这样下面的步骤 1~3 就可以按照发明内容进行一步步操作，这样将更具有清晰度。

步骤1：获取待处理影像 QX1 的空间范围信息和分辨率信息。

根据遥感图像 QX1 的属性文件或者影像的元数据信息，获得影像数据文件的空间范围信息，即计算遥感图像 QX1 的空间范围最小外包矩形 MBR（11～120，40～45）。同时，利用 QX1 的属性文件或者元数据信息，获得影像分辨率信息 r=90 米。因 QX1 的空间分辨率是以米为单位，则将其转换为以度为单位即 r=0.00083333°。

步骤 2：由影像分辨率信息 r 以及影像空间范围 MBR，确定待处理影像与剖分网格层级 i 以及其覆盖剖分面片集合 C_{ij}。

若每一个剖分面片对应的影像数据块大小为 512 像素×512 像素时，影像分辨率 r=0.00078° 对应的影像经纬度宽度 l=512×0.00078°=0.39936°=23.9616′。而影像经纬度宽度 23.9616′ 更接近 16′，因此空间分辨率 r=0.00078° 的 QX1 影像应该与 GeoSOT 网格中的第 11 层对应。

遥感图像 QX1 的空间范围最小外包矩形 MBR 为（115～120，40～45），因此 QX1 影像的左下角、左上角、右下角和右上角四个角点坐标分别为（115，40）、（115，45）、（120，40）和（120，45），它们对应的剖分面片的四进制编码分别 G00131201100、G00131221300、G00131300000 和 G00131320200。因此，QX1 覆盖的第 11 层剖分面片集合 $C_{11, j}$ (j≥1) 是从左下角 G00131201100 到右上角 G00131320200 之间的剖分面片集合，如图 2 所示（图略）。

步骤 3：遍历覆盖剖分面片集合 $C_{11, j}$ (j≥1)，计算每个剖分面片四角对应的影像行列号，建立剖分逻辑索引。

遍历剖分面片集合 $C_{11, j}$ (j≥1) 中的每一个剖分面片，并根据其编码可以计算出剖分面片所代表的经纬度范围，由此计算出剖分面片的四个角点对应影像中行列号信息。如果覆盖的第 11 层剖分面片多余 1 个，则遍历剖分面片集合 $C_{11, j}$ 中的每一个剖分面片，并根据剖分面片的空间位置信息，获取与剖分面片四个角点空间位置相同的影像像素行列号。此时，若剖分面片处于影像的边界，则在剖分面片对应的四个角点像素行列号不应该小于 0 或者大于整幅影像的宽度或高度。最后，将剖分面片编码与影像四个角点像素行列号信息写入索引文件或者索引数据库，由此实现影像数据提取的剖分预处理。建立影像数据逻辑剖分索引预处理流程如图 3 所示（图略）。

例如左下角 G00131201100 四个角点对应在影像的行列号为：左上角（5680，0）、左下角（6000，0）、右上角（5680，320）和右下角（6000，320），并将这些信息写入 QX1.gsot 文件中。

2. 技术交底书解读

对技术交底书进行分析，得到交底书内容概要如下：

背景技术：目前，不同空间数据服务部门根据自身业务特点，按照事先规划的数据网格切分，形成数据体，并以此为单元对影像数据进行组织。不同行业的信息管理系统应用不同的地理网格组织数据，广泛使用的空间数据服务，如 Google Earth、Worldwind、天地图、百度地图等，都采用构建影像金字塔的方式进行数据组织。这种不同部门建立各自独立的遥感影像数据组织和索引方式，均可很好地适应本部门内影像数据提取业务的需要，但跨部门间数据提取时，由于数据分块组织与标识方法不同，导致同一区域不同类型数据在提取、整合与应用上存在效率较低的问题。

技术问题：探寻建立一种有利于影像数据快速提取的统一的数据分块规则和数据索引方法，在地球剖分格网的基础上，设计影像数据的剖分预处理方法。

解决方案：使用全球剖分模型 GeoSOT 中的 GeoSOT 网格来对遥感影像进行分块，并根据 GeoSOT 编码获得索引号对影像块进行存储；具体步骤为：

步骤 1：获取影像的空间范围和影像分辨率；

步骤 2：计算影像所在的剖分层级和覆盖的剖分面片集合；

步骤 3：遍历每个剖分面片，建立影像文件的逻辑剖分索引。

技术交底书同时给出了步骤 1、2 和 3 的具体方法。

结合上述针对技术交底书的解读，可以看出，该技术交底书可改进方向是：

（1）改进方向 1：如何避免技术主线不顺的问题。

从本案例的技术交底书来看，背景技术记载的现有技术存在问题与本发明所解决的技术问题不匹配。背景技术记载的现有技术存在问题为：跨部门间数据提取时，由于数据分块组织与标识方法不同，导致同一区域不同类型数据在提取、整合与应用上存在效率较低的问题。而技术交底书给出的解决方案仅仅实现了对遥感影像数据的统一的剖分方式，未给出对遥感影像数据剖分之后如何提高数据提取、整合与应用效率的解决方案。

建议：

与发明人联系，重新梳理技术问题与技术方案。如果技术方案没问题，则修改技术问题。如果技术问题得当，则技术方案未记载解决方案，需要重新提供技术方案的详细内容。如果技术问题和技术方案都没有问题，则需要增加中间分析环节，从技术方案中分析出如何解决技术问题，将主线捋顺。

（2）改进方向 2：如何扩充实施例，以获得更大的保护范围。

技术交底书给出的针对影像的处理仅仅是针对矩形影像的处理。

对于本发明来说，权利要求中仅仅是针对待处理影像为矩形的情况适用。那么所应思考的是：当待处理影像为其他形状时，本方法是否同样适用呢？若同样适用，那么该权利要求又应该进行怎样的总结和概括呢？若撰写了概括较宽的权利要求，说明书又要进行怎样的修改以支持权利要求呢？

在本发明中，虽然指明待处理影像为矩形，在实际中，待处理影像可能不仅仅是矩形，而分析本技术方案可知，当待处理影像不为矩形时本发明也同样适用。

建议：

需要发明人补充当待处理影像不为矩形时的处理方式。

3．技术交底书补充结果

（1）针对技术主线不顺问题的补充

针对技术交底书所缺少的对遥感影像数据剖分之后如何提高数据提取、整合与应用效率的解决方案，发明人补充了以下解决方案：

步骤 1：依据权利要求 1 针对每一幅遥感影像均建立如上所述的剖分索引表；获得剖分索引 gsot 文件；

步骤 2：用户设定所需提取地图的经纬度范围以及地图比例尺；根据地图比例尺与 GeoSOT 网格层级的对应关系确定所需提取地图的面片层级 k；根据地图的经纬度范围确定需提取的地图覆盖的 k 层级的面片集，记为地图面片集；

步骤 3：所述地图面片集中的每个面片利用 GeoSOT 编码的方法进行编码，记为地图面片编码；

步骤 4：首先使用地图面片编码与表头编码由左至右进行匹配，若地图面片编码与表头编码一致而且地图面片编码长度大于表头编码长度，则将地图面片编码与所述表头编码对应的剖分索引表中各索引号的影像面片编码由左至右进行匹配，获得影像面片编码与地图面片编码完全一致的索引号；若地图面片编码与表头编码一致而且地图面片编码长度小于或者等于表头编码长度，则获取所述表头编码对应的剖分索引表中所有的索引号；

步骤 5：根据步骤 4 中所获得的索引号，利用索引号中的行列号在影像文件中提取相应地图影像块，对提取的地图影像块按照其地理位置进行聚合，即可提取出地图数据。

（2）针对扩充实施例的补充

发明人确认待处理影像可以不为矩形，因此补充了非矩形的相关技术方

案。撰写申请文件时,可以将该待处理影像不为矩形的情况写入说明书中作为一种实施例出现。补充内容如下:

如果待处理影像不为矩形,则需要先确定待处理影像的经纬度外包矩形,待处理影像内切于其经纬度外包矩形内部。对经纬度外包矩形内部中未填充影像的部分也按照像素尺寸进行分格,未填充影像的分格其像素数据可以为空。对经纬度外包矩形重新编写行列号。经过该处理后,相当于将待处理影像扩展为矩形,从而可以采用后续的处理方案继续完成预处理过程。在显示时,只需将像素数据为空的分格去掉即可。

(3) 针对本发明所依赖的现有技术描述不明确的修订。

本发明所采用的剖分预处理方法基于 GeoSOT 剖分和编码方案,该 GeoSOT 剖分和编码方案是申请人自己申请的一种技术,虽然属于已有技术手段,但是并非广泛应用,因此请发明人在技术交底书中补充该技术相关专利。一方面有利于专利代理师对技术基础的了解;另一方面便于读者理解技术方案。补充内容如下:

本发明所提出的用于影像数据提取的剖分预处理方法基于 GeoSOT 剖分和编码方案,该方案参见北京大学提出的专利申请:"一种统一现有经纬度剖分网格的方法"(公开号为 CN102609525,申请日为 2012 年 2 月 10 日),该专利申请公开了一种 GeoSOT 地理网格设计方案,用于解决全球地理空间剖分和标识问题。该方案采用全四叉树递归剖分,将地球表面空间从全球至厘米级共进行了 32 级剖分,每个 GeoSOT 剖分层级均有其对应大小的 GeoSOT 网格,GeoSOT 网格上下层级之间的面积之比为 1/4。该方案对 GeoSOT 网格进行编码所产生的 GeoSOT 编码有四进制、二进制(1 维或 2 维)和十进制等四种形式。

2.2.3　权利要求书和说明书的撰写思路

1. 确定本发明的主要改进点

本发明主要建立一种针对影像数据快速提取的统一的数据分块规则,并依据该规则对影响数据进行剖分预处理,具体为:使用设定层级的 GeoSOT 面片对待处理影像进行剖分,得到覆盖待处理影像的剖分面片集合;使用 GeoSOT 编码方案对得到的剖分面片集合中各剖分面片进行编码,记为索引号;确定每个剖分面片内的影像数据在待处理影像中的位置;将同一剖分面片的索引号以及位置信息对应写入剖分索引 gsot 文件中。

2. 确定最接近的现有技术及其问题

确定的最接近的现有技术为：卫星地面数据接收中心对于接收到的原始遥感影像数据按照轨道条带或者轨道景进行组织，而轨道条带、轨道景主要依据轨迹重复的世界参考系 WRS（Worldwide Reference System）和格网参考系 GRS（Grid Reference System）所形成的固定参考格网并利用 Path/Row 对条带景编码与组织；而测绘部门的正射影像数据产品，低级数据产品按照轨道景数据组织、高级数据产品（4 级以上）按照地图图幅标准进行组织；而对于如 Google Earth、Worldwind、天地图、百度地图等的数据服务部门，则都采用构建影像金字塔的方式进行数据组织。

3. 基于最接近的现有技术，确定本申请所要解决的技术问题

本发明所提出的技术问题有以下两个：

（1）建立一种有利于影像数据快速提取的统一的数据分块规则，在地球剖分格网的基础上，设计影像数据的剖分预处理方法。

（2）提出针对遥感影像数据剖分之后如何提高数据提取、整合与应用效率的解决方案。

4. 确定权利要求的主题

从该交底书的内容来看，本发明共提供了两种技术方案：一是影像数据的剖分预处理方案；二是针对遥感影像数据剖分之后如何提高数据提取、整合与应用效率的解决方案。

需要判断两个技术方案是否同一个总的发明构思。若所有技术方案属于同一个总的发明构思，则可以作为同一件申请提出，若不属于一个总的发明构思，则需要分别作为单独的申请提出。

本发明技术交底书中提供的两个技术方案，具备同一个总的发明构思，即"采用 GeoSOT 剖分方案对待处理影像进行剖分，剖分后构建剖分面片的索引文件"，从而最终实现对遥感影像的按照统一的方式进行存储以及组织提取。

因此本发明权利要求的主题应为"方法"，具体为"一种用于影像数据提取的剖分预处理方法及数据提取方法"。

5. 确定独立权利要求的必要技术特征——独立权利要求的撰写

一种用于影像数据提取的剖分预处理方法，由于增加非矩形影像的处理

实施例支持，本发明可以进行以下上位：

1. 一种用于影像数据提取的剖分预处理方法，其特征在于，使用设定层级的 GeoSOT 面片对待处理影像进行剖分，得到覆盖待处理影像的剖分面片集合；使用 GeoSOT 编码方案对得到的剖分面片集合中各剖分面片进行编码，记为索引号；确定每个剖分面片内的影像数据在待处理影像中的位置；将同一剖分面片的索引号以及位置信息对应写入剖分索引 gsot 文件中。

该方案与最接近的现有技术之间的区别为：1）本发明使用设定层级的 GeoSOT 面片对待处理影像进行剖分；2）确定每个剖分面片内的影像数据在待处理影像中的位置；将同一剖分面片的索引号以及位置信息对应写入剖分索引 gsot 文件中。

通过分析以上区别技术特征，GeoSOT 面片虽然是现有的技术手段，使用 GeoSOT 面片对影像数据进行处理，涉及的区别技术特征 2）能够产生预料不到的技术效果，克服了原技术领域中未曾解决的困难，则这种转用发明具有突出的实质性特点和显著的进步，具备创造性。

根据补充的一种数据提取方法，对应的独立权利要求，可以采用以下步骤。

4. 一种数据提取方法，其特征在于，具体步骤如下：

步骤1：依据权利要求 1、2 或 3 的方案每一幅遥感影像进行预处理，得到剖分索引 gsot 文件；

步骤2：用户设定所需提取影像的经纬度范围，选择一个层级的 GeoSOT 面片作为提取面片；确定提取影像的经纬度范围所覆盖的提取面片集；

步骤3：所述提取面片集中的每个面片利用 GeoSOT 编码的方法进行编码，记为提取编码；

步骤4：使用提取编码与所述剖分索引 gsot 文件中的各索引号进行匹配，选择与提取编码匹配一致的索引号，获取其对应的位置信息；

步骤5：根据步骤 4 中所获得的位置在遥感影像文件中提取相应剖分面片，对提取到的剖分面片按照其索引号所指示的地理位置进行聚合，即可获得所需提取的影像数据。

该方案与最接近的现有技术之间的区别为：1）使用提取编码与所述剖分索引 gsot 文件中的各索引号进行匹配，选择与提取编码匹配一致的索引号，获取其对应的位置信息；2）根据所获得的位置在遥感影像文件中提取相应剖分面片，对提取到的剖分面片按照其索引号所指示的地理位置进行聚合，即可获得所需提取的影像数据。

通过分析以上区别技术特征，使用 GeoSOT 面片对影像数据进行处理，并给出一种有针对性的影像数据提取方法，能够产生预料不到的技术效果，克服了原技术领域中未曾解决的困难，则这种发明具有突出的实质性特点和显著的进步，具备创造性。

6．说明书的撰写

本案例的说明书撰写分析主要涉及具体实施方式。

具体实施方式应当体现申请中解决技术问题所采用的技术方案，并应当对权利要求的技术特征予以详细说明。对优选的具体实施方式应当描述详细，详细的标准是以使所属技术领域的技术人员能够实现该发明为最终。

本案例中，为了详细描述步骤 4，使用 GeoSOT 编码方案对所述剖分面片集合中的每个剖分面片进行编码，记为索引号，本申请文件使用了一个具体的例子来进行表述：

"GeoSOT 网格编码方案是基于经纬度坐标空间进行定义的，可以采用定位角点（GeoSOT 面片的其中一个角点）的经纬度和层级计算编码。具体计算时，将 GeoSOT 面片中定位角点的经纬度换算为四进制、二进制（1 维或 2 维）和十进制等形式即可，编码长度由 GeoSOT 面片所处层级决定。

例如，某影像是使用第 m=9 层剖分面片进行划分的，其采用左下角二维经纬度信息和剖分层级计算编码。假设，某一个剖分面片的左下角经纬度为（N 39°，E 116°），则其一维二进制 GeoSOT 编码的计算过程如下：

纬度第 1 级：39÷256=0　　余 39
经度第 1 级：116÷256=0　　余 116
则该剖分面片在第 1 层的一维二进制编码为 00；
纬度第 2 级：39÷128=0　　余 39
经度第 2 级：116÷128=0　　余 116
则该剖分面片在第 2 层的一维二进制编码为 00；
纬度第 3 级：39÷64=0　　余 39
经度第 3 级：116÷64=1　　余 52
则该剖分面片在第 3 层的一维二进制编码为 01；
纬度第 4 级：39÷32=1　　余 7
经度第 4 级：52÷32=1　　余 20
则该剖分面片在第 4 层的一维二进制编码为 11；
纬度第 5 级：7÷16=0　　余 7
经度第 5 级：20÷16=1　　余 4

则该剖分面片在第 5 层的一维二进制编码为 01；
纬度第 6 级：7÷8=0　　　余 7
经度第 6 级：4÷8=0　　　余 4
则该剖分面片在第 6 层的一维二进制编码为 00；
纬度第 7 级：7÷4=1　　　余 3
经度第 7 级：4÷4=1　　　余 0
则该剖分面片在第 7 层的一维二进制编码为 11；
纬度第 8 级：3÷2=1　　　余 1
经度第 8 级：0÷2=0　　　余 0
则该剖分面片在第 8 层的一维二进制编码为 10；
纬度第 9 级：1÷1=1　　　余 0
经度第 9 级：0÷1=0　　　余 0
则该剖分面片在第 9 层的一维二进制编码为 10；
将该剖分面片在 1~9 层的一维二进制编码顺序组合，得到该剖分面片的一维二进制编码为 000001110100111010。则该剖分面片作为剖分面片的索引号为 000001110100111010。"

为确保例子正确无误，此处的例子应当由发明人提供或撰写后由发明人确认。

本具体实施方式中多次使用表格来进行辅助描述，以帮助清楚、完整地表述本发明的技术方案。

2.2.4　最终递交的申请文件

本申请文件只给出了权利要求书、说明书和附图。

权利要求书

1. 一种用于影像数据提取的剖分预处理方法，其特征在于，使用设定层级的 GeoSOT 面片对待处理影像进行剖分，得到覆盖待处理影像的剖分面片集合；使用 GeoSOT 编码方案对得到的剖分面片集合中各剖分面片进行编码，记为索引号；确定每个剖分面片内的影像数据在待处理影像中的位置；将同一剖分面片的索引号以及位置信息对应写入剖分索引 gsot 文件中。

2. 如权利要求 1 所述的一种用于影像数据提取的剖分预处理方法，其特征在于，所述待处理影像为矩形，该方法具体包括以下步骤：

步骤1：获取待处理影像的经纬度范围；

步骤2：设定对待处理影像进行剖分所使用的 GeoSOT 面片的层级；

步骤3：使用设定层级的 GeoSOT 面片对待处理影像进行剖分，得到包含待处理影像的剖分面片集合；

步骤4：使用 GeoSOT 编码方案对所述剖分面片集合中的每个剖分面片进行编码，记为索引号；

步骤5：针对剖分面片集合中每个剖分面片，确定剖分面片内的影像数据的四个角点像素在待处理影像中的行列号；

步骤6：将同一剖分面片的索引号以及行列号对应写入剖分索引 gsot 文件中。

3. 如权利要求1或2所述一种用于影像数据提取的剖分预处理方法，其特征在于，所述设定层级的选择方法为：用户指定剖分面片内影像数据的大小，使用待处理影像分辨率以及所述剖分面片内影像数据大小计算理想剖分面片的尺寸，找到最接近理想剖分面片尺寸的 GeoSOT 面片，其所属层级即为设定层级。

4. 一种数据提取方法，其特征在于，具体步骤如下：

步骤1：依据权利要求1、2或3的方案每一幅遥感影像进行预处理，得到剖分索引 gsot 文件；

步骤2：用户设定所需提取影像的经纬度范围，选择一个层级的 GeoSOT 面片作为提取面片；确定提取影像的经纬度范围所覆盖的提取面片集；

步骤3：所述提取面片集中的每个面片利用 GeoSOT 编码的方法进行编码，记为提取编码；

步骤4：使用提取编码与所述剖分索引 gsot 文件中的各索引号进行匹配，选择与提取编码匹配一致的索引号，获取其对应的位置信息；

步骤5：根据步骤4中所获得的位置在遥感影像文件中提取相应剖分面片，对提取到的剖分面片按照其索引号所指示的地理位置进行聚合，即可获得所需提取的影像数据。

5. 如权利要求4所述的一种数据提取方法，其特征在于，所述步骤2中层级的选择方法为：以面片的形式提取 gsot 文件中的影像，用户指定提取面片内影像数据的大小，根据待处理影像的分辨率以及所述提取面片内影像数据大小计算理想提取面片的尺寸，找到最接近理想提取面片尺寸的 GeoSOT 面片，确定其层级。

说明书

一种用于影像数据提取的剖分预处理方法及数据提取方法

技术领域

本发明涉及地球空间信息组织、影像数据处理技术领域，具体涉及一种建立地球剖分网格与影像数据间逻辑映射的预处理方式以及基于该预处理的数据的提取方法。

背景技术

当前，随着对地观测手段的不断丰富、空间信息获取能力的不断提升，人们获得的遥感影像数据极大丰富，数据的丰富伴随着数据服务的快速发展。在空间信息管理系统中，遥感数据的分类存储和组织映射是非常重要的内容之一。

当今社会，空间信息管理系统进入与遥感数据相关的各个部门中，空间信息管理系统经常按照事先规划的数据网格将遥感影像切分成数据体，并以数据体为单元对影像进行存储以及组织映射。由于不同行业具有不同的业务侧重，因此不同部门的信息管理系统应用不同的地理网格组织数据，例如卫星地面数据接收中心对于接收到的原始遥感影像数据按照轨道条带或者轨道景进行组织，而轨道条带、轨道景主要依据轨迹重复的世界参考系 WRS（Worldwide Reference System）和格网参考系 GRS（Grid Reference System）所形成的固定参考格网并利用 Path/Row 对条带景编码与组织；而测绘部门的正射影像数据产品，低级数据产品按照轨道景数据组织、高级数据产品（4级以上）按照地图图幅标准进行组织；而对于如 Google Earth、Worldwind、天地图、百度地图等的数据服务部门，则都采用构建影像金字塔的方式进行数据组织。

这种不同部门建立各自独立的遥感影像数据组织和索引方式，虽然可以很好地适应本部门内影像数据提取业务的需要，但若需要跨部门间进行数据提取，例如在空间信息管理技术领域，地图的信息管理以及更新，通常需要将遥感影像聚合为地图图幅以更新地图数据，而由于在空间信息管理领域存在纷繁而彼此独立的数据划分方式，因此切割出尺寸各异的数据体，这使属于同一地理区域的不同类型遥感数据的提取、整合与应用效率极低，从而造成空间数据资源"共享""互操作"和"平滑迁移"的困难。

发明内容

有鉴于此,本发明提供了一种用于影像数据提取的剖分预处理方法,能够统一遥感影像的分块方式,以便于为后续提高遥感影像数据的提取效率提供有力的支持。

为了达到上述目的,本发明的技术方案为:【因为与权利要求书表述方式一致,这里略】

有益效果

(1) 本发明所提供的影像数据的剖分预处理方法,能够对遥感影像基于其所属地理区域进行统一划分,并对划分出的影像块建立索引表,该方法统一了遥感影像的分块方式,而且分出的影像块能够高效聚合,为提高遥感影像的提取效率奠定了基础;

(2) 在上述剖分预处理方法的基础上,使用本发明所提供的数据提取方法对遥感影像数据进行提取,由于索引号与影像块中的数据直接对应,因此通过索引表可快速检索数据,提取出的剖分面片依据其索引号所指示的地理位置可以进行高效聚合,从而实现了数据的高效提取。

附图说明

图1是本发明的影像数据提取的剖分预处理方法流程图;

图2是本发明的影像数据逻辑剖分索引预处理示意图。

具体实施方式

下面结合附图并举实施例,对本发明进行详细描述。

本发明所提出的用于影像数据提取的剖分预处理方法基于GeoSOT剖分和编码方案,该方案参见北京大学提出的专利申请:"一种统一现有经纬度剖分网格的方法"(公开号为CN102609525,申请日为2012年2月10日),该专利申请公开了一种GeoSOT地理网格设计方案,用于解决全球地理空间剖分和标识问题。该方案采用全四叉树递归剖分,将地球表面空间从全球至厘米级共进行了32级剖分,每个GeoSOT剖分层级均有其对应大小的GeoSOT网格,GeoSOT网格上下层级之间的面积之比是1/4。该方案对GeoSOT网格进行编码所产生的GeoSOT编码有四进制、二进制(1维或2维)和十进制等四种形式。

基于上述GeoSOT剖分和编码方案,本发明剖分预处理方法的基本思想:使用设定层级的GeoSOT面片对待处理影像进行剖分,得到覆盖待处理影像的剖分面片集合;使用GeoSOT编码方案对得到的剖分面片集合中各剖分面片进行编码,记为索引号;确定每个剖分面片内的影像数据在待处理影像中的位置；将同一剖分面片的索引号以及位置信息对应写入剖分索引 gsot 文件中。

可见，本发明通过 GeoSOT 剖分和编码方案将影像基于其所属地理区域进行统一划分，并对划分出的影像块建立索引表，该方法统一了遥感影像的分块方式，为提高遥感影像的提取效率奠定了基础。

下面结合图1对本实施例使用 GeoSOT 剖分和编码方案对遥感影像数据进行剖分预处理的步骤进行详细描述，本实施例中，遥感影像为矩形，则本流程包括以下步骤：

步骤1：获取待处理影像的经纬度范围。

对于遥感影像，其包含一定的空间范围信息，在本实施例中可以根据待处理影像的属性文件或者元数据信息，获得影像的空间范围。例如，遥感图像 QX1 的空间范围为 MBR（E115°～E120°，N40°～N45°）。

步骤2：设定对待处理影像进行剖分所使用的 GeoSOT 面片的层级 i（$i \in [0, 31]$）。该 GeoSOT 面片的层级可以是用户根据自身需要设定的。

利用待处理影像的属性文件或者元数据信息，获得待处理影像的分辨率 r，其中 r 以度为单位，在实际的应用中可将空间分辨率的其他单位转换为度；在实际中，由于用户处理待处理影像时，根据处理设备的需求，需将影像剖分为多个特定规格的影像块，本实施例中采用层级为 i 的 GeoSOT 面片对待处理影像进行剖分。

在这种情况下，用户会首先根据处理设备的处理能力指定 GeoSOT 面片内影像数据的大小为 2n×2n，使用 r 以及上述像素容量，计算理想 GeoSOT 面片的尺寸，根据已知的 GeoSOT 面片的经纬度范围（如表1所示），找到最接近理想剖分面片尺寸的 GeoSOT 面片，其所属层级即为层级 i。

假设获得影像分辨率信息 $r=90$ 米。因遥感图像 QX1 的空间分辨率是以米为单位，则将其转换为以度为单位即 $r=0.00078°$。用户指定 GeoSOT 面片内影像数据的大小为 512 像素×512 像素，则理想 GeoSOT 面片的边长尺寸应为 r×512=0.39936°=23.9616′，根据已知的 GeoSOT 面片的经纬度范围（如表1所示），可获知 23.9616′在第11层级的 16′以及第10层级的 32′之间，而且更接近 16′，因此判断第11层级的 GeoSOT 面片更接近理想 GeoSOT 面片，因此本实施例中选择第11层级的 GeoSOT 面片。

表1 GeoSOT 面片的经纬度范围

层级	经纬度范围	层级	经纬度范围	层级	经纬度范围
0	512°	11	16′	22	0.5″
1	256°	12	8′	23	0.25″
2	128°	13	4′	24	0.125″
3	64°	14	2′	25	0.0625″
4	32°	15	1′	26	0.03125″
5	16°	16	32″	27	0.015625″
6	8°	17	16″	28	0.0078125″
7	4°	18	8″	29	0.00390625″
8	2°	19	4″	30	0.001953125″
9	1°	20	2″	31	0.0009765625″
10	32′	21	1″	32	0.00048828125″

步骤3：使用设定层级的 GeoSOT 面片对待处理影像进行剖分，得到包含待处理影像的剖分面片集合。剖分面片集合为如图2所示的网格。

步骤4：使用 GeoSOT 编码方案对所述剖分面片集合中的每个剖分面片进行编码，记为索引号。

GeoSOT 网格编码方案是基于经纬度坐标空间进行定义的，可以采用定位角点（GeoSOT 面片的其中一个角点）的经纬度和层级计算编码。具体计算时，将 GeoSOT 面片中定位角点的经纬度换算为四进制、二进制（1维或2维）和十进制等形式即可，编码长度由 GeoSOT 面片所处层级决定。

例如，某影像是使用第 $m=9$ 层剖分面片进行划分的，其采用左下角二维经纬度信息和剖分层级计算编码。假设，某一个剖分面片的左下角经纬度为（N 39°，E 116°），则其一维二进制 GeoSOT 编码的计算过程如下：

纬度第1级：39÷256=0 　　余39

经度第1级：116÷256=0 　　余116

则该剖分面片在第1层的一维二进制编码为00；

纬度第2级：39÷128=0 　　余39

经度第2级：116÷128=0 　　余116

则该剖分面片在第2层的一维二进制编码为00；

纬度第3级：39÷64=0 　　余39

经度第3级：116÷64=1 　　余52

则该剖分面片在第 3 层的一维二进制编码为 01；

纬度第 4 级：39÷32=1　　　余 7

经度第 4 级：52÷32=1　　　余 20

则该剖分面片在第 4 层的一维二进制编码为 11；

纬度第 5 级：7÷16=0　　　余 7

经度第 5 级：20÷16=1　　　余 4

则该剖分面片在第 5 层的一维二进制编码为 01；

纬度第 6 级：7÷8=0　　　余 7

经度第 6 级：4÷8=0　　　余 4

则该剖分面片在第 6 层的一维二进制编码为 00；

纬度第 7 级：7÷4=1　　　余 3

经度第 7 级：4÷4=1　　　余 0

则该剖分面片在第 7 层的一维二进制编码为 11；

纬度第 8 级：3÷2=1　　　余 1

经度第 8 级：0÷2=0　　　余 0

则该剖分面片在第 8 层的一维二进制编码为 10；

纬度第 9 级：1÷1=1　　　余 0

经度第 9 级：0÷1=0　　　余 0

则该剖分面片在第 9 层的一维二进制编码为 10；

将该剖分面片在 1~9 层的一维二进制编码顺序组合，得到该剖分面片的一维二进制编码为 000001110100111010。则该剖分面片作为剖分面片的索引号为 000001110100111010。

步骤 5：上述步骤确定了剖分面片的索引号，这里需要对每个剖分面片在整幅影像中的位置进行描述，则针对剖分面片集合中每个剖分面片，确定剖分面片内的影像数据的四个角点像素在待处理影像中的行列号，每个索引号对应一组行列号。

例如，对于如图 2 所示左下角的剖分面片 G00131201100，其内部影像四个角点的行列号为：左上角（5680，0）、左下角（6000，0）、右上角（5680，320）和右下角（6000，320）。

行列号能够直观表示剖分面片内的影像数据在影像中的位置，在实际中，还可以采用其中一个角点行列号+行数和列数的方案。对于影像能够充满剖分面片的情况，由于剖分面片大小已知，则可以采用其中一个角点行列号来标识位置。当然，还可以考虑采用其他位置标示方案。

步骤 6：将同一剖分面片的索引号以及行列号对应写入剖分索引 gsot 文件中，并按照索引号进行排序，以便查找。

如上例所示，将 G00131201100 （5680，0）（6000，0）（5680，320）（6000，320）写入 QX1.gsot 文件中。

以上方案实现了影像数据提取的剖分预处理。

本实施例中，待处理影像为矩形，在实际中，如果待处理影像不为矩形，则需要先确定待处理影像的经纬度外包矩形，待处理影像内切于其经纬度外包矩形内部。对经纬度外包矩形内部中未填充影像的部分也按照像素尺寸进行分格，未填充影像的分格其像素数据可以为空。对经纬度外包矩形重新编写行列号。经过该处理后，相当于将待处理影像扩展为矩形，从而可以采用后续的处理方案继续完成预处理过程。在显示时，只需将像素数据为空的分格去掉即可。

基于上述方案，本发明同时提供了一种数据提取方法，该方法可应用于分块影像的提取与聚合，该方法具体步骤如下：

步骤 1：针对每一幅遥感影像均建立如上述方案所建立的剖分索引表；获得剖分索引 gsot 文件。

步骤 2：用户设定所需提取影像的经纬度范围，选择设定层级的 GeoSOT 面片作为提取面片；确定提取影像的经纬度范围所覆盖的提取面片集。

在进行提取面片的选择时，用户根据处理设备的需求指定提取面片内影像数据的大小，对于所要提取的遥感影像，根据其属性文件获取其分辨率，使用该分辨率以及上述提取面片内影像数据的大小计算理想提取面片的尺寸，在已知的 GeoSOT 面片的经纬度范围表（如表 1 所示）中，找到最接近理想提取面片尺寸的 GeoSOT 面片，确定其层级。

步骤 3：对于步骤 2 获得的提取面片集中的每个面片利用 GeoSOT 编码的方法进行编码，记为提取编码。

步骤 4：使用提取编码与所述剖分索引 gsot 文件中的各索引号进行匹配，选择与提取编码匹配一致的索引号，获取其对应的位置信息，本实施例是获取行列号。

步骤 5：根据步骤 4 中所获得的位置信息，在本实施例中该位置信息为行列号，使用位置信息在影像文件中提取相应剖分面片，对提取到的剖分面片按照其索引号所指示的地理位置进行聚合，由于索引号为剖分面片对应的 GeoSOT 编码，则根据该 GeoSOT 编码对应的地理位置将所提取

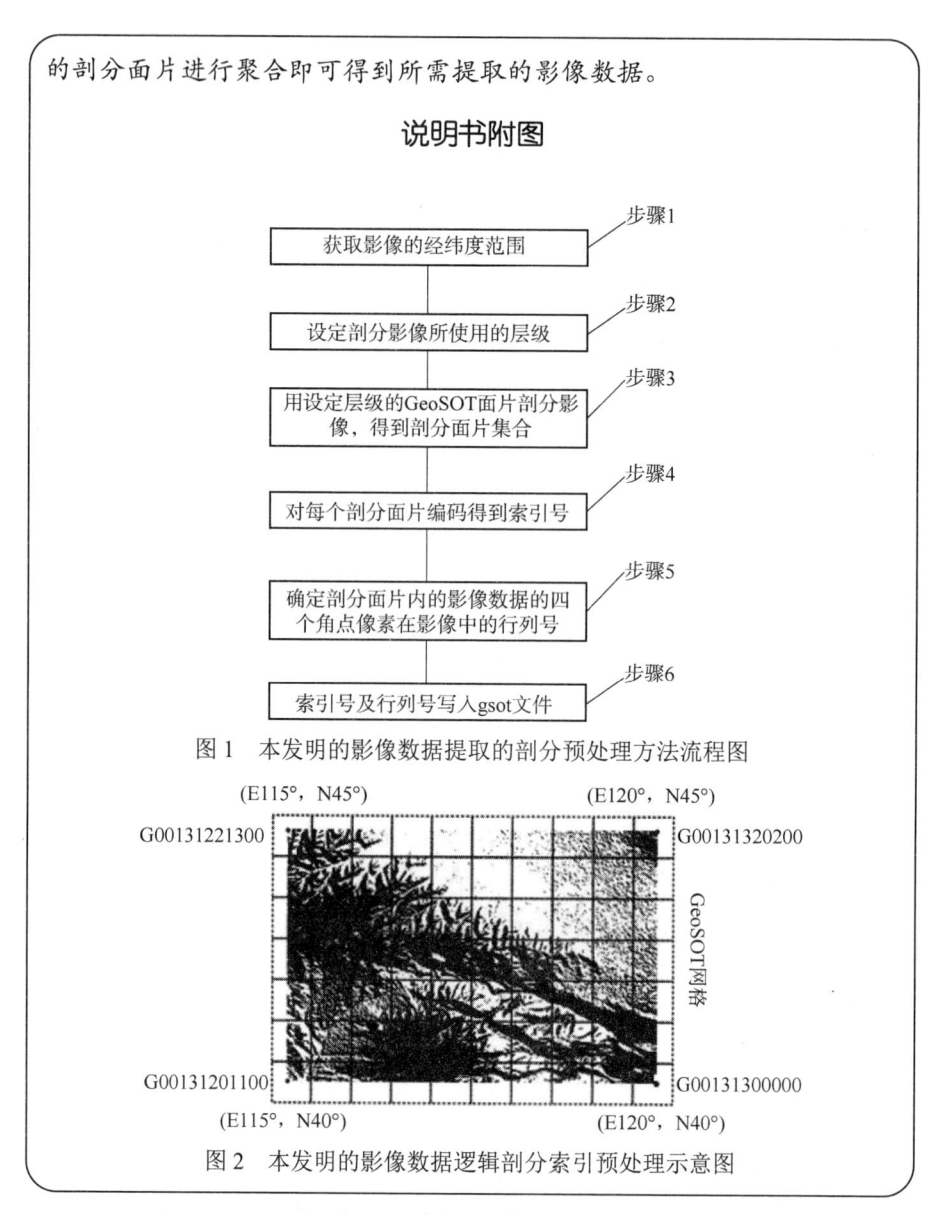

的剖分面片进行聚合即可得到所需提取的影像数据。

说明书附图

图1 本发明的影像数据提取的剖分预处理方法流程图

步骤1：获取影像的经纬度范围
步骤2：设定剖分影像所使用的层级
步骤3：用设定层级的GeoSOT面片剖分影像，得到剖分面片集合
步骤4：对每个剖分面片编码得到索引号
步骤5：确定剖分面片内的影像数据的四个角点像素在影像中的行列号
步骤6：索引号及行列号写入gsot文件

图2 本发明的影像数据逻辑剖分索引预处理示意图

(E115°, N45°) (E120°, N45°)
G00131221300 G00131320200
G00131201100 G00131300000
(E115°, N40°) (E120°, N40°)
GeoSOT网格

2.2.5 小结

该案例属于综合性案例，根据该案例讨论了以下几方面的问题：

主线问题：背景技术记载的现有技术缺陷与本发明技术方案能够解决的技术问题不匹配——主线问题；对此专利代理师应该重新进行主线的梳理。

实施例扩展问题：技术交底书中仅记载了一个实施例，实施例不够丰富。针对该实施方式，专利代理师应当做出一定的思考，在具体实施方式的基础进行上位，并告知发明人补充上位所需的另外的实施方式。

单一性问题：通过补充影像提取方法后，需要进行技术方案的单一性的判断。

创造性问题：本案例还给出了创造性判断的基本思路，帮助发明人厘清思路，对自己方案的创造性问题进行初步判断。

2.3 案例3 一种基于贝叶斯网络的机械类产品的性能评估方法

2.3.1 案例类型概述

1. 案例类型及其相关法律法规

该案例涉及《专利法》第二条第二款规定的授权客体问题。是否属于授权客体关系专利是否能够顺利授权。

《专利法》第二条第二款给出了发明的定义，即"发明，是指对产品、方法或者其改进所提出的新的技术方案"。

《专利审查指南》中对《专利法》第二条第二款的解释如下：

专利法所称的发明，是指对产品、方法或者其改进所提出的新的技术方案，这是对可申请专利保护的发明客体的一般性定义，不是判断新颖性、创造性的具体审查标准。

技术方案是对要解决的技术问题所采取的利用了自然规律的技术手段的集合。技术手段通常是由技术特征来体现的。

未采用技术手段解决技术问题，以获得符合自然规律的技术效果的方案，不属于《专利法》第二条第二款规定的客体。

气味或者诸如声、光、电、磁、波等信号或者能量也不属于《专利法》第二条第二款规定的客体。但利用其性质解决技术问题的，则不属此列。

而电学领域可能会遇到解决方案不属于技术方案的问题。例如，解决方案采用的是管理手段；或者只定义数学模型或者表达方式，而没有将数学模型和表达方式应用于解决技术问题。

确认是否为技术方案的步骤与确认是否有创造性的步骤同等重要。如果审查过程中审查员下发了不符合《专利法》第二条第二款规定的审查意见，这种审查意见的修改和答复余地非常小。因此，在撰写时，需要确认解决方案是否为技术方案，是否能解决技术问题，获得技术效果。

2. 案例类型的撰写思路

在判断是否存在《专利法》第二条第二款规定的授权客体问题时，可以通过主题、技术手段的角度进行判断。

针对主题：

在专利撰写过程中，避免将发明专利主题确定为不属于专利意义上的产品。例如，发明专利的保护主题不可以是：气味或者声、光、电、磁、波等信号或者能量本身；图形、平面、曲面、弧线等本身。如果在发明专利的撰写过程中，其权利要求要求保护的主题属于上述明显不符合保护客体的，则无论权利要求的特征部分采用何种撰写方式，审查员都可以只依据对该权利要求主题的审查，直接认定该权利要求不符合《专利法》第二条第二款的规定。

需要注意的是，虽然声、光、电、磁、波等信号或者能量本身不在专利法对发明专利的保护范畴，但其发生装置或方法属于可授予专利权的客体；虽然图形、平面、曲面、弧线等本身不在专利法对发明专利的保护范畴，但具有图形、平面、曲面、弧线等的产品属于可授予专利权的客体。

针对技术手段：

如果权利要求的主题名称显示要求保护的是专利意义上的产品，但是，除主题名称为技术特征外，其余全部特征都是人为定义的规则，若该规则仅仅依赖于人的思维活动，则不属于利用自然规律的技术手段，该方案没有解决技术问题，并产生技术效果，因而不属于专利法意义上的技术方案。

在具体确定所要求保护的方案是否为专利意义上的保护客体时，对技术方案的判断，重点在于判断该方案是否采用了技术手段；具体而言，需要将权利要求的方案作为一个整体，判断整个方案是否采用了技术手段，解决了技术问题并产生了技术效果。通常，对技术方案的判断无须借助现有技术，但是，在判断过程中通过说明书尚不能做出判断时，也可以通过与现有技术的比较来确定是否是技术方案。

从本案例内容看，本案例解决的技术问题为：如何在产品的概念设计阶段评估所设计的产品的性能。从解决的技术问题来看，该案例对于产品的性能评估上，提出的评估方法可能涉及《专利法》第二条第二款的问题。

2.3.2　技术交底书及解读

1. 技术交底书

说明书及其附图

一种基于贝叶斯网络的产品概念设计方法

背景技术

产品设计是将模糊的需求转化为具体的功能及具体功能转化为具体结构的过程，产品设计大致可以分为：明确需求、概念设计、总体装配和详细设计四个步骤。美国国家战略研究中心表明，90%的产品全生命周期的价格、功能和质量等在产品设计阶段已经被确定，70%~80%在概念设计阶段被确定，这一观点在工程设计领域达成了广泛的共识。可见产品概念设计与评价决策在产品开发中占有重要角色。

传统的概念设计方法有：①发明问题解决理论（TRIZ）：将具体问题转化为 TRIZ 问题，再利用 TRIZ 理论求出该 TRIZ 问题的普适解，最后再将该普适解转换为领域的解或特解的一个通用的矛盾解决过程。②质量功能展开理论（QFD）：QFD 中包含了产品需求、产品功能、需求重要性和需求功能相关关系等，实现从顾客需求到产品概念的转化。③形态学方法：根据形态学分析技术，将技术分解为若干因素，分析各因素的可能形态，通过排列组合方法得到若干可能的解决方法，从中选出最优方案。上述的三种方法都不能很好地实现自动组合设计并且时常会带有设计师自身的设计偏好，并不能适应现今快节奏的发展速度和较高的用户需求。同时由于设计师本身知识短缺和自身的设计偏好，设计的方案往往较难切合顾客需求。在提高产品方案的多样性与评价方法的有效性与精确性的基础上，可通过构建能表示组件特征不确定性和组件兼容性的贝叶斯网络并加以分析，并生成满足于顾客需求和产品约束的产品概念方案。同时利用贝叶斯方法在基于产品全局可接受概率下对概念方案进行筛选，寻找出合适的产品概念设计方案。

具体实施方式

下面结合附图（图略）对本发明作进一步的说明。

基本定义：贝叶斯网络

对于一个有向无环网络存在一组变量 $X = (x_1, x_2, \cdots, x_n)$，根据联合密度公式有：

$$P(X) = \prod_{i=1}^{n} p(x_i | x_1, x_2, \cdots, x_{i-1})$$
$$= p(x_1 |) p(x_2 | x_1) p(x_3 | x_1, x_2) \cdots p(x_n | x_1, x_2 \cdots x_{n-1})$$

对于任一变量 x_i，如果有某个子集 $\pi_i \subseteq \{x_1, x_2 \ldots, x_{i-1}\}$ 使 x_i 与 $\{x_1, x_2 \ldots, x_{i-1}\} | \pi_i$ 是条件独立的，及对于任何 X，有

$$P(x_i | x_1, x_2, \cdots; x_{i-1}) = P(x_i | \pi_i) \quad i = 1, 2, \cdots, n$$

则由上两式可得：

$$P(X) = \prod_{i=1}^{n} p(x_i | \pi_i)$$

变量集合 $(\pi_1, \cdots, \pi_n)$ 对应于父节点 $Pa_1, \cdots, Pa_n$，故又可写成：

$$P(X) = \prod_{i=1}^{n} p(x_i | Pa_i)$$

在实际过程中，需要确定 x_i 的父节点的集合 $\pi_i (i = 1, \cdots, n)$ 从而利用上式计算出节点的概率密度。

本发明基于贝叶斯网络的产品概念设计与评价方法，如图 1 所示（图略），具体过程为：

（1）计算兼容性概率与使用概率

将产品拆解为具有最小功能的完整的组件，作为后期使用的产品组件节点。并且通过历史数据找到其中所使用过的产品该组件的解决方案，例如可将自行车刹车作为组件，则解决方案有碟刹、V 刹和毂刹车等。

产品组件的兼容性与使用概率计算主要过程为：①将产品拆解为具有单个功能的产品组件；②找到每个组件可行的解决方案；③计算具有直接连接关系的组件的每个解决方案的兼容性概率 $\omega(i, j)$，具体计算公式如下：

$$\omega(i, j) = \frac{n_{A_i B_j}}{N}$$

其中，N 代表某种产品中含有 A 组件或 B 组件产品总数量，$n_{A_i B_j}$ 代表同时使用了 A 组件的第 i 个解决方案和 B 组件的第 j 个解决方案的某产

品总数，组件 x 的第 i 个解决方案使用概率 $p(x_i)$ 的具体计算公式为：

$$p(x_i) = \frac{n}{N}$$

其中 N 为含有 x 组件的产品总数量，n 为使用了 x 组件且解决方案为 i 的数量。

(2) 构建贝叶斯网络

选取产品组件节点、组件属性节点、组件性能节点、评价指标节点和兼容性约束节点作为贝叶斯网络的节点，每种节点的具体解释如下：

① 产品组件节点

产品组件节点是网络中需要做出选择的组件的状态节点，每个状态代表该组件的一种解决方案，节点一般是离散的状态节点。每个状态的概率是第一步计算出的实际使用中所占的比例，对于无法做出统计的数据节点可用均匀分布作为其概率分布，在计算过程中需要对各组件状态进行组合从而构成可行的方案，再根据产品评价指标对方案进行评价从而选出可行的方案。

② 组件属性节点

每个组件的选择对应相应的设计参数，每个组件的选择对应的属性参数概率必须被明确，在计算过程中主要是根据组件属性进行计算从而评价组件的选择。同时利用属性可得到产品的性能，在计算过程中将部分组件的状态进行量化，量化为具体的属性值作为性能节点的父节点，而量化的主要方法是将属性转化为相应的成本价格，从而利用属性节点评价性能节点。

③ 组件性能节点

此模型中性能节点有两种：一种是与属性节点相连的节点，此类节点需要根据属性节点和与属性节点相关的历史数据来统计出满足某个性能的概率，从而得到该性能下满足各个状态的概率；另一种是以布尔值形式作为状态的节点，如果满足给定的约束，那么状态为"true"，如果不满足约束则状态为"false"。

④ 评价指标节点

评价节点是用于从多方面评价该产品方案的节点，同时将各个评价指标加权之后与最后的方案可接受性节点相连，从而实现了从多个角度评价方案的目的，在连接过程中牵扯到量化问题，通过对各性能节点量化之后再输入总的可接受性指标计算,具体量化过程为:3——高;2——中;1——低。利用此量化之后可以对方案进行量化评价,达到结果更加精确的目的。

⑤ 兼容性约束节点

兼容性约束节点是根据第一步所计算的兼容性概率来建立的节点,且兼容性约束只针对具有连接关系的两个组件节点之间。兼容性约束节点和性能节点中的全局兼容性相连。对于单个节点,当两个组件状态兼容时,约束节点的状态为"true",如果不兼容状态为"false";对于不能确定的节点,用第一步所计算的兼容性概率值表示状态,例如"true"的概率是0.6。由此可得概念设计的约束节点,而对于具体示例应该具体分析,不同的设计约束节点不同。

其中具体构建方法如图2所示,对于组件节点,状态代表着其解决方案,数字代表各种解决方案所占的比率,子节点为属性节点;属性节点分为两种,一种表示产品组件的价格,采用连续状态描述组件解决方案在各个价格区间的概率,另一种是根据后续的评价指标来评估解决方案的节点,节点状态为指标的分数(获得的分数越高,则对应的评价越好),概率代表对应的组件解决方案获得对应分数的概率。兼容性约束节点的父节点是具有直接连接关系两个组件的兼容性概率,状态为true——兼容

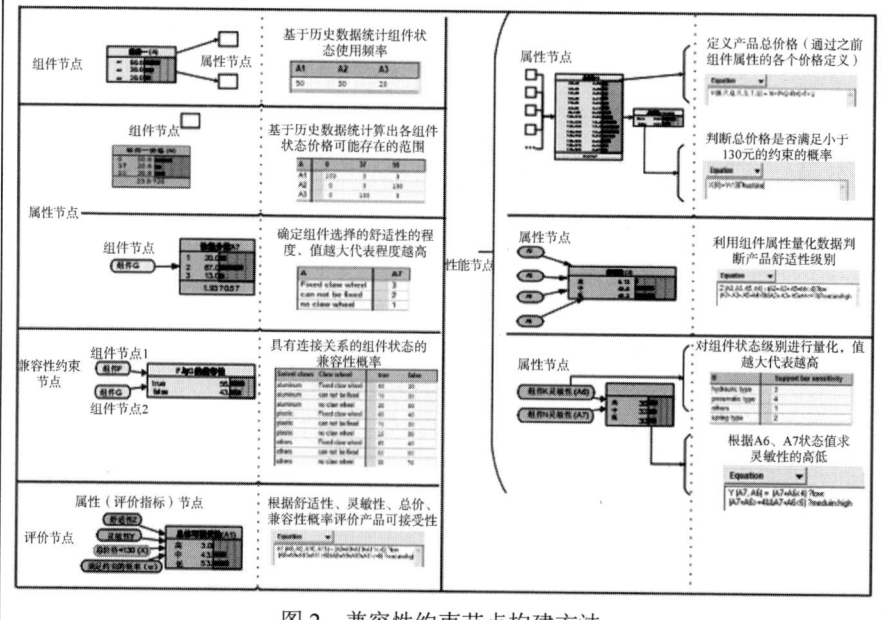

图2 兼容性约束节点构建方法

和 false——不兼容，通过计算每个组件解决方案的兼容性概率，然后求平均概率作为总的两个组件的总体的兼容性概率；性能节点的父节点属性节点，其中第一类价格属性节点加和之后获得产品的总体价格节点，价格是连续的变量，同样采取分区间作为状态，概率代表总价格落在该区间的概率。对于有分数的属性节点，打分实现了将性能量化的目的，寻找影响对应性能节点的属性节点作为其父节点，然后将父节点的分数直接相加从而获得子节点的分数，将节点分为高、中、低三个状态，求和得分越高则满足高的概率就越大，计算过程中可用联合概率密度公式直接计算；最后将性能节点都作为评价指标节点的父节点，并且将评价指标节点作为可接受性节点父节点将指标汇总到可接受性概率节点，同样利用联合概率密度公式计算可接受性概率。最后构建利用软件 Netica 构建出来的贝叶斯网络如图 3 所示（图略）。

（3）输出产品方案

产品方案输出具体步骤如下：

① 确定各个评价指标的阈值，即满足多大的概率值即认为是可行方案；

② 输入组件使用频率作为选取组件的初始概率、组件满足各个属性的概率、同时输入各组件中状态的兼容性概率，对于不确定的可用均匀分布作为概率；

③ 遍历所有组件的状态，进行各个组件状态组合生成可选方案；

④ 利用贝叶斯联合概率密度公式计算方案的各指标的值计算公式为：

$$P(X) = \prod_{i=1}^{n} p(x_i | Pa_i)$$

其中 x_i 表示节点 X 具有的状态集，Pa_i 为其父节点的集合 $\pi_i (i=1,\cdots,n)$ 从而利用上式计算出性能节点和评价指标节点的概率密度。

⑤ 将阈值定为 70%，判断是否满足各评价指标的阈值；

⑥ 如果不满足，返回③；

如果满足输出可行解。

综上所述，本发明主要通过构建贝叶斯网络，然后根据网络概念设计方案并将评价指标作为网络节点直接筛选所生成的方案，达到了自动方案生成的目的。

2. 技术交底书解读

该案例的交底书背景技术中较为清楚地交代了发明的目的以及现有技

术是如何对概念设计状态中的产品的性能进行评估,给出了贝叶斯网络的基本定义等;但是,该案例的交底书侧重于贝叶斯网络的纯数学理论,详细陈述了贝叶斯网络的节点如何定义等,没有将贝叶斯网络与产品性能评估结合起来。下面根据本案例交底书存在的问题提出改进方向。

(1) 改进方向1:如何避免《专利法》第二条第二款的问题。

首先,该案例交底书提供了一种基于贝叶斯网络的产品概念设计与评价方法,解决的是如何客观地评估产品性能的问题,进而得到性能最好的产品的解决方案。同时背景技术中披露了产品设计是将模糊的需求转化为具体的功能及具体功能转化为具体结构的过程,90%的产品全生命周期的价格、功能和质量等在产品设计阶段已经被确定,70%~80%在概念设计阶段被确定。由此可见,该案例涉及产品解决方案的决策,用于生成满足于顾客需求和产品约束的产品概念方案,有助于企业进行投资决策、产品价值评估、降低投资风险;因此,该案例有被审查员认为是商业问题,不属于技术问题的风险。

其次,该案例交底书中花费大量篇幅介绍了贝叶斯的基本定义以及如何构建贝叶斯网络的各个节点,但是很多物理量并没有与产品性能评估相关的确切的物理意义,容易被审查员认为本案例实质为一种数学推演,其依赖于人的思维活动,不受自然规律的约束。

综上所述,该方案没有限定在某个技术领域,只强调数学推演,从数据的角度进行产品概念设计和评价,因此解决方案可能落入不是技术方案的范畴。而且,该方案能够达到的效果是"有助于企业进行投资决策、产品价值评估、降低投资风险",偏向于管理效果。因此整个方案的描述上有缺陷。

建议:

对本案例进行修改时,应该弱化贝叶斯网络的构建,并为各个节点、参量等赋予与产品评估相关的明确的物理意义,使得本方案与技术领域密切相关。

(2) 改进方向2:如何避免《专利法》第二十六条第三款的问题。

《专利法》第二十六条第三款规定:说明书应当对发明或者实用新型做出清楚、完整的说明,以所属技术领域的技术人员能够实现为准。这一条款是对说明书公开充分做出要求。其要求说明书撰写应该清楚、完整,并给出了清楚、完整的尺度是"以所属技术领域的技术人员能够实现为准"。

审查指南中对《专利法》第二十六条第三款的解释如下:说明书应当对发明或者实用新型做出清楚、完整的说明,以所属技术领域的技术人员能够实现为准;所属技术领域的技术人员能够实现,是指所属技术领域的技术人员按照说明书记载的内容,就能够实现该发明或实用新型的技术方案,解决其技术问题，并且产生预期的技术效果。

本案例提供的技术方案并不适用于所有产品，例如不适用软件类等虚拟产品，则虚拟产品等所属技术领域的技术人员按照说明书记载的内容，不能够实现本案例的技术方案，解决本案例的技术问题，进而不能产生预期的技术效果。

建议：

将本案例的产品限定为具有实体的产品，如机械类产品，以使得所属技术领域的技术人员能够按照本案例提供的技术方案，解决机械类产品的性能评估问题。如果本方案能够应用于所有实体产品，可以尝试较大的保护范围，但是需要在实施例中确定某个或某些明确的对象作为例子。如果在审查过程中，审查员提出"所有实体产品"的方案还是有非客体问题，则还可以根据说明书进行限缩性修改。

同时，交底书修改时应该提供一个明确的机械类产品作为具体实施方式，详细陈述具有单个功能的组件是什么、有哪些可能的解决方案以及对应的评价指标等，以增加案例的可读性。

（3）改进方向3：如何避免说明书附图不符合要求。

《专利法实施细则》第十八条规定：发明或者实用新型的几幅附图应当按照"图1，图2，……"顺序编号排列。发明或者实用新型说明书文字部分中未提及的附图标记不得在附图中出现，附图中未出现的附图标记不得在说明书文字部分中提及。申请文件中表示同一组成部分的附图标记应当一致。附图中除必需的词语外，不应当含有其他注释。

《专利审查指南》第一部分第二章第7.3节指出，说明书附图是说明书的一个组成部分。附图的作用在于用图形补充说明书文字部分的描述，使人能够直观地、形象地理解发明的每个技术特征和整体技术方案。因此，说明书附图应该清楚地反映发明的内容。其中，附图应当使用包括计算机在内的制图工具和黑色墨水绘制，线条应当均匀清晰，并不得着色和涂改；附图的周围不得有与图无关的框线。附图的大小及清晰度，应当保证在该图缩小到三分之二时仍能清晰地分辨出图中的各个细节，以能够满足复印、扫描的要求为准。

该案例的附图为彩图，而且不能够清晰地分辨出图中的各个细节，不符合专利法的有关规定。同时，本案例的附图缺少对应的文字描述，不利于本领域技术人员理解附图所表达含义。

建议：

申请人应该按照《专利审查指南》的相关规定对附图进行修改，同时，需要补充对附图的文字说明；然而，由于该案例的附图内容较为烦琐、复杂，则若附图表达内容与产品性能评估相关性较低，可以考虑删除。

3. 技术交底书补充结果

申请人选择了以自行车为例，从如何将自行车按功能拆解开始，以表格的方式清楚地呈现自行车可以有哪些解决方案的组合，还列出公式，结合具体数据，举例说明如何计算兼容性概率和性能评估值等物理量，从而一步步对如何评估自行车的性能进行了详细的举例说明；同时，申请人对原交底书中字体不清晰等信息冗余的附图进行了删除，并结合自行车的案例，重新提供了一幅简洁明了的附图，更便于读者从尽量少的文字中获取更多的信息。

下面具体展示自行车的例子，便于读者加深对本案例技术方案的理解，其他内容参见申请文件。

S1：表1所示为所拆解的自行车组件以及组件解决方案，将自行车拆解为车架、前叉、刹车、变速套件、轮圈和轮胎等几个大的组件，其他小组件暂时不考虑。

表1　自行车组件以及组件解决方案

组件	解决方案	组件	解决方案
车架	钢材	变速套件	3×10速比
车架	铝合金	变速套件	2×10速比
车架	碳纤维	变速套件	3×9速比
车架	其他	变速套件	其他
前叉	液压	轮圈	碳纤维轮圈
前叉	气压	轮圈	钢制轮圈
前叉	弹簧	轮圈	其他
前叉	其他		
刹车	碟刹	轮胎	光头胎
刹车	V刹	轮胎	半光头胎
刹车	轮毂刹	轮胎	山地胎
刹车	其他	轮胎	其他

S2：通过将上述的解决方案进行排列组合，可生成多组产品方案，其中选取两组作为代表性的组合进行阐述，如表2所示。同时设定评价指标为舒适性和灵敏性。

表2 两种典型的组合

组合名称	车架	前叉	刹车	变速套件	轮圈	轮胎
组合一	碳纤维	气压	V刹	3×10速比	碳纤维轮圈	光头胎
组合二	钢材	弹簧	V刹	3×9速比	钢制轮圈	山地胎

S3：选取组合一和灵敏性评价指标作为评价标准对案例进行阐述：

S31：获取该组合下各解决方案的使用概率，如表3所示。

表3 组合一对应的解决方案的使用概率

项目	车架	前叉	刹车	变速套件	轮圈	轮胎
组合一	碳纤维	气压	V刹	3×10速比	碳纤维轮圈	光头胎
使用概率	20%	30%	60%	10%	10%	20%

S32：计算两两解决方案之间的兼容性，其中结果如表4所示。

表4 组合一对应的解决方案的兼容性概率

项目	车架-前叉	车架-刹车	车架-变速套件	刹车-轮圈	轮圈-轮胎
组合一	碳纤维-气压	碳纤维-V刹	碳纤维-3×10速比	V刹-碳纤维轮圈	碳纤维轮圈-3×10速比
兼容概率	80%	85%	90%	60%	95%
不兼容概率	20%	15%	10%	40%	5%

再将所有组件都兼容的概率累乘，获得最后所有组件都兼容的概率：

P(all-constraints=true) =80%×85%×90%×60%×95%=34.9%

S33：以灵敏性作为评价指标（包括三级：3，2，1），如表5所示。

表5 以灵敏性为评价指标的组合一对应的分数

项目	车架	前叉	刹车	变速套件	轮圈	轮胎
组合一	碳纤维	气压	V刹	3×10速比	碳纤维轮圈	光头胎
评价分数-3	80%	75%	50%	90%	82%	50%
评价分数-2	20%	15%	40%	10%	18%	30%
评价分数-1	0%	10%	10%	0%	0%	20%

S34：根据不同等级对应的分值，将当前组合中不同组件的解决方案的分值进行求和，获取灵敏性最高分数值为18分。

S35：根据分数值求该分数对应的概率为（即所有分数都取最高值的概率）：
P（sensitivity-grades=18）=80%×75%×50%×90%×82%×50%=11.07%

同理可获得舒适性取最高分数值的概率（包括两级：2，1，即对六个组件解决方案的舒适性求等级为2和1的概率值，此时最高分为2×6=12）：
P（comfort-grades=12）=85%×90%×50%×85%×95%×60%=18.5%

S4：则最后机械产品组合一的性能评估值以贝叶斯联合概率密度公式可表示为：

P_1（all-constraints=true，sensitivity-grades=18，comfort-grades=12|车架=碳纤维，前叉=气压，刹车=V刹，变速套件=3×10速比，轮圈=碳纤维轮圈，轮胎=光头胎）= 34.9%×11.07%×18.5%×20%×30%×60%×10%×10%×20%=0.000 051 4%

同理可评价组合二：

P_2（all-constraints=true，sensitivity-grades=18，comfort-grades=12|车架=钢材，前叉=弹簧，刹车=V刹，变速套件=3×9速比，轮圈=钢制轮圈，轮胎=山地胎）= 0.000 006 1%

由上述评价可知，$P_1 > P_2$，则认为组合一的性能高于组合二的性能。

2.3.3 权利要求书和说明书的撰写思路

1. 确定本发明的主要改进点

本案例首先以历史数据作为分析组件解决方案使用概率的计算依据，实现对历史数据的运用和再设计，再以评价性能的分数和计算相应的概率值，实现对解决方案性能的定量评估，最后基于贝叶斯条件概率，在已知各个组件的解决方案的条件下计算当前组合性能评估的结果。

2. 确定最接近的现有技术及其问题

传统的概念设计方法有三种，它们在一定程度上、一定方面解决了产品概念设计过程中的问题，但是却无法客观地评估产品的性能，同时由于设计师知识的局限性和设计偏好性，如果在设计过程中设计师进行过多的设计决策，可能会导致产品的解决方案不能够很好地切合顾客需求。

3. 基于最接近的现有技术，确定本申请所要解决的技术问题

本案例所要解决的技术问题为：如何在保证产品方案的多样性与评价方

法的有效性与精确性的基础上，更为客观准确地得到性能最好的机械类产品的解决方案。

4. 确定权利要求的主题

由于本案例没有涉及硬件，因此将权利要求的主题定为方法类权利要求。

5. 确定独立权利要求的必要技术特征——独立权利要求的撰写

一种基于贝叶斯网络的机械类产品的性能评估方法，其特征在于，包括以下步骤：

S1：将所述机械类产品拆解为具有单个功能的组件，并获取实现各个组件功能的可能的解决方案；

S2：分别从所述机械类产品各组件可能的解决方案中选出一种进行组合，得到实现该机械类产品功能的所有解决方案的组合，然后为各组合设定两个以上的评价指标；

S3：依次针对各评价指标下的各组合执行性能评估操作，得到各评价指标下各组合对应的机械类产品的性能评估中间值，所述性能评估操作包括以下步骤：

S31：获取当前组合所选用的各解决方案的使用概率；

S32：对于该组合中所选用的解决方案，获取各解决方案两两之间的兼容性概率，然后将所有兼容性概率累乘，得到兼容性累乘概率；

S33：为当前的评价指标设定等级，然后获取该组合所选用的解决方案属于每个等级的概率，其中等级至少为两级，且不同等级对应不同分值；

S34：根据不同等级对应的分值，将当前组合中不同组件的解决方案的分值进行求和，得到该组合对应的最高分数值；

S35：获取S34中最高分数值对应的概率，并将该最高分数值对应的概率作为当前组合在当前的评价指标下对应的机械类产品的性能评估中间值；

S4：对于每一个解决方案的组合，基于贝叶斯联合概率密度公式，将步骤S3得到的各评价指标下的性能评估中间值，与该组合对应的各解决方案的使用概率、兼容性累乘概率相乘，则相乘结果作为选用该组合中包含的解决方案而得到的机械类产品的性能评估值，其中，所述性能评估值越大，表示机械类产品的性能越好。

由于机械类产品均可拆分为若干个功能组件，则本案例提供的产品性能评估方法广泛适用于各种机械类产品；因此，在独立权利要求中，可以先不必限定机械类产品的具体类别，进而也不用限定各个组件功能的可能的解决方案、有哪些评价指标、有几个评价等级以及等级对应的分值等。

但是本案例的核心创新点在于基于贝叶斯网络的理论，提供了一种客观的评估方法；而步骤 S3 本质上对贝叶斯网络的构建的数学体现，即使用概率、兼容性概率、等级、分值以及性能评估中间值为贝叶斯网络的组成要素，这也就相当于获取了技术交底书补充结果中的附图——贝叶斯网络示意图；步骤 S4 在步骤 S3 获取的贝叶斯网络的各组成要素后，采用贝叶斯联合概率密度公式将各组成要素结合起来，最终得到的机械类产品的性能评估值；因此，步骤 S3 和 S4 为客观评估机械类产品性能的必要技术特征。

6. 从属权利要求书的撰写

如权利要求1所述的一种基于贝叶斯网络的机械类产品的性能评估方法，其特征在于，各组合中所选用的解决方案，与评价指标不完全相关，则步骤 S33 中，仅获取与当前的评价指标相关的解决方案属于每个等级的概率，再将与当前的评价指标相关的解决方案属于每个等级的概率执行后续步骤。

需要说明的是，各组合中所选用的解决方案与评价指标是不完全相关的。例如，自行车可以拆解为车架、前叉、刹车、变速套件、轮圈和轮胎等几个大的组件，对应的评价指标为总价格、舒适性以及灵敏性；车架的解决方案为钢材、铝合金以及碳纤维，显然，车架的解决方案仅与总价格有关，与舒适性和灵敏性无关，则其属于舒适性和灵敏性每个等级的概率均为 0。因此，为了提高运算效率，步骤 S33 中，仅获取与当前的评价指标相关的解决方案属于每个等级的概率，再将与当前的评价指标相关的解决方案属于每个等级的概率执行后续步骤。

显然，该从属权利要求只是为了提高运算效率，并不是本案例的核心创新点，在独立权利要求中，即使获取与当前评价指标不相关的解决方案属于每个等级的概率，也可以基于贝叶斯网络实现机械类产品性能的客观评估，只是运算效率略有区别而已，因此，将"仅获取与当前的评价指标相关的解决方案属于每个等级的概率"作为从属权利要求的技术特征。

此外，从属权利要求还可以对机械类产品的种类、机械类产品可以具体拆解为哪些具有单个功能的组件、各个功能组件的可能的解决方案有哪些、对应的评价指标是什么进行进一步限定。

7. 说明书的撰写

（1）发明名称

本案例技术交底书中，发明名称为"一种基于贝叶斯网络的产品概念设计方法"，然而，本案例主要是提出一种产品性能评估方法，并不是产品的概念设计，同时，本案例的产品性能评估方法仅适用于机械类实体产品；因此，将本案例的发明名称修改为"一种基于贝叶斯网络的机械类产品的性能评估方法"。

（2）技术领域

本案例本身是对机械类产品的性能评估，其上位技术领域应为产品的性能评估，相邻技术领域可以为产品寿命评估、使用率评估等领域，然后这些都不太符合《专利审查指南》中的有关规定，因此，申请人可以将本案例的技术领域定为评估分析技术领域。

（3）背景技术

背景技术一般至少包括基本概念、现有技术以及现有技术缺点这三部分内容，则在撰写本案例的背景技术时，可以首先介绍什么是贝叶斯网络，什么是产品设计以及产品性能评估的必要性等，然后介绍现有的产品性能评估的方式，最后介绍现有的产品性能评估的方式的缺点。

（4）发明内容

发明内容应该写明发明或者实用新型所要解决的技术问题以及解决其技术问题采用的技术方案，并对照现有技术写明发明或者实用新型的有益效果。

首先，本案例要解决的技术问题为：如何在保证产品方案的多样性与评价方法的有效性与精确性的基础上，能够更为准确得到性能最好的机械类产品的解决方案；其次，说明书中发明内容部分所述的解决该技术问题采用的技术方案，要与权利要求所限定的相应技术方案的表述保持一致，以确保各权利要求的技术方案所表述的请求保护的范围，均能够在说明书中找到根据；最后，本案例的有益效果为：以历史数据作为分析组件解决方案使用概率的计算依据，实现对历史数据的运用和再设计，以评价性能的分数和计算相应的概率值，实现对产品性能的定量评估，结果更为客观准确。

（5）具体实施方式

本案例可以分为两个实施例。其中，第一个实施例可以结合权利要求书中所提供的方案来展开描述，首先，可以进一步解释权利要求中涉及的技术名词，如评价指标、使用概率以及兼容性累乘概率等的含义，对于具体的计算公式，应该给予公式中每个变量明确的物理意义，不能是与案例技术方案脱节的纯数学理论。其次，还可以陈述某个技术特征或者某个步骤所起到的作用，或举例说明某个技术特征如何得到。最后，还可以对本案例的核心发明点进行解释，使读者明白本案例如何实现发明目的。

由于本案例的产品性能评估方法较为抽象，因此，第二个实施例，可以列举一个具体的机械类产品类型，如自行车，将权利要求书中限定的技术特征落实为与自行车相关的某个技术特征，必要时，以表格的方式呈现自行车的功能组件、可能的解决方案、解决方案的组合以及性能指标等，并给各个解决方案的使用概率、兼容性概率等赋予明确的数值，进而可以得到自行车各解决方案组合的性能评估值，使读者对本案例的性能评估方法有更深刻的理解。

2.3.4　最终递交的申请文件

一种基于贝叶斯网络的机械类产品的性能评估方法

技术领域

本发明属于评估分析技术领域，尤其涉及一种基于贝叶斯网络的机械类产品的性能评估方法。

背景技术

产品设计是将模糊的需求转化为具体的功能，再将具体功能转化为具体结构的过程。产品设计大致可以分为：需求确定、概念设计、详细设计、产品开发四个步骤。美国国家战略研究中心表明，90%的产品全生命周期的价格、功能和质量等在产品设计阶段已经被确定，70%～80%在概念设计阶段被确定，这一观点在工程设计领域达成了广泛的共识。可见产品概念设计与评价决策在产品开发中占有重要角色。

传统的概念设计方法有：①发明问题解决理论（TRIZ）：将具体问题转化为TRIZ问题，再利用TRIZ理论求出该TRIZ问题的普适解，最后再将普适解转换为对应领域内的解或特解的矛盾解决过程。②质量功能展开理论（QFD）：QFD中包含了产品需求、产品功能、需求重要性和需求功能相关关系等，实现从顾客需求到产品概念的转化。③形态学方法：根据形态学分析技术，将技术分解为若干因素，分析各因素的可能形态，通过排列组合方法得到若干可能的解决方法，从中选出最优方案。上述三种方法在一定的程度一定的方面解决了产品概念设计过程中的问题，但是却无法客观地评估产品的性能，同时由于设计师知识的局限性和设计偏好性，如果在设计过程中设计师进行过多的设计决策，可能会导致产品的解决方案不能够很好地切合顾客需求。

发明内容

为解决上述问题，本发明提供一种基于贝叶斯网络的机械类产品的性能评估方法，在保证产品方案的多样性与评价方法的有效性与精确性的基础上，能够更为准确得到性能最好的机械类产品的解决方案。

【技术方案部分常常将权利要求书内容整合在此，参见上文权利要求撰写的分析章节】

有益效果

本发明提供一种基于贝叶斯网络的机械类产品的性能评估方法，以历史的组件解决方案使用概率作为分析基础，考虑组件在机械结构上兼容性关系，同时选取合适的评价指标对所生成的机械类产品的解决方案组合进行性能评价，最后再用联合概率密度公式计算的联合概率密度作为最后综合性能评估的标准；由此可见，本发明首先以历史数据作为分析组件解决方案使用概率的计算依据，实现对历史数据的运用和再设计，再以评价性能的分数和计算相应的概率值，实现对解决方案性能的定量评估，最后基于贝叶斯条件概率，在已知各个组件的解决方案的条件下计算当前组合性能评估的结果，从而在保证产品方案的多样性与评价方法的有效性与精确性的基础上，能够更为准确得到性能最好的机械类产品的解决方案。

附图说明

图1为本发明提供的一种基于贝叶斯网络的机械类产品的性能评估方法的流程图（图略）；

图2为本发明提供的以自行车为例构建的贝叶斯网络（图略）。

具体实施方式

为了使本技术领域的人员更好地理解本申请方案，下面将结合本申请实施例中的附图，对本申请实施例中的技术方案进行清楚、完整的描述。

实施例1

首先介绍贝叶斯网络的基本定义。对于一个有向无环网络存在一组变量 $X = (x_1, x_2, \cdots, x_n)$，根据联合密度公式有：

$$P(X) = \prod_{i=1}^{n} p(x_i \mid x_1, x_2, \cdots, x_{i-1})$$
$$= p(x_1 \mid) p(x_2 \mid x_1) p(x_3 \mid x_1, x_2) \cdots p(x_n \mid x_1, x_2, \cdots, x_{n-1})$$

对于任一变量 x_i，如果有某个子集 $\pi_i \subseteq \{x_1, x_2, \cdots, x_{i-1}\}$ 使得 x_i 与 $\{x_1, x_2, \cdots, x_{i-1}\} \mid \pi_i$ 是条件独立的，及对于任何 X，有

$$p(x_i \mid x_1, x_2, \cdots, x_{i-1}) = p(x_i \mid \pi_i) \quad i = 1, 2, \cdots, n$$

则由上两式可得：

$$P(X) = \prod_{i=1}^{n} p(x_i \mid \pi_i)$$

变量集合$(\pi_1,\cdots,\pi_n)$对应于父节点$Pa_1,\cdots,Pa_n$，故又可写成

$$P(X)=\prod_{i=1}^{n}p(x_i\mid Pa_i)$$

在实际过程中，需要确定x_i的父节点的集合$\pi_i(i=1,\cdots,n)$从而利用上式计算出节点的概率密度。

参见图1（图略），该图为本实施例提供的一种基于贝叶斯网络的机械类产品的性能评估方法的流程图。一种基于贝叶斯网络的机械类产品的性能评估方法，包括以下步骤：

S1：将所述机械类产品拆解为具有单个功能的组件，并获取实现各个组件功能的可能的解决方案。

例如可将自行车刹车作为组件，则解决方案有碟刹、V刹和毂刹车等；将手机的摄像头作为组件，则解决方案有前置摄像头、后置摄像头、后置双摄像头等；升降椅的椅背作为组件，则解决方案有钢材、木材、海绵、尼龙等。

S2：分别从所述机械类产品各组件可能的解决方案中选出一种进行组合，得到实现该机械类产品功能的所有解决方案的组合，然后为各组合设定两个以上的评价指标。

例如，评价指标可以为总价格、舒适性以及灵敏性，其中，总价格指标是将各组件包括的解决方案的价格进行加和确定，舒适性主要是对产品组件舒适性的打分确定，即分数越高，舒适性越好，灵敏性是指产品在使用过程中各组件的灵敏性，和舒适性类似。

S3：依次针对各评价指标下的各组合执行性能评估操作，得到各评价指标下各组合对应的机械类产品的性能评估中间值，所述性能评估操作包括以下步骤：

S31：获取当前组合所选用的各解决方案的使用概率。

例如，当前组合的组件x的第i个解决方案的使用概率$P(x_i)$的具体计算公式为：

$$P(x_i)=\frac{x_i}{\sum_{x}x_i}$$

其中分母$\dfrac{x_i}{\sum_{x}x_i}$为历史数据中，含有组件x的机械类产品的总数量，x_i为使用了x组件的第i个解决方案的机械类产品的数量。

S32：对于该组合中所选用的解决方案，获取各解决方案两两之间的兼容性概率，然后将所有兼容性概率累乘，得到兼容性累乘概率。

需要说明的是，兼容性概率指的是两个组件之间相互兼容的概率，对应的，每个兼容性概率也对应一个非兼容概率，且兼容性概率和非兼容概率和值为1；同时，当获取两个组件之间的兼容性概率时，首先要看两个组件是否具有直接连接关系，若两个组件具有直接连接关系，那么两个组件才有兼容或不兼容的可能，则此时，若两个组件没有直接的连接关系，则说明两个组件相互独立、互不影响，肯定兼容，则此时两个组件之间的兼容性概率为1。兼容性概率 $\omega(i,j)$ 的具体计算公式如下：

$$\omega(i,j) = \frac{n_{A_i B_j}}{N}$$

其中，N 代表历史数据中，某种机械类产品中含有 A 组件或 B 组件产品总数量，$n_{A_i B_j}$ 代表同时使用了 A 组件的第 i 个解决方案和 B 组件的第 j 个解决方案的某机械类产品总数。

S33：为当前的评价指标设定等级，然后获取该组合所选用的解决方案属于每个等级的概率，其中等级至少为两级，且不同等级对应不同分值。

采用多个评价指标评价解决方案的所属等级，是用于从多方面评价当前组合包括的解决方案对应的机械类产品的性能，从而实现从多个角度评价机械类产品的目的；为了简化评价，可将解决方案的等级从高到低进行打分，即等级越高分数越高，分数越高则效果越好，具体量化过程为：3分——三级——高；2分——二级——中；1分——一级——低。

可选的，各组合中所选用的解决方案，与评价指标不完全相关，则步骤S33中，仅获取与当前的评价指标相关的解决方案属于每个等级的概率，再将与当前的评价指标相关的解决方案属于每个等级的概率执行后续步骤。

S34：根据不同等级对应的分值，将当前组合中不同组件的解决方案的分值进行求和，得到该组合对应的最高分数值。

也就是说，将得到的分数进行求和，从而得到该评价指标下，该组合可能得到分数的取值。由此可见，本实施例在实际的产品概念设计与评价过程中可根据实际的情况对机械类产品的解决方案进行量化，达到性能评估结果更加精确的目的。

S35：获取 S34 中最高分数值对应的概率，并将该最高分数值对应的概率作为当前组合在当前的评价指标下对应的机械类产品的性能评估中间值。

S4：对于每一个解决方案的组合，基于贝叶斯联合概率密度公式，将步骤 S3 得到的各评价指标下的性能评估中间值，与该组合对应的各解决方案的使用概率、兼容性累乘概率相乘，则相乘结果作为选用该组合中包含的解决方案而得到的机械类产品的性能评估值，其中，所述性能评估值越大，表示机械类产品的性能越好。

由此可见，本实施例采用贝叶斯方法作为机械产品性能评估的基础，以历史数据为支撑，以数据分析的方法支持设计在一定的程度上能够解决现有技术的缺陷，从而设计出性能满足顾客需求的产品。在保证产品方案的多样性与评价方法的有效性与精确性的基础上，可通过构建能表示组件（由多个零件组成的具有一定功能的最小结构）特征使用概率值和组件兼容性概率的贝叶斯网络并加以分析，并生成满足于顾客需求和产品约束的产品概念方案。同时利用贝叶斯方法在基于产品各解决方案组合的性能评估值下，对产品的概念方案进行筛选，寻找出合适的产品概念设计方案，即得到该产品性能最优的解决方案组合。

实施例 2

下面以自行车为例，对本实施例提供的一种基于贝叶斯网络的机械类产品的性能评估方法进行详细说明。

S1：如表 1 所示为所拆解的自行车组件以及组件解决方案，将自行车拆解为车架、前叉、刹车、变速套件、轮圈和轮胎等几个大的组件，其他小组件暂时不考虑。

表 1　自行车组件以及组件解决方案

组件	解决方案	组件	解决方案
车架	钢材	变速套件	3×10 速比
	铝合金		2×10 速比
	碳纤维		3×9 速比
	其他		其他
前叉	液压	轮圈	碳纤维轮圈
	气压		钢制轮圈
	弹簧		其他
	其他		
刹车	碟刹	轮胎	光头胎
	V 刹		半光头胎
	轮毂刹		山地胎
	其他		其他

S2：通过将上述各组件的解决方案进行排列组合，可生成 $C_3^1 C_3^1 C_3^1 C_3^1 C_2^1 C_3^1$=486 组产品方案，选取其中两组作为代表性的组合进行阐述，如表 2 所示，同时设定评价指标为舒适性和灵敏性。

表 2　两种典型的组合

组合名称	车架	前叉	刹车	变速套件	轮圈	轮胎
组合一	碳纤维	气压	V 刹	3×10 速比	碳纤维轮圈	光头胎
组合二	钢材	弹簧	V 刹	3×9 速比	钢制轮圈	山地胎

S3：选取组合一和灵敏性评价指标作为评价标准对案例进行阐述。

S31：获取该组合下各解决方案的使用概率，如表 3 所示：

表 3　组合一对应的解决方案的使用概率

项目	车架	前叉	刹车	变速套件	轮圈	轮胎
组合一	碳纤维	气压	V 刹	3×10 速比	碳纤维轮圈	光头胎
使用概率	20%	30%	60%	10%	10%	20%

S32：计算两两解决方案之间的兼容性，其中结果如表 4 所示：

表 4　组合一对应的解决方案的兼容性概率

项目	车架—前叉	车架—刹车	车架—变速套件	刹车—轮圈	轮圈—轮胎
组合一	碳纤维—气压	碳纤维—V 刹	碳纤维—3×10 速比	V 刹—碳纤维轮圈	碳纤维轮圈—3×10 速比
兼容概率	80%	85%	90%	60%	95%
不兼容概率	20%	15%	10%	40%	5%

其中，由于车架—轮圈、车架—轮胎、刹车—变速套件、变速套件—轮胎等之间没有直接的连接关系，则这些解决方案的兼容性概率为 1。

再将所有组件都兼容的概率累乘，获得最后所有组件都兼容的兼容性累乘概率 P (all-constraints=true)，其中，当两个组件的解决方案兼容时，状态为"true"，如果不兼容状态则为"false"：

P (all-constraints=true) =80%×85%×90%×60%×95%=34.9%

S33：以灵敏性作为评价指标（包括评价等级分为三级：3，2，1），如表 5 所示：

表 5 以灵敏性为评价指标的组合一对应的分数

项目	车架	前叉	刹车	变速套件	轮圈	轮胎
组合一	碳纤维	气压	V刹	3×10 速比	碳纤维轮圈	光头胎
评价分数——3	80%	75%	50%	90%	82%	50%
评价分数——2	20%	15%	40%	10%	18%	30%
评价分数——1	0	10%	10%	0	0	20%

S34：根据不同等级对应的分值，将当前组合中不同组件的解决方案的分值进行求和，得到所有可能的分值，若车架、前叉、刹车、变速套件、轮圈、轮胎全部评价为三级，则获取灵敏性最高分数值为3×6=18分；若车架、前叉、刹车、变速套件、轮圈、轮胎被评价为其他不同等级，则有其他不同分数。

S35：根据灵敏性最高分数值求该分数对应的概率 P（sensitivity-grades=18）为（即所有分数都取最高值的概率）：

P（sensitivity-grades=18）=80%×75%×50%×90%×82%×50%=11.07%

同理可获得舒适性取最高分数值的概率 P（comfort-grades=12）（包括两级：2，1，即对六个组件解决方案的舒适性求等级为2和1的概率值，此时最高分为2×6=12）：

P（comfort-grades=12）=85%×90%×50%×85%×95%×60%=18.5%

S4：则依据如图2所示的贝叶斯网络，第一行为产品组件节点，如车架、前叉、刹车等；第二行为兼容性概率节点，如车架—前叉兼容性、前叉—刹车兼容性等；第三行为组件属性节点，如车架舒适性评分、前叉舒适性评分等；第四行为评价指标节点，如灵敏性和舒适性。

需要说明的是，产品组件节点、兼容性概率节点、组件属性节点和评价指标节点作为贝叶斯网络的基本节点，每种节点的具体解释如下：

① 产品组件节点

产品组件是指在产品中可拆解的具有单个最小功能的部件，如自行车中刹车即可为一个组件，针对刹车又有碟刹、V刹和毂刹等多种解决方案，所以产品组件节点的状态是具体的解决方案。

产品设计的过程其实就是针对每一个组件选择合适的组件的解决方案，以实现某一特定的功能，故在贝叶斯网络支持的设计过程中，需要针对每一个组件选择一个确定的解决方案，即需要针对每个组件节点做出相应的决策。其中节点状态的取值就是统计数据中该解决方案使用的概率值,如图 2 左边第一个表格的内容,展示了车架各个解决方案的使用概率;对于无法做出统计的数据节点的状态的取值可用均匀分布作为其概率分布,在计算过程中需要对各组件状态进行组合从而构成可行的方案,再根据产品评价指标对生成的方案进行评价从而选出较优的方案。

② 兼容性概率节点

兼容性概率节点是根据上述所计算的兼容性概率来建立的节点,且兼容性概率只针对具有连接关系的两个组件节点之间,故组件节点是兼容性概率节点的父节点。对于单个节点,当两个组件的解决方案兼容时,概率节点的状态为"true",如果不兼容状态为"false",即兼容性概率节点的取值为"true"和"false";由此可得概念设计的兼容性约束节点,而对于具体产品应该具体分析,不同的设计约束节点不同。

③ 组件属性节点

每个组件的解决方案对应相应的所属等级,即解决方案都有确定的评分,每个组件的解决方案对应的属性参数,即评分概率必须被确定。组件属性节点是评价节点的父节点,即评价产品概念的好坏主要是评价产品组件属性参数的好坏,能够简化和量化组件。

④ 评价指标节点

评价指标节点是用于从多方面评价该产品解决方案的节点,从而实现从多个角度评价方案的目的,在连接过程中涉及组件节点的状态到评价节点的量化问题,为了简化评价,可将组件的节点从高到低进行打分,即分数越高则效果越好,具体量化过程为:3——高;2——中;1——低,然后将作为评价指标父节点的分数加和从而得到评价指标对应的评估中间值,在实际的产品概念设计与评价过程中可根据实际的情况对节点进行量化,达到结果更加精确的目的;同时加入满足所有兼容性概率的评价节点(即所有兼容性概率取值都为"true"的结合),以此建立评价节点。

最后机械产品自行车的组合一的性能评估值以贝叶斯联合概率密度公式可表示为:

$P1$ (all-constraints=true, sensitivity-grades=18, comfort-grades=12|车架=碳纤维,前叉=气压,刹车=V 刹,变速套件=3×10 速比,轮圈=碳纤维轮圈,轮胎=光头胎) = 34.9%×11.07%×18.5%×20%×30%×60%×10%×10%×20%=0.000 051 4%

同理可评价组合二:

$P2$ (all-constraints=true, sensitivity-grades=18, comfort-grades=12|车

架=钢材，前叉=弹簧，刹车=V 刹，变速套件=3×9 速比，轮圈=钢制轮圈，轮胎=山地胎）= 0.000 006 1%

由上述评价可知，$P1 > P2$，则认为组合一的性能高于组合二的性能。

综上所述，本实施例采用贝叶斯方法作为机械产品性能评估的基础，以历史的组件解决方案使用概率作为分析基础，考虑组件在机械机构上兼容性关系，同时选取合适的评价指标对所生成的产品组合进行性能评价，最后再用联合概率密度公式计算联合概率密度作为最后综合性能评估的标准。上述的组合一实际为一般性能较好的"公路自行车"，而组合二为一般"家用山地车"，实际上"公路自行车"在综合性能上优于"家用自行车"，而此刚好与上述方法输出的结果一致，故可说明基于贝叶斯网络的机械类产品的性能评估方法是有效的。

2.3.5 小结

通过上面的分析可以看到，对于《专利法》第二条第二款关于不授权客体的规避，关键点在于所提供的方案是否解决了技术问题，采取了遵循自然规律的技术手段，并获得了符合自然规律的技术效果。

具体的，在判断预保护的方案是否为技术方案，符合发明专利保护客体时，应该准确地站在本领域技术人员的角度上，将权利要求的方案作为一个整体，判断其是否采用了符合自然规律的技术手段，解决了技术问题并产生了技术效果，不能简单地因其包含了技术特征就直接认定其是技术方案，或者因其包含了非技术内容，就认定不是技术方案。需要结合主题、技术手段、技术问题、技术效果甚至现有技术等多个因素，具体案件具体分析，判断方案是否可以申请发明专利，以保护符合《专利法》第二条第二款规定的技术。

2.4 案例4 一种恢复小凹光学系统所成像的黑边信息的系统

2.4.1 案例类型概述

1. 案例类型及其相关法律法规

希望通过本案例和读者分享关于说明书公开充分的问题。《专利法》第二十六条第三款规定：说明书应当对发明或者实用新型作出清楚、完整的说明，以所属技术领域的技术人员能够实现为准。

《专利审查指南》第二部分第二章规定，如果一份说明书对发明内容作了清楚的叙述，说明书的结构完整，所属技术领域的技术人员能够根据说明书的内容无须创造性的劳动能够再现发明或实用新型，这样就可以认为说明书满足了充分公开的要求。

2. 案例类型的撰写思路

当拿到一份交底书后，需要从以下几个方面考察是否披露充分。

（1）清楚

说明书的内容应当清楚，具体应满足下述要求：

① 主题明确。说明书应当从现有技术出发，明确地反映出发明或者实用新型想要做什么和如何去做，使所属技术领域的技术人员能够确切地理解该发明或者实用新型要求保护的主题。换句话说，说明书应当写明发明或者实用新型所要解决的技术问题以及解决其技术问题采用的技术方案，并对照现有技术写明发明或者实用新型的有益效果。上述技术问题、技术方案和有益效果应当相互适应，不得出现相互矛盾或不相关联的情形。

② 表述准确。说明书应当使用发明或者实用新型所属技术领域的技术术语。说明书的表述应当准确地表达发明或者实用新型的技术内容，不得含糊不清或者模棱两可，以致所属技术领域的技术人员不能清楚、正确地理解该发明或者实用新型。

（2）完整

完整的说明书应当包括有关理解、实现发明或者实用新型所需的全部技术内容。

一份完整的说明书应当包含以下各项内容：

① 帮助理解发明或者实用新型不可缺少的内容。例如，有关所属技术领域、背景技术状况的描述以及说明书有附图时的附图说明等。

② 确定发明或者实用新型具有新颖性、创造性和实用性所需的内容。例如，发明或者实用新型所要解决的技术问题，解决其技术问题采用的技术方案和发明或者实用新型的有益效果。

③ 实现发明或者实用新型所需的内容。例如，为解决发明或者实用新型的技术问题而采用的技术方案的具体实施方式。

对于克服了技术偏见的发明或者实用新型，说明书中还应当解释为什么说该发明或者实用新型克服了技术偏见，新的技术方案与技术偏见之间的差别以及为克服技术偏见所采用的技术手段。

应当指出，凡是所属技术领域的技术人员不能从现有技术中直接、唯一地得出的有关内容，均应当在说明书中描述。

（3）能够实现

所属技术领域的技术人员能够实现，是指所属技术领域的技术人员按照说明书记载的内容，就能够实现该发明或者实用新型的技术方案，解决其技术问题，并且产生预期的技术效果。

说明书应当清楚地记载发明或者实用新型的技术方案，详细地描述实现发明或者实用新型的具体实施方式，完整地公开对于理解和实现发明或者实用新型必不可少的技术内容，达到所属技术领域的技术人员能够实现该发明或者实用新型的程度。审查员如果有合理的理由质疑发明或者实用新型没有达到充分公开的要求，则应当要求申请人予以澄清。

以下各种情况由于缺乏解决技术问题的技术手段而被认为无法实现：

① 说明书中只给出任务和/或设想，或者只表明一种愿望和/或结果，而未给出任何使所属技术领域的技术人员能够实施的技术手段；

② 说明书中给出了技术手段，但对所属技术领域的技术人员来说，该手段是含混不清的，根据说明书记载的内容无法具体实施；

③ 说明书中给出了技术手段，但所属技术领域的技术人员采用该手段并不能解决发明或者实用新型所要解决的技术问题；

④ 申请的主题为由多个技术手段构成的技术方案，对于其中一个技术手段，所属技术领域的技术人员按照说明书记载的内容并不能实现；

⑤ 说明书中给出了具体的技术方案，但未给出实验证据，而该方案又必须依赖实验结果加以证实才能成立。例如，对于已知化合物的新用途发明，通常情况下，需要在说明书中给出实验证据来证实其所述的用途以及效果，否则将无法达到能够实现的要求。

上述三个方面中，"能够实现"最容易出现问题。在实践中，常遇到的情况有：（1）交底书给出了完整的流程，但是与本发明密切相关的局部未描述清楚，因为与发明点相关，因此本领域技术人员很难在未公开充分的情况下复现该方案；（2）由于未能处理好技术秘密与公开充分之间的关系，导致技术方案不完整。

对于第（1）种情况，专利代理师需要仔细阅读交底书，每一个步骤、每一个零部件都需要核实是否描述清楚。对于简化描述的内容，需要向发明人核实是否为现有技术，如果是，则可以简化；如果不是，则需要补充完整。对于第（2）种情况，可以与发明人商议保护技术秘密的解决方案。常用的方案是，只披露部分技术内容，保留部分技术秘密。披露的部分必须能够支撑案件的创造性。未披露的部分注意用现有技术代替，从而保持整个技术方案的完整性。

2.4.2 技术交底书及解读

1. 技术交底书

一种小凹黑边信息还原的方法，其基本实施过程如下：

如图 1 所示，在探测器前加入小型微透镜阵列，以保留物空间的光场信息，其实，由于小凹附近区域成像时的畸变和扭曲使此区域内图像在远离焦平面处成像，为此通过使用微透镜阵列可以保留不同来向的光场信息，进而使未成像的区域信息得到还原，最终使缺失部分得到补充。

2. 技术交底书解读

以上交底书中明确了小凹光学系统所成像的黑边信息还原技术采用了探测器及微透镜阵列这两个光学元件，并且介绍了黑边信息产生的原因，以及还原的大致原理。但是其篇幅太过短小，所以形式和实质上都不够支撑一篇专利文献。

改进方向：如何避免《专利法》第二十六条第三款的问题。

根据《专利法》及《专利审查指南》的关于说明书公开清楚完整的规定，以上技术交底书只披露了"微透镜阵列可以保留不同来向的光场信息"，但是如何实现该方案，没有给出具体实施方式。所以需要发明人补充利用微透镜阵列还原黑边信息的具体过程，确保本领域技术人员根据说明书的内容无须再付出创造性的劳动就能够再现本发明。

建议：

详细补充黑边信息的还原过程。

3. 技术交底书补充结果

一种还原小凹光学系统黑边信息的装置/系统，包括以下部分：

(1) 成像镜头；(2) 小凹实现系统；(3) 微透镜阵列；(4) 探测器；(5) 计算机或者图像处理设备。

其中，(1) 成像镜头，用于对需要实现局部高清的场景进行成像；

(2) 小凹实现系统，用于根据场景需要，使用 SLM 或者光学透镜组合，设计合理的光学参数，以实现系统的全场景清晰，局部感兴趣区域高清的能力；

（3）微透镜阵列，用于实现对经过小凹光学系统的场景图像进行光场信息收集；

（4）探测器，用于对经过微透镜阵列的图像进行采集，可以依据成本选择 CCD 或者 CMOS 器件实现；

（5）计算机或者图像处理设备，用于接收探测器采集到的图像信息，并根据前文描述的方案对图像进行黑边信息还原，也可进一步根据需要连接至显示器显示还原图像；可以使用计算机或者 DSP、FPGA 等图像处理硬件实现。

上述组成部件间的连接关系为：待观测场景的图像信息通过成像镜头成像，而后在小凹实现系统的作用下实现全区域清晰、局部高清的特点，接着通过微透镜阵列保留下场景局部高清图像的光场信息，并通过探测器记录，最终传递至计算机或者图像处理设备实现黑边信息的还原。

2.4.3 权利要求书和说明书的撰写思路

1．确定本发明的主要改进点

本发明主要针对小凹光学系统所成图像的黑边信息进行还原，由于小凹区域和大视场区域对物体放大比的不同，会使其过渡区域存在小黑边，如果小凹区域为圆形，则黑边为包围小凹区域的黑色环状区域。

2．确定最接近的现有技术及其问题

现有技术并没有针对该黑边区域进行消除或恢复的解决办法。

3．基于最接近的现有技术，确定本申请所要解决的技术问题

本申请要解决小凹光学系统中图像存在的黑边问题，实现对其信息的复原。

4．确定权利要求的主题

本发明方案通过几部分的光学元器件的配合工作，完成对黑边信息的还原，出于对方案的保护以及后期维权举证的考虑，本发明权利要求的主题确定为系统类型。

5．确定独立权利要求的必要技术特征——独立权利要求的撰写

① 对于解决上述的技术问题，成像镜头和小凹实现系统的功能，是为

了对目标场景呈小凹图像，属于现有技术，并不是本发明所要解决的问题，所以不是必要技术特征。微透镜阵列、探测器和图像处理设备是针对小凹光学系统所成图像进行黑边信息还原，属于必要技术特征。

② 关于黑边信息还原的细节，在和发明人沟通中，又补充了黑边信息的还原过程"图像处理设备根据小凹光学系统的光学参数得到黑边区域内的光线离焦范围，此离焦范围即为所需解算的微透镜阵列物方信息的景深范围；图像处理设备根据探测器所采集图像解算透过微透镜阵列的光线的位置信息和入射角度信息，根据所述位置信息、入射角度信息和所需的景深范围还原探测器所采集图像得到微透镜阵列所需景深范围内的物方信息，此即对应小凹光学系统黑边区域的丢失图像信息"，这部分过程清楚完整地描述了黑边信息还原的原理和操作过程，所以也需要写入权利要求1中。

6. 从属权利要求书的撰写

本发明从属权利要求包括以下内容：

权利要求2引用权利要求1，限定微透镜阵列为高密度微透镜阵列。

权利要求3引用权利要求1，限定探测器为电荷耦合元件或者互补金属氧化物半导体。

7. 说明书的撰写

（1）发明名称

本案例技术交底书中，发明名称为"一种小凹黑边信息还原的方法"，然而，通过分析该案例技术方案的具体内容，并出于对方案的保护以及后期维权举证的考虑，建议将该案例的发明名称确定为"一种恢复小凹光学系统所成像的黑边信息的系统"。

（2）背景技术

背景技术一般至少包括基本概念、现有技术以及现有技术缺点这三部分内容，在撰写本案例的背景技术时，可以首先介绍什么是小凹光学系统，小凹光学系统发展现状及成像特点等，然后介绍小凹光学系统成像的缺点，以及现有技术针对该成像缺点的对应措施。

（3）具体实施方式

本案例是针对小凹光学系统所成图像的黑边信息进行还原的系统，因此，需列举一个具体的该系统的实现方案，以及具体的实现细节。

（4）附图

由于说明书附图的作用在于使人能够直观地、形象化地理解发明的技术方案，因此，在选择附图时，应当尽可能选择能够直观体现本发明技术方案的附图。对于交底书中较为复杂，并不能使具体实施方式中文字信息量减少、表现核心技术特征较为直观的附图，可以考虑删除，或者精简附图中的信息，以使其更为简洁明了地体现技术方案。

本案例涉及光学领域，应该给出和发明方案相对应的光路图，光路图能够直观形象地表现出系统的成像过程及成像位置等，便于本领域技术人员更快地理解本案例的技术方案。

2.4.4　最终递交的申请文件

本申请文件只给出了权利要求书、说明书和附图。

权利要求书

1. 一种恢复小凹光学系统所成像的黑边信息的系统，其特征在于，包括微透镜阵列、探测器和图像处理设备。

小凹光学系统的像的光线经过微透镜阵列；探测器采集透过微透镜阵列的光线并记录成图像信息。

图像处理设备根据小凹光学系统的光学参数得到黑边区域内的光线离焦范围，此离焦范围即为所需解算的微透镜阵列物方信息的景深范围；图像处理设备根据探测器所采集图像解算透过微透镜阵列的光线的位置信息和入射角度信息，根据所述位置信息、入射角度信息和所需的景深范围还原探测器所采集图像得到微透镜阵列所需景深范围内的物方信息，此即对应小凹光学系统黑边区域的丢失图像信息。

2. 如权利要求1所述的一种恢复小凹光学系统所成像的黑边信息的系统，其特征在于，所述微透镜阵列为高密度微透镜阵列。

3. 如权利要求1所述的一种恢复小凹光学系统所成像的黑边信息的系统，其特征在于，探测器为电荷耦合元件或者互补金属氧化物半导体。

说明书

一种恢复小凹光学系统所成像的黑边信息的系统

技术领域

本发明属于光学仪器的技术领域，具体涉及一种恢复小凹光学系统所成像的黑边信息的系统。

背景技术

小凹光学系统具有全视场成像、局部高清的特点，可以实现类似人眼的特征。局部高清传统的实现方案一般包括如计算机视觉的数字放大伪高清方案和诸如激光扫描结合自适应光学的波前校正方案，或者基于探测器设计的方案，总体来说在一些领域呈现雏形，但是专门实现方案较少，而且多以数字放大方案为主。为实现真正的硬件放大，同时不像扫描系统、自适应光学系统、变密度探测器设计那样价格高昂，小凹光学设计方案得以提出。其通过光学设计，使用液晶空间光调制器（SLM）等设备设置小凹区域，实现整体成像局部高清方案。低分辨的整体图像可以用于把控全局，高清局部区域用于对感兴趣区域提供细节信息。这样可以降低冗余信息，实现高效灵活的观察能力。不过随着技术的发展发现，由于小凹区域和大视场区域对物体放大比的不同，会使其过渡区域存在小黑边，如果小凹区域为圆形，则黑边为包围小凹区域的黑色环状区域，现有技术并没有针对该黑边区域进行消除或恢复的解决办法。

发明内容

有鉴于此，本发明提供了一种恢复小凹光学系统所成像的黑边信息的系统，能够解决小凹光学设计中存在的黑边问题，实现对其信息的复原。

实现本发明的技术方案如下：

【参见权利要求书部分】

有益效果

1．本发明系统能够在保证系统局部高清的条件下能够恢复小凹光学系统图像的黑边信息。

2．本发明在小凹光学系统信息记录的过程中，采用了微透镜阵列的光场信息采集方式，能够在不破坏原始全图像清晰、局部高清的功能下，通过消耗计算成本来实现黑边信息的还原。

3．本发明在黑边信息还原的过程中，针对小凹黑边信息还原，采用了小凹光学系统参数和传统非聚焦型方案（即高密度微透镜阵列）相结合的新型光场信息还原方案，实现了对图像内不同区域的不同信息处理方法。

附图说明

图1为本发明系统的结构示意图。

具体实施方式

下面结合附图1并举实施例，对本发明进行详细描述。

本发明提供了一种恢复小凹光学系统所成像的黑边信息的系统,如图1所示,包括微透镜阵列、探测器和图像处理设备。

目标场景首先通过成像镜头进行成像,所成像通过小凹光学系统进行局部放大后再透过微透镜阵列,微透镜阵列可以保留小凹系统成像的光场信息,其中,光场信息包含光的位置信息和入射角度信息;因为若通过探测器直接采集小凹系统成像的话,就会损失图像的入射角度信息。

探测器采集透过微透镜阵列的图像。

图像处理设备根据小凹光学系统的光学参数得到黑边区域内的光线离焦范围,此离焦范围即为所需解算的微透镜阵列物方信息的景深范围。图像处理设备根据探测器所采集图像解算透过微透镜阵列的光线的位置信息和入射角度信息,根据所述位置信息、入射角度信息和所需的景深范围还原探测器所采集图像得到微透镜阵列所需景深范围内的物方信息,此即对应小凹光学系统黑边区域的丢失图像信息。

以上图像处理设备获得物方信息的处理过程就是重聚焦过程,其可通过聚焦法或非聚焦法计算得到,二者都是光场成像领域里常用的算法。

本方案相当于对传统小凹局部高清成像光学系统的改进。本发明通过SLM或者组合透镜设计小凹光学系统,顾名思义,小凹光学系统即是系统具备小凹的功能,这种设置可以确定局部高清区域的位置、大小、放大比等参数;随后是本方案的改进部分,传统小凹系统中直接用探测器接收成像图像的话,会得到具有黑边的局部放大区域,为此本方案采用微透镜阵列记录光场信息,并通过探测器进行记录,并传入计算机或者图像处理设备而后实现黑边信息还原。

之所以使用光场记录方案,是因为在小凹光学系统使用过程中发现黑边区域实际是一种信息"隐藏",所谓"隐藏"是由于位于黑边区域内的光线被成像到离焦位置处聚焦,所以虽然经过原始图像放大率和小凹区域放大率的压缩,但实际上这些光线信息仍然存在,而光场信息可以记录光的四维信息(二维位置和二维角度,另外本方案所使用的是简化光场模型),所以在记录下光场信息后可以实现小凹光学系统黑边的信息还原。

首先需要说明的是本方案虽然通过记录光场信息,但是与传统的光场相机方案并不相同,因为传统光场方案的全图像放大率相同,可以视为仅仅具有一个区域,而小凹光学系统实际上包含三个区域,第一个是原始放大率区域、第二个是小凹放大率区域(其放大率高于原始放大率区域)、第三个是黑边区域(也可以称为放大率突变区域或图像信息"隐藏"区域),

因此不同区域具有不同的信息密度,而黑边区域具有区域小、信息多的特点,为此需要使用高密度的微透镜阵列以适应其特点,而高密度微透镜阵列代表微透镜阵列个数更多,所以应该使用传统微透镜阵列还原方案即非聚焦型方案,这种方案相当成熟,故不在此赘述。确定方案后,由于区域分配的不同,需要在得知小凹区域相对位置的情况下进行信息还原,并通过局部非聚焦光场方案方法得以最终实现。

实施例 1

本方案用于解决传统小凹光学系统的黑边问题。微透镜阵列和探测器对具有全视场清晰、局部高清的小凹图像进行光场信息的采集,根据分析,微透镜阵列应具有高密度微透镜,使用非聚焦型方案,并被探测器采集光场信息,根据具体成本和要求,探测器可以选择CCD(电荷耦合元件)或者CMOS(互补金属氧化物半导体);最终从探测器将具有光场信息的图像传入计算机或者图像处理设备,根据前述方案实现黑边信息的还原,最终获得同时具有小凹局部高清功能和黑边信息还原能力的系统。

说明书附图

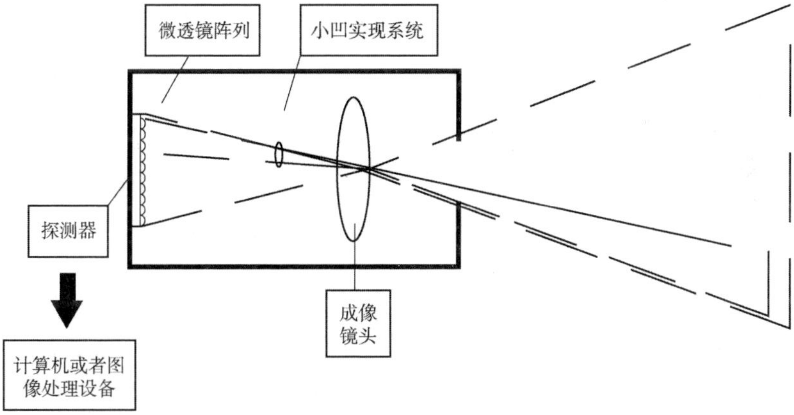

图 1 本发明系统的结构示意图

2.4.5 小结

本案例着重讨论了说明书公开不充分的问题,针对这个问题的相关法律法规、处理思路进行了分析,结合恢复小凹光学系统所成像的黑边信息的系统方案的撰写,对于如何克服说明书公开不充分、何种程度达到"能够实现"标准进行了详细的描述。

2.5 案例5 一种基于起伏地形的SAR森林二次散射有效路径计算方法

2.5.1 案例类型概述

1. 案例类型及其相关法律法规

该案例属于电学方法类专利的典型案例,希望与读者分享专利权利要求书中独立权利要求和从属权利要求的撰写方式。

《专利法》第二十六条第四款和《专利法实施细则》第十九条至第二十二条对权利要求的内容及其撰写作了规定:权利要求书应当以说明书为依据,清楚、简要地限定要求专利保护的范围。权利要求书应当记载发明或者实用新型的技术特征,技术特征可以是构成发明或者实用新型技术方案的组成要素,也可以是要素之间的相互关系。《专利审查指南》第二部分第二章第3节指出一份权利要求书中应当至少包括一项独立权利要求,还可以包括从属权利要求。

2. 案例类型的撰写思路

《专利审查指南》给出了独立权利要求和从属权利要求的撰写方式:

独立权利要求应当从整体上反映发明或者实用新型的技术方案,记载解决技术问题的必要技术特征。

必要技术特征是指,发明或者实用新型为解决其技术问题所不可缺少的技术特征,其总和足以构成发明或者实用新型的技术方案,使之区别于背景技术中所述的其他技术方案。

判断某一技术特征是否为必要技术特征,应当从所要解决的技术问题出发并考虑说明书描述的整体内容,不应简单地将实施例中的技术特征直接认定为必要技术特征。

在一件专利申请的权利要求书中,独立权利要求所限定的一项发明或者实用新型的保护范围最宽。

如果一项权利要求包含了另一项同类型权利要求中的所有技术特征,且对该另一项权利要求的技术方案作了进一步的限定,则该权利要求为从属权利要求。由于从属权利要求用附加的技术特征对所引用的权利要求作了进一步的限定,所以其保护范围落在其所引用的权利要求的保护范围之内。

从属权利要求中的附加技术特征，可以是对所引用的权利要求的技术特征作进一步限定的技术特征，也可以是增加的技术特征。

一件专利申请的权利要求书中，应当至少有一项独立权利要求。当有两项或者两项以上独立权利要求时，写在最前面的独立权利要求被称为第一独立权利要求，其他独立权利要求称为并列独立权利要求。审查员应当注意，有时并列独立权利要求也引用在前的独立权利要求，例如，"一种实施权利要求1的方法的装置，……""一种制造权利要求1的产品的方法，……""一种包含权利要求1的部件的设备，……""与权利要求1的插座相配合的插头，……"等。这种引用其他独立权利要求的权利要求是并列的独立权利要求，而不能被看作是从属权利要求。对于这种引用另一权利要求的独立权利要求，在确定其保护范围时，被引用的权利要求的特征均应予以考虑，而其实际的限定作用应当最终体现在对该独立权利要求的保护主题产生了何种影响。

在某些情况下，形式上的从属权利要求（即其包含有从属权利要求的引用部分），实质上不一定是从属权利要求。例如，独立权利要求1为："包括特征X的机床"。在后的另一项权利要求为："根据权利要求1所述的机床，其特征在于用特征Y代替特征X"。在这种情况下，后一权利要求也是独立权利要求。不能仅从撰写形式上判定在后的权利要求为从属权利要求。

2.5.2 技术交底书及解读

1. 技术交底书

一种合成孔径雷达（SAR）森林二次散射有效路径的计算方法

技术领域

本发明涉及一种合成孔径雷达（SAR）森林二次散射有效路径的计算方法，属于合成孔径雷达森林遥感技术领域。

背景技术（略）

发明内容

本发明的目的是在起伏地形环境下实现合成孔径雷达（SAR）森林二次散射有效路径的计算，提出了一种基于起伏地形的SAR森林二次散射有效路径计算方法。

本发明的目的是通过以下技术方案实现的。

本发明的一种基于起伏地形的SAR森林二次散射有效路径计算方法，

用于地形起伏情况下 SAR 森林二次散射有效路径，其步骤如下：

1）地表大尺度面元划分，具体为：

将地表沿方位向和地距向均匀划分为大尺度面元，面元的尺度大于入射波波长，满足大尺度的要求，在散射模拟过程中，每个面元可以看成具有一定坡度（二维）的无限大介电平面，相邻的面元相接构成大尺度面元的数字高程模型（DEM），真实地表通常叠加了小尺度的粗糙起伏，为了避免小尺度粗糙的影响，在地表面元划分时采用平面拟合的方式，在大尺度范围内利用多个小尺度采样点拟合得到平均坡度，作为大尺度面元的坡度。

2）二次散射有效路径遍历，在步骤1）拟合得到的大尺度平面下，二次散射有效路径由入射角度、大尺度面元的坡度坡向和中心位置，以及散射介电粒子空间位置的共同决定，具体为：

根据大尺度面元的方位向和距离向坡度计算面元的法向量；

根据面元的法向量和电磁波的出射矢量（入射矢量的反方向，入射矢量为已知量）计算该面元满足镜面反射时的入射矢量；

经过某个散射介电粒子以该面元满足镜面反射时的入射矢量为方向做直线，与该面元所在的平面相交于一点，若交点在面元内部，则该散射介电粒子与该面元存在二次散射有效路径，否则不存在；

若存在有效路径，则经过该散射介电粒子以该面元法向量为方向做直线，与该面元所在的平面相交于一点，则该点为二次散射有效路径的等效相位中心点。

针对步骤1）拟合得到的大尺度平面的每个面元进行上述步骤的处理，即可得到某个散射介电粒子的在起伏地表下的所有二次散射有效路径及相应的等效相位中心。

针对三维森林场景中所有的散射介电粒子进行上述步骤的处理和判断，则可以得到整个森林场景的二次散射有效路径和对应的等效散射中心。

3）二次散射有效路径快速计算，三维森林场景中每株树木可以看成由成千上万个的散射介电粒子组成，整个森林场景的散射粒子数量可能达到百万甚至千万的量级，全部按照步骤2）计算量很大，故采用划分三维网格的方式，实现二次散射有效路径的快速计算，具体为：

三维森林场景均匀划分为三维网格，所有的散射介电粒子根据空间位置分布在对应的网格内，网格的尺寸小于 SAR 二维分辨率；

将每个网格中心看成一个虚拟散射介电粒子，按照步骤2）给出的方法计算二次散射有效路径，建立每个网格中心的二次散射有效路径表；

针对某个散射介电粒子，其二次散射有效路径看成与其所在的网格中心一致，通过查表的方式获取其二次散射有效路径，根据有效路径计算相应的等效相位中心；

针对所有散射介电粒子进行上述步骤处理则可以获取整个三维森林场景的二次散射有效路径及相应的等效相位中心。

本发明相对于现有技术相比，其优势在于：在基于起伏地形的SAR森林二次散射有效路径计算过程中，充分考虑了地表具有大尺度起伏特征时森林雷达二次散射可能不存在或存在多条二次散射有效路径的情况，能够有效地表征地形起伏情况下森林的雷达二次散射特征，可为山区、丘陵地带森林的SAR遥感数据模拟以及森林参数反演算法研究提供支撑。

具体实施方式

为使本发明的目的、技术方案和优点表述得更加清楚明白，以下结合附图，对本发明实现方法做详细说明。

实施例

采用机载激光雷达获取的山东省徂徕山地区的DEM作为起伏地形实例，如附图1所示（图略）。

一种基于起伏地形的SAR森林二次散射有效路径计算方法，技术方案实施流程如附图2所示（图略）

其步骤如下：

1) 地表大尺度面元划分，将地表沿方位向和地距向均匀划分为大尺度面元，面元的尺度大于入射波波长，满足大尺度的要求，在散射模拟过程中，每个面元可以看成具有一定坡度（二维）的无限大介电平面，相邻的面元相接构成大尺度面元的DEM，真实地表通常叠加了小尺度的粗糙起伏，为了避免小尺度粗糙的影响，在地表面元划分时采用平面拟合的方式，在大尺度范围内利用多个小尺度采样点拟合得到平均坡度，作为大尺度面元的坡度，拟合得到的大尺度面元DEM如附图3所示（图略）。

2) 二次散射有效路径遍历，在步骤1) 拟合得到的大尺度平面下，二次散射有效路径由入射角度、大尺度面元的坡度坡向和中心位置，以及散射介电粒子空间位置共同决定，如附图4所示（图略）。

$\alpha_{a\_i,j}$ 和 $\alpha_{gr\_i,j}$ 分别为起伏地表第 (i,j) 个大尺度面元 $A_{i,j}$ 的方位维和距离维坡度角，其中 i 为方位向面元序号，j 为地距向面元序号，$\hat{k}_i$ 和 $\hat{k}_s$ 分别表示电磁波的入射和出射矢量，$P(x_P, y_P, z_P)$ 为空间某散射介电粒子的中心坐标，则判断 P 与 $A_{i,j}$ 是否存在二次散射有效路径的具体步骤为：

根据 $\alpha_{a\_i,j}$ 和 $\alpha_{gr\_i,j}$ 计算 $A_{i,j}$ 的法向量 $\hat{n}_{i,j}$；

根据 $\hat{n}_{i,j}$ 和电磁波出射矢量 $\hat{k}_s$ 计算 $A_{i,j}$ 满足镜面反射的入射矢量 $\hat{k}_{r\_i,j}$；

经过点 P 作方向为 $\hat{k}_{r\_i,j}$ 的直线与面元 $A_{i,j}$ 所在的平面相交于点 $R_{i,j}$，则 $R_{i,j}$ 即为满足散射介电粒子 P 与面元 $A_{i,j}$ 有效二次散射的镜面反射点；

判断 $R_{i,j}$ 是否在面元 $A_{i,j}$ 内部，若在内部，则散射介电粒子 P 与面元 $A_{i,j}$ 存在二次散射有效路径，否则不存在；

若存在二次散射有效路径，则经过点 P 作方向为 $\hat{n}_{i,j}$ 的直线与面元 $A_{i,j}$ 所在的平面相交于点 $E_{i,j}$，则 $E_{i,j}$ 即为散射介电粒子 P 与面元 $A_{i,j}$ 有效二次散射的等效散射相位中心。

针对步骤1）拟合得到的大尺度平面的每个面元进行上述步骤的处理，即可得到某个散射介电粒子的在起伏地表下的所有二次散射有效路径及相应的等效相位中心。

3）二次散射有效路径快速计算，三维森林场景中每株树木可以看成由成千上万个的散射介电粒子组成，整个森林场景的散射粒子数量可能达到百万甚至千万的量级，全部按照步骤2）计算量很大，故采用划分三维网格的方式，实现二次散射有效路径的快速计算，具体为：

三维森林场景均匀划分为三维网格，所有的散射介电粒子根据空间位置分布在对应的网格内，网格的尺寸小于 SAR 二维分辨率，如附图5所示（图略）。

将每个网格中心看成一个虚拟散射介电粒子，按照步骤2）给出的方法计算二次散射有效路径，建立每个网格中心的二次散射有效路径表；

针对某个散射介电粒子，其二次散射有效路径看成与其所在的网格中心一致，通过查表的方式获取其二次散射有效路径，根据有效路径计算相应的等效相位中心；

针对所有散射介电粒子进行上述步骤处理则可以获取整个三维森林场景的二次散射有效路径及相应的等效相位中心。

若在步骤1）拟合得到的徂徕山区大尺度面元 DEM 上生长一株阔叶树，树高 20 m，阔叶树被离散化为 1 000 个散射介电粒子，分别采用基于单一坡度地表模型的计算方法和本发明的计算方法计算阔叶树的有效二次散射情况，计算结果如附图6所示（图略）。

其中，基于单一坡度地表模型的计算方法计算得到的二次散射有效路径数量为 1 000 条，即每个散射介电粒子存在且仅存在 1 条，而且其等效散射相位中心分布在单一坡度的地表上；采用本发明的方法，二次散射有效路径共计算得到 2 171 条，平均每个散射介电粒子存在 2 条，而且其等效散射中心分布范围较大，与地表面的最大高度差接近 5 m，与真实地形特性相符，真实的山地、丘陵等地形中大尺度起伏特征是普遍存在的，采用本发明的方法计算这些地区森林的 SAR 二次散射有效路径更加逼近实际情况，这说明，按照本发明提供的技术方案进行起伏地形下的 SAR 森林二次散射有效路径计算可以达到预期目的，可为山区、丘陵地带森林的 SAR 遥感数据模拟以及森林参数反演算法研究提供支撑。

2．技术交底书解读

该案例提供了一种基于起伏地形的 SAR 森林二次散射有效路径计算方法，给出了 3 个步骤：1）是将地表沿方位向和地距向均匀划分为大尺度面源；2）是对大尺度面元进行遍历，从而获得每个散射介电粒子的在起伏地表下的所有二次散射有效路径及相应的等效相位中心；3）是将三维森林场景均匀划分为三维网格，使用网格中心代表该网格中所有散射介电粒子，求得二次散射有效路径。技术交底书中针对每个步骤既有概括性限定，又有详细的具体限定。

阅读该技术交底书后，需要思考两个问题：
需要思考的问题 1：避免将非必要技术特征写入权利要求。

技术交底书的步骤 2）为"针对某散射介电粒子，使用步骤 1）拟合得到的所有大尺度平面，由入射角度、大尺度面元的坡度坡向和中心位置，以及某空间位置的共同决定二次散射的有效路径和等效相位中心，使用该步骤对于全部大尺度面元进行遍历，从而获得每个散射介电粒子的在起伏地表下的所有二次散射有效路径及相应的等效相位中心"；同时交底书中给出步骤 2）针对散射介电粒子的计算二次散射有效路径和相应的等效相位中心的具体步骤，需要判断该具体步骤是否为必要技术特征。

需要思考的问题 2：是否有不容易实现的步骤，需要发明人确认。

在步骤 2）中，需要对所有的大尺度面元进行遍历，经专利代理师与发明人讨论，若遍历不加选择地在步骤 1）中获取的所有大尺度面元中进行，则在遍历过程中，若所针对的场景较大，该步骤 2）实现困难。

为解决交底书存在的上述问题，在撰写权利要求时，应当对实际问题进行分析，从使用技术手段解决实际问题的角度入手对本方法的各步骤进行撰写。

3. 技术交底书补充结果

发明人针对步骤2）补充了以下技术特征：

在步骤2）中，若场景较大，对所有面元进行遍历计算量较大，本发明采用三个条件限定遍历的面元范围：

一是仅沿距离向遍历，由于散射介电粒子与地表发生镜面反射主要集中在沿着电磁波入射的方向上（即距离向），因此仅搜索散射介电粒子在地表投影点所对应的地距向面元；

二是仅遍历近距方向，由于散射介电粒子不可能远距方向的地表面元发生二次散射，因此仅遍历比散射介电粒子在地表投影点更接近雷达一侧的面元；

三是小范围搜索，由于树冠对电磁波产生一定衰减作用，因此即使距散射介电粒子较远处的面元存在二次散射有效路径，二次散射波返回雷达的能量也相对较小，因此仅搜索散射介电粒子在地表投影点附近的面元。

需要对这一补充内容进行分析，判断该技术内容是否属于必要技术特征。

审查指南中对于必要技术特征的定义为：必要技术特征是指，发明或者实用新型为解决其技术问题所不可缺少的技术特征，其综合足以构成发明或者实用新型的技术方案，是指区别于背景技术中所述的其他方案。而判断某一技术特征是否为必要技术特征，应当从所要解决的技术问题出发并考虑交底书描述的整体内容，不应简单地将交底书中的技术特征直接认定为必要技术特征。

做出判断之后，若为必要技术特征则直接将其写入独立权利要求中；若为非必要技术特征，即附加技术特征，则撰写从属权利要求，以对独立权利要求进行进一步限定或者增加，并确定引用关系。在一件专利申请的权利要求书中，独立权利要求所限定的一项发明或者实用新型的保护范围最宽。而从属权利要求用附加技术特征对所引用的权利要求做了进一步的限定，所以其保护范围落在其所引用的权利要求的保护范围之内。

2.5.3 权利要求书和说明书的撰写思路

1. 确定本发明的主要改进点

本发明提供了一种基于起伏地形的 SAR 森林二次散射有效路径计算方

法,打破了现有方法仅考虑最多仅有一条有效路径的情况仅针对水平地表或小倾斜的粗糙度表的局限性,降低了对山区或丘陵地带进行二次散射有效路径的计算误差。

因此交底书中的步骤1)与步骤2)即可解决本专利所提出的技术问题为本发明的主要改进点。

2. 确定最接近的现有技术及其问题

依据本发明所解决的技术问题:打破了现有方法仅考虑最多仅有一条有效路径的情况、仅针对水平地表或小倾斜的粗糙度表的局限性,降低了对山区或丘陵地带进行二次散射有效路径的计算误差。

在背景技术中应当罗列目前已有的SAR森林二次散射计算方法,其均基于水平地表或小倾斜的粗糙度表,仅针对地表的斜率固定、坡度通常不发生变化的情况适用,在这种情况下,SAR森林二次散射有效路径最多仅有一条。而对于山区及丘陵地带,真实的地表大都存在坡度的变化,此时,随着地表坡度的变化,SAR森林二次散射有效路径可能不存在也可能存在多条。

因此目前已有的SAR森林二次散射计算方法,应用于山区或丘陵地带进行二次散射有效路径的计算时,会引入较大的误差,导致计算结果与真实自然环境的特点不一致,严重影响了计算结果在SAR森林遥感信号模拟和结构参数反演方面的应用。

3. 基于最接近的现有技术,确定本申请所要解决的技术问题

本发明所提出的技术问题为:打破了现有方法仅考虑最多仅有一条有效路径的情况仅针对水平地表或小倾斜的粗糙度表的局限性,降低了对山区或丘陵地带进行二次散射有效路径的计算误差。

4. 确定权利要求的主题

从该技术交底书的内容来看,本发明是一种基于起伏地形的SAR森林二次散射有效路径计算方法,属于方法类权利要求。

5. 确定独立权利要求的必要技术特征——独立权利要求的撰写

分析技术交底书所提出的技术问题,即考虑了起伏地表的表面坡度,对于森林场景中每个散射介电粒子计算其多个二次散射有效路径。

因此可以得出分析结果:交底书中的步骤1)与步骤2)即可解决本专

利所提出的技术问题，而步骤3）不过是步骤2）的快速算法，是一种能够获得较好效果的优选方式，因此在进行初稿的撰写的时候，为能够尽量使权利要求1的保护范围更大，可以仅仅在权利要求1中对步骤1）与步骤2）的具体过程进行描述。而将步骤3）写为从属权利要求。

6. 说明书的撰写

本案例的说明书撰写主要涉及具体实施方式。

说明书对优选的具体实施方式应当描述详细，以使发明所述技术领域的技术人员能够实现该发明为最终目的。对于技术方案难以用文字清晰表达的情况，可以配图以及具有具体数据的实例来补充描述。

本案中，为了详细描述子网划分时的抽象概念，使用了一个具体的例子来进行表述：

"本发明针对在步骤1拟合得到的徂徕山区大尺度面元DEM图上生长一株阔叶树，树高20 m，阔叶树被离散化为1 000个散射介电粒子，分别采用基于单一坡度地表模型的计算方法和本发明的计算方法计算阔叶树的有效二次散射情况，计算结果如图5（a）、图5（b）、图5（c）所示，其中，基于单一坡度地表模型的计算方法计算得到的二次散射有效路径数量为1 000条，即每个散射介电粒子存在且仅存在1条，而且其等效散射相位中心分布在单一坡度的地表上；采用本发明的方法，二次散射有效路径共计算得到2 171条，平均每个散射介电粒子存在2条，而且其等效散射中心分布范围较大，与地表面的最大高度差接近5 m，与真实地形特性相符，真实的山地、丘陵等地形中大尺度起伏特征是普遍存在的，采用本发明的方法计算这些地区森林的SAR二次散射有效路径更加逼近实际情况，这说明，按照本发明提供的技术方案进行起伏地形下的SAR森林二次散射有效路径计算可以达到预期目的，可为山区、丘陵地带森林的SAR遥感数据模拟以及森林参数反演算法研究提供支撑。"

为确保例子正确无误，此处的例子应当由发明人提供或者由发明人确认。

2.5.4 最终递交的申请文件

权利要求书

1．一种基于起伏地形的SAR森林二次散射有效路径计算方法，其特征在于，包括以下步骤：

步骤1：针对任一三维场景，获得其地表的反演地面数字高程DEM

图，所述 DEM 图由一定数量的小面元组成，对于每个小面元进行均匀采样获取采样点，选取一定范围块对所有采样点分别沿方位向和地距向进行分块，将分于同一块的采样点进行拟合，得到的拟合平面记为大面元，则地表被划分出大面元集合。

选取范围块的依据是：对范围块内的采样点进行拟合得到的大面元为矩形并且边长大于入射波波长。

对于拟合得到的大面元 $A_{i,j}$，其方位向坡度角为 $\alpha_{a\_i,j}$ 和地距向坡度角为 $\alpha_{gr\_i,j}$，其中 i 为方位向大面元序号，j 为地距向大面元序号。

步骤 2：由合成孔径雷达 SAR 向所述三维场景发射电磁波，令 $\hat{k}_i$ 为电磁波的入射矢量，$\hat{k}_s$ 为示电磁波的出射矢量，$\hat{k}_i$ 与 $\hat{k}_s$ 平行，选择三维场景中一散射点作为散射介电粒子 P，本步骤分为以下步骤：

步骤 201：根据 $\alpha_{a\_i,j}$ 和 $\alpha_{gr\_i,j}$ 计算 $A_{i,j}$ 的法向量 $\hat{n}_{i,j}$；

步骤 202：根据 $\hat{n}_{i,j}$ 和 $\hat{k}_s$ 计算 $A_{i,j}$ 满足镜面反射的入射矢量 $\hat{k}_{r\_i,j}$；

步骤 203：经过点 P 作方向为 $\hat{k}_{r\_i,j}$ 的直线与面元 $A_{i,j}$ 所在的平面相交于点 $R_{i,j}$，则 $R_{i,j}$ 即为满足 P 与面元 $A_{i,j}$ 有效二次散射的镜面反射点；

步骤 204：判断若 $R_{i,j}$ 在 $A_{i,j}$ 内部，则 P 与 $A_{i,j}$ 存在二次散射有效路径，否则 P 与 $A_{i,j}$ 不存在二次散射有效路径；

步骤 205：若 P 与面元 $A_{i,j}$ 存在二次散射有效路径，则经过点 P 作方向为 $\hat{n}_{i,j}$ 的直线与 $A_{i,j}$ 所在的平面相交于点 $E_{i,j}$，$E_{i,j}$ 即为 P 与 $A_{i,j}$ 有效二次散射的等效散射相位中心；

步骤 206：将步骤 1 得到的大面元均针对 P 进行步骤 201～步骤 205 的处理，即可得到 P 的所有二次散射有效路径及相应的等效相位中心。

步骤 3：所述三维场景中所有散射点均进行步骤 2 的处理，即可得到三维场景中任一散射点的所有二次散射有效路径及相应的等效相位中心。

2. 如权利要求 1 所述的一种基于起伏地形的 SAR 森林二次散射有效路径计算方法，其特征在于，所述步骤 206 为：

步骤 2061：在步骤 1 划分的大面元中选择散射介电粒子在地表投影点所对应的地距向面元；

步骤 2062：在步骤 2061 获得的地距向面元中选择比散射介电粒子在地表投影点更接近雷达一侧的面元；

步骤 2063：在步骤 2062 获得的面元中选择散射介电粒子在地表投影点设定范围内的面元；

步骤2064：将步骤2063获得的面元进行步骤201～步骤205的处理。

3. 如权利要求1所述的一种基于起伏地形的SAR森林二次散射有效路径计算方法，其特征在于，所述步骤3为：

步骤301：将三维森林场景均匀划分为三维网格，所有的散射介电粒子根据空间位置分布在对应的网格内，选取网格的最大边长小于SAR二维分辨率；

步骤302：按照步骤2计算每个网格中心处散射介电粒子的二次散射有效路径，建立网格中心与二次散射有效路径的关系；

步骤303：针对任一散射介电粒子Q，获取Q所在网格中心的二次散射有效路径作为Q的二次散射有效路径。

说明书

一种基于起伏地形的SAR森林二次散射有效路径计算方法

技术领域

本发明涉及属于合成孔径雷达森林遥感技术领域。

背景技术

近年来，合成孔径雷达SAR在林业遥感中得到了广泛的应用，成为定量提取生物量、平均树高、垂直结构等森林参数的有效方式。

对于一幅三维场景图，对其地表进行模拟或者依据实测数据可以获得反演地面数字高程DEM图，森林结构参数进行定量反演时，由于树干表面通常情况下较为粗糙，因此呈现出较强的漫散射特征，镜面方向反射不明显；而地表在远场效应、大尺度条件下呈现较强的镜面反射特性，非镜面反射方向强度明显较弱。上述树干双基地散射、地表镜面反射的散射路径为二次散射的主要成分，此即为SAR森林二次散射有效路径。

由此可以看出，地形起伏是影响森林参数定量反演精度的重要因素之一。地形起伏使雷达局部入射角发生改变，造成森林雷达散射机理发生变化，大大增加了森林参数反演的难度。只有深入了解地形对森林雷达散射的影响，并能够在地形起伏情况下对SAR森林二次散射进行准确计算，才能够正确地反演森林结构参数。

对于山区及丘陵地带，真实的地表大都存在坡度的变化，此时，随着地表坡度的变化，SAR森林二次散射有效路径可能不存在也可能存在多条。而目前已有的SAR森林二次散射计算方法均基于水平地表或小倾斜的粗糙度表，仅针对地表的斜率固定、坡度通常不发生变化的情况适用，在这种情况下，SAR 森林二次散射有效路径最多仅有一条。因此采用目前已有的计算方法，对于山区或丘陵地带进行二次散射有效路径的计算时也仅仅考虑最多仅有一条有效路径的情况则会引入较大的误差，导致计算结果与真实自然环境的特点不一致，严重影响了计算结果在 SAR 森林遥感信号模拟和结构参数反演方面的应用。

发明内容

有鉴于此，本发明提供了一种基于起伏地形的 SAR 森林二次散射有效路径计算方法，打破了现有方法仅考虑最多仅有一条有效路径的情况仅针对水平地表或小倾斜的粗糙度表的局限性，降低了对山区或丘陵地带进行二次散射有效路径的计算误差。

为达到上述目的，本发明的技术方案为：【参见权利要求书】

有益效果

1. 本发明深入了解地形对森林雷达散射的影响，充分考虑了地表具有大尺度起伏特征时森林雷达二次散射可能不存在或存在多条二次散射有效路径的情况，能够有效地表征地形起伏情况下森林的雷达二次散射特征，从而打破了现有方法仅针对水平地表或小倾斜的粗糙度表的局限性，使得可为山区、丘陵地带森林的 SAR 遥感数据模拟以及森林参数反演算法研究提供支撑。

2. 本发明考虑到算法中计算量较大的问题，结合反演的实际情况，提出了有效的快速算法，在保证算法精度的基础上大大减少了计算量。

附图说明

图 1 为本发明实施例中机载激光雷达实测的徂徕山 DEM 图；

图 2 为本发明实施例中步骤 1) 拟合得到的大尺度面元 DEM 图；

图 3 为本发明实施例中二次散射有效路径计算示意图；

图 4 为本发明实施例中二次散射有效路径快速计算示意；

图 5 为本发明实施例中计算结果示意图，(a) 为阔叶树的几何示意图，(b) 为采用基于单一坡度地表模型的计算结果，(c) 为采用本发明的计算方法的计算结果。

具体实施方式

下面结合附图并举实施例，对本发明进行详细描述。

本实施例采用机载激光雷达获取的山东省徂徕山地区的反演地面数字高程 DEM 图作为起伏地形实例，如图 1 所示。

一种基于起伏地形的SAR森林二次散射有效路径计算方法,步骤如下:

步骤1:将地表地形沿方位向和地距向均匀划分为大面元,大面元的要求为:大面元的边长大于入射波波长。

其中所获得的地表的反演地面数字高程DEM图由一定数量的小面元组成,其每个面元可以看成具有一定坡度(二维)的无限大介电平面。

由于真实地表通常叠加了小尺度的粗糙起伏,为了避免小尺度粗糙的影响,所以本发明使用平面拟合的方式将地表沿方位向和地距向均匀划分出大面元,具体为:在小面元的DEM图中,对于每个小面元进行均匀采样获取采样点,选取一定范围块,对所有采样点沿方位向和地距向以该范围块进行分块,将划分于同一块的采样点进行拟合,得到的拟合平面记为大面元,则地表被划分出大面元集合。

选取范围块的依据是:对范围块内的采样点进行拟合得到的大面元为矩形并且边长大于入射波波长。

对于拟合得到的大面元 $A_{i,j}$,其方位向坡度角为 $\alpha_{a\_i,j}$ 和地距向坡度角为 $\alpha_{gr\_i,j}$,其中 i 为方位向大面元序号,j 为地距向大面元序号。

其中方位向为雷达运动方向,地距向为电磁波传播方向的水平分量。

本步骤中拟合得到的大面元 DEM 如图 2 所示。

步骤2:使用合成孔径雷达SAR发射电磁波对森林场景进行散射模拟,在步骤1拟合的大平面下,二次散射有效路径由入射角度、大尺度面元的坡度坡向和中心位置,以及散射介电粒子空间位置的共同决定。

$\hat{k}_i$ 和 $\hat{k}_s$ 分别表示SAR的电磁波入射矢量和出射矢量,P 点为森林场景中任一散射介电粒子,则求解 P 与 $A_{i,j}$ 之间二次散射有效路径的具体步骤为:

步骤201:根据 $\alpha_{a\_i,j}$ 和 $\alpha_{gr\_i,j}$ 计算 $A_{i,j}$ 的法向量 $\hat{n}_{i,j}$;假设建立如图3所示的空间坐标系,以竖直向上的方向为 z 轴,以水平面为 xoy 面,其中方位向为 y 轴,地距向为 x 轴,则对于 $A_{i,j}$ 来说,$\alpha_{a\_i,j}$ 为 $A_{i,j}$ 面与 y 轴夹角,$\alpha_{gr\_i,j}$ 为 $A_{i,j}$ 面与 x 轴夹角,则根据 $A_{i,j}$ 边长与角度的关系,可建立 $A_{i,j}$ 边长的矢量,两相邻边长矢量作叉乘即得 $A_{i,j}$ 的法向量 $\hat{n}_{i,j}$。

步骤202:由法向量 $\hat{n}_{i,j}$ 和电磁波出射矢量 $\hat{k}_s$ 计算 $A_{i,j}$ 满足镜面反射的入射矢量 $\hat{k}_{r\_i,j}$;$\hat{k}_{r\_i,j}$ 和 $\hat{k}_s$ 为镜面反射,关于 $\hat{n}_{i,j}$ 对称且在 $\hat{k}_{r\_i,j}$ 和 $\hat{n}_{i,j}$ 组成的面上。

步骤203:由于地表在远场效应、大尺度条件下呈现较强的镜面反射特性,非镜面反射方向强度明显较弱;因此对于点 P,其与 $A_{i,j}$ 的有效二

次散射的反射点即为镜面反射点,求该镜面反射点的具体方法为:

经过点 P 作方向为 $\hat{k}_{r\_i,j}$ 的直线与面元 $A_{i,j}$ 所在的平面相交于点 $R_{i,j}$,则 $R_{i,j}$ 即为满足散射介电粒子 P 与面元 $A_{i,j}$ 有效二次散射的镜面反射点。

步骤 204:由于散射介电粒子 P 与面元 $A_{i,j}$ 可能并不存在二次散射有效路径,因此需要作出如下判断:判断 $R_{i,j}$ 是否在面元 $A_{i,j}$ 内部,若在内部,则散射介电粒子 P 与面元 $A_{i,j}$ 存在二次散射有效路径,否则不存在。

步骤 205:若存在二次散射有效路径,则经过点 P 作方向为 $\hat{n}_{i,j}$ 的直线与面元 $A_{i,j}$ 所在的平面相交于点 $E_{i,j}$,则 $E_{i,j}$ 即为 P 与 $A_{i,j}$ 有效二次散射的等效散射相位中心。

步骤 206:针对步骤 1 拟合得到的大尺度平面的每个面元进行上述步骤的处理,即可得到 P 的在起伏地表下的所有二次散射有效路径及相应的等效相位中心。

步骤 3:所述三维场景中所有散射点均进行步骤 2 的处理,即可得到三维场景中任一散射点的所有二次散射有效路径及相应的等效相位中心。

针对三维森林场景中所有的散射介电粒子进行上述步骤的处理和判断,则可以得到整个森林场景的二次散射有效路径和对应的等效散射中心;但是,当场景较大时,对所有面元进行遍历判断的计算量较大,因此对于步骤 206 本发明采用以下方法限定所处理面元的范围:

步骤 2061:由于散射介电粒子与地表发生镜面反射主要集中在沿着电磁波入射的方向上,即地距向,因此仅选择散射介电粒子在地表投影点所对应的地距向面元;在本实施例中,假设点 P 在地表投影点位于大面元 $A_{2,3}$,则选取 $A_{2,3}$ 所对应的地距向面元,即 $A_{2,1}$、$A_{2,2}$、$A_{2,3}$。

步骤 2062:由于散射介电粒子不可能在远距方向的地表面元发生二次散射,因此在步骤 2061 选择的地距向面元中选择比散射介电粒子在地表投影点更接近雷达一侧的面元;在本实施例中,由 SAR 的电磁波入射矢量 $\hat{k}_i$ 可以看出,SAR 应位于点 P 的左侧,则在步骤 2061 所选择的 $A_{2,1}$、$A_{2,2}$、$A_{2,3}$ 中 $A_{2,1}$、$A_{2,2}$ 为更接近雷达一侧的面元。

步骤 2063:进行小范围搜索,由于树冠对电磁波产生一定衰减作用,因此即使距散射介电粒子较远处的面元存在二次散射有效路径,二次散射波返回雷达的能量也相对较小,因此在步骤 2062 选择的更接近雷达一侧的面元中选择散射介电粒子在地表投影点小范围内的面元;在本实施例中,可对该小范围进行设定,并进行实验,选择实验结果最佳的设定值作为该小范围的设定值。在本实施例中假设该小范围的设定值恰好仅包含与

其最接近的 $A_{2,2}$ 面，则在本次二次散射有效路径的计算中，仅计算 P 与面元 $A_{2,2}$ 的二次散射有效路径即可，由此大大减少了计算量。

在进行二次散射有效路径的计算时，选择森林场景中的散射点作为散射介电粒子，则三维森林场景中每株树木均由成千上万个的散射介电粒子组成，整个森林场景的散射粒子数量可能达到百万甚至千万的量级。因此在步骤3中，对于数量巨大的散射介电粒子，每个散射介电粒子均使用本实施例中提供的步骤2进行计算，为减少计算量，本实施例提供如下方法，采用划分三维网格的方式，实现二次散射有效路径的快速计算，具体为：

步骤301：将三维森林场景均匀划分为三维正方体网格，所有的散射介电粒子根据空间位置分布在对应的网格内，选取网格的尺寸小于SAR二维分辨率，如图4所示。

步骤302：计算每个网格中心处散射介电粒子的二次散射有效路径，建立网格中心与二次散射有效路径的关系。

步骤303：针对任一散射介电粒子 Q，获取 Q 所在网格中心的二次散射有效路径作为 Q 的二次散射有效路径。

针对三维森林场景中所有散射介电粒子均以其所在网格的网格中心的二次散射有效路径作为其二次散射有效路径，由此获取整个三维森林场景的二次散射有效路径。

本发明针对在步骤1拟合得到的徂徕山区大尺度面元DEM图上生长的一株阔叶树，树高20 m，阔叶树被离散化为1 000个散射介电粒子，分别采用基于单一坡度地表模型的计算方法和本发明的计算方法计算阔叶树的有效二次散射情况，计算结果如图5（a）、图5（b）、图5（c）所示，其中，基于单一坡度地表模型的计算方法计算得到的二次散射有效路径数量为1 000条，即每个散射介电粒子存在且仅存在1条，而且其等效散射相位中心分布在单一坡度的地表上；采用本发明的方法，二次散射有效路径共计算得到2 171条，平均每个散射介电粒子存在2条，而且其等效散射中心分布范围较大，与地表面的最大高度差接近5 m，与真实地形特性相符，真实的山地、丘陵等地形中大尺度起伏特征是普遍存在的，采用本发明的方法计算这些地区森林的SAR二次散射有效路径更加逼近实际情况，这说明，按照本发明提供的技术方案进行起伏地形下的SAR森林二次散射有效路径计算可以达到预期目的，可为山区、丘陵地带森林的SAR遥感数据模拟以及森林参数反演算法研究提供支撑。

说明书附图

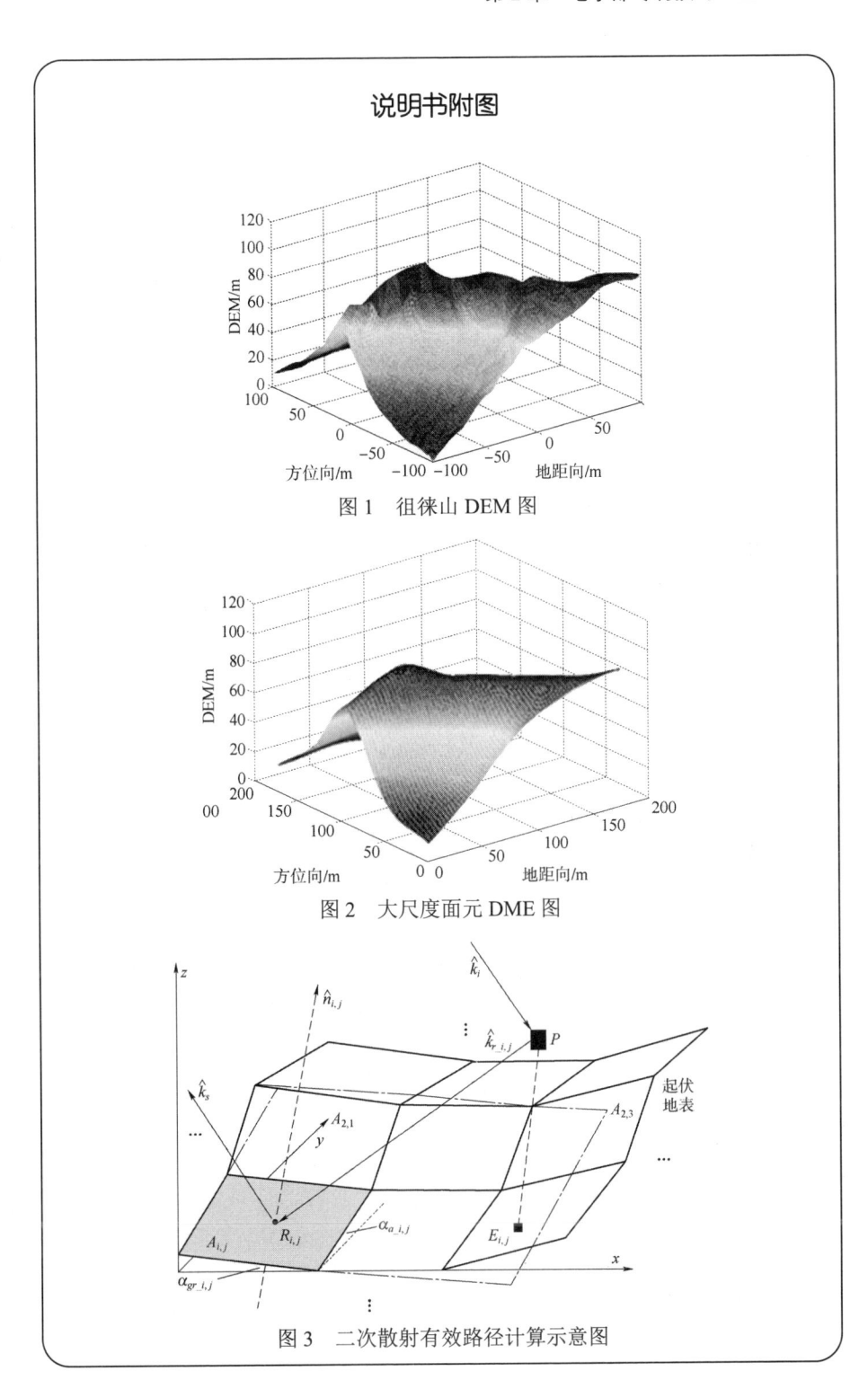

图 1 徂徕山 DEM 图

图 2 大尺度面元 DME 图

图 3 二次散射有效路径计算示意图

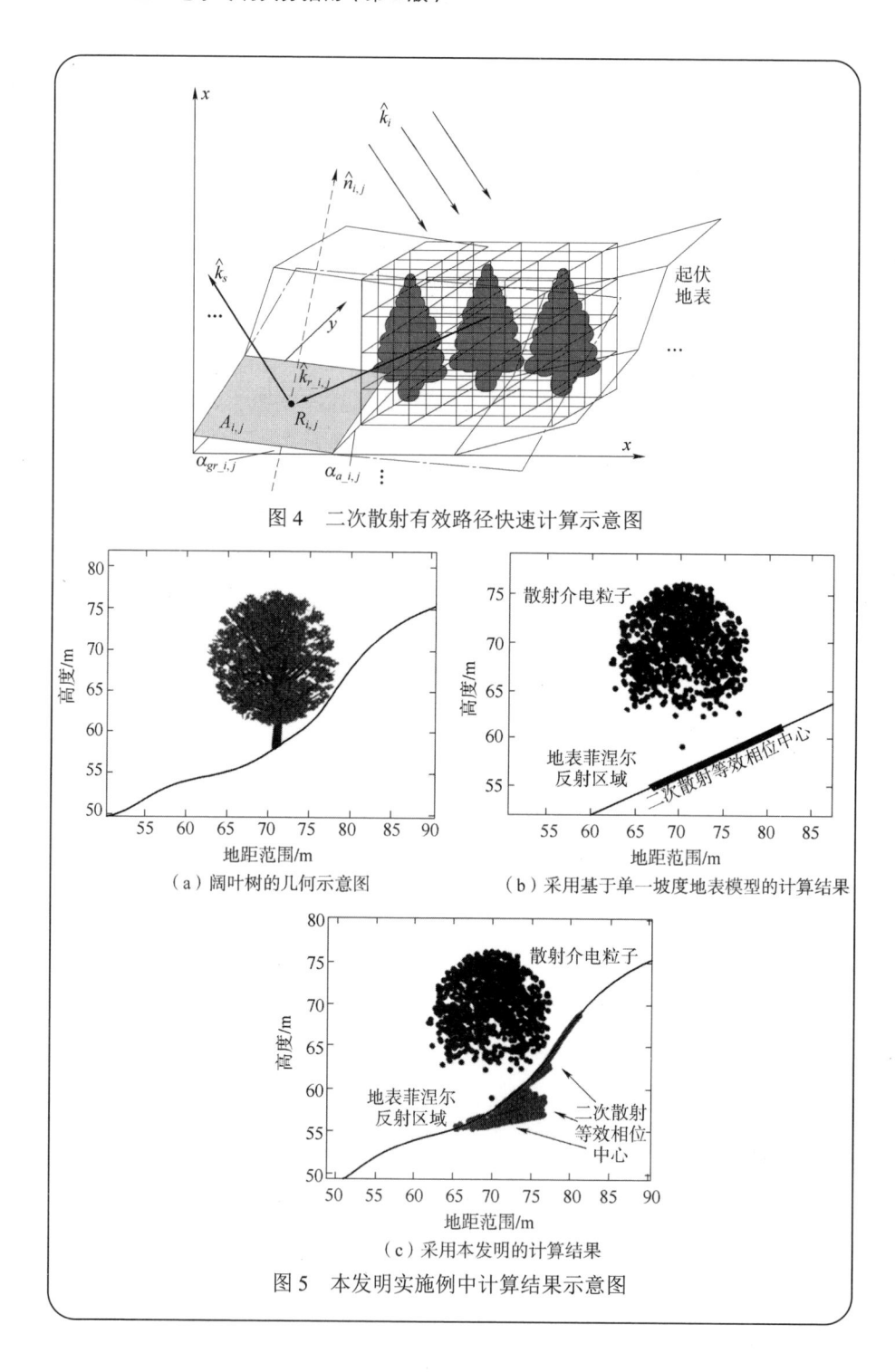

图 4 二次散射有效路径快速计算示意图

（a）阔叶树的几何示意图

（b）采用基于单一坡度地表模型的计算结果

（c）采用本发明的计算结果

图 5 本发明实施例中计算结果示意图

2.5.5 小结

（1）该案例涉及权利要求书的撰写。对于专利代理师来说，在技术交底书的基础上，应当进行揣摩分析，首先罗列出本技术方案的所有技术特征。其次分析每个技术特征，判断哪些技术特征属于必要技术特征，即要解决技术问题不可或缺的技术特征；判断哪些技术特征属于附加技术特征，即具有附加技术效果的技术特征。将必要技术特征作为独立权利要求进行撰写，将附加技术特征作为从属权利要求进行撰写。

（2）确定引用关系：在后的权利要求可以引用在前权利要求。在后权利要求可以引用 2 项以上的在先权利要求，称为多项从属权利要求，但是只能是择一引用的方式，可以采用"如权利要求 1 至 4 任意一项所述的……"或者"如权利要求 1、2、3 或 4 所述的……"的表述。从属权利要求与其引用的权利要求有两种关系，一种是限定，一种是增加。限定类型的从权是对在前权利要求中以涉及的特征的细化，增加是指增加在前权利要求没有涉及的特征，通常采用"进一步包括"的表达形式。需要注意的是，多项从属权利要求不能引多项从属权利要求，这将会导致技术方案组合过多，给审查造成过大的困难。

2.6 案例 6 基于 GeoSOT 剖分编码的网络地址设计方法和数据资源调度方法

2.6.1 案例类型概述

1．案例类型及其相关法律法规

该案例属于电学方法类专利的典型案例，也是易落入智力活动的规则与方法范畴的典型案例。

根据《专利法》第二十五条第一款第（二）项规定，对于智力活动的规则和方法不授予专利权。

在《专利审查指南》第二部分第一章第 4 节 4.2 中，针对《专利法》第二十五条第一款第（二）项规定进行如下解释：

智力活动，是指人的思维运动，它源于人的思维，经过推理、分析和判断产生出抽象的结果，或者必须经过人的思维运动作为媒介，间接地作用于自然产生结果。智力活动的规则和方法是指导人们进行思维、表述、判断和记忆的规则和方法。由于其没有采用技术手段或者利用自然规律，也未解决技术问题和产生技术效果，因而不构成技术方案。它既不符合《专利法》第二条第二款的规定，又属于《专利法》第二十五条第一款第（二）项规定的情形。因此，指导人们进行这类活动的规则和方法不能被授予专利权。

2. 案例类型的撰写思路

《专利审查指南》第二部分第一章第 4 节 4.2 中，给出了在判断涉及智力活动的规则和方法的专利申请要求保护的主题是否属于可授予专利权的客体时，应当遵循以下原则：

（1）如果一项权利要求仅仅涉及智力活动的规则和方法，则不应当被授予专利权。

如果一项权利要求，除其主题名称以外，对其进行限定的全部内容均为智力活动的规则和方法，则该权利要求实质上仅仅涉及智力活动的规则和方法，也不应当被授予专利权。

【例如】

审查专利申请的方法；

组织、生产、商业实施和经济等方面的管理方法及制度；

交通行车规则、时间调度表、比赛规则；

演绎、推理和运筹的方法；

图书分类规则、字典的编排方法、情报检索的方法、专利分类法；

日历的编排规则和方法；

仪器和设备的操作说明；

各种语言的语法、汉字编码方法；

计算机的语言及计算规则；

速算法或口诀；

数学理论和换算方法；

心理测验方法；

教学、授课、训练和驯兽的方法；

各种游戏、娱乐的规则和方法；

统计、会计和记账的方法；

乐谱、食谱、棋谱；

锻炼身体的方法；

疾病普查的方法和人口统计的方法；

信息表述方法；

计算机程序本身。

（2）除了上述（1）所描述的情形之外，如果一项权利要求在对其进行限定的全部内容中既包含智力活动的规则和方法的内容，又包含技术特征，则该权利要求就整体而言并不是一种智力活动的规则和方法，不应当依据《专利法》第二十五条排除其获得专利权的可能性。

需要特别说明的是，涉及商业模式的权利要求，如果既包含商业规则和方法的内容，又包含技术特征，则不应当依据《专利法》第二十五条排除其获得专利权的可能性。

根据上述（1）和（2）的规定，对于专利代理师，在遇到可能涉及容易落入智力活动的规则与方法范畴的技术交底书时，不能因为其包含的一部分内容属于智力活动的规则和方法就对整个技术交底书全盘否定，应当针对技术交底书中给出的技术方案进行整体分析，并根据整体分析结果进行以下处理：

① 若在对技术交底书中技术方案进行整体分析的过程中，能够找出其中包含技术手段或者利用自然规律的部分方案，分析其解决技术问题和产生技术效果，并对其进行整理并进一步加工使其符合专利法中对专利客体的要求，以避免落入智力活动的规则和方法的范畴。

② 若在对技术交底书中技术方案进行整体分析的过程中，无法找出其中包含技术手段或者利用自然规律的部分，则可以尝试考虑以下途径：根据技术方案所解决的技术问题和产生的技术效果，是否能将该方案应用于某个技术领域，应用过程中可能涉及技术手段的变化和改进，这种变化和改进可能符合自然规律，从而避免落入智力活动的规则和方法的范畴。但是这部分思考工作已经涉及技术方案的实质性内容，需要有发明人协助。

2.6.2 技术交底书及解读

1. 技术交底书

名称：一种用于网络空间域名设计的网格编码方法

技术领域

本发明涉及地球空间信息组织、地理信息系统和计算机网络领域，具体涉及一种将 GeoSOT 网格编码进行适当扩展，进而在保证 GeoIP 编码长度固定的前提下实现对 IPv6 地址赋予地学含义的设计，基于该设计实现将网格编码用于计算机网络空间域名设计的方法。

背景技术

当前遥感影像是按照景、图幅、条带进行编目组织，存在尺度不统一、位置不统一、编码不统一的问题；当前遥感影像的存储管理系统采用时空存储体系，每次接收的数据记录在不同的文件中，彼此间的空间关联、尺度关联性弱的问题。当前空间数据管理采用在线、近线、离线三级存储体系，具有三级时间尺度调度能力，但很难实现空间上的多尺度调度。因此迫切需要寻求一种适应当前需要的空间数据管理模式。

关于空间数据管理，Goodchild 提出了空间数据基于地域组织管理的服务器结构模式。这种模式是将所有落在 A 县范围内的数据集全部记录存储在该县的服务器中，该地区数据搜索只需要查找这些服务器，因此可以提高效率。针对这一思路，北京大学提出基于全球剖分模型来组织全球空间数据，实现空间数据的空时存储模式，本专利从探索剖分网格编码与网络编址相结合的方法出发，实现地理区域与服务器之间的映射关系，进而为解决上述问题提供途径，成为本项发明的应用背景与出发点。

发明内容

针对上述问题，本发明以探寻将地理剖分网格编码与网络地址相结合为目标，设计以 GeoSOT 网格剖分编码为基础，依次设计 GeoIP 编码方案和 GeoIP 与 IPv6 结合的方法。本发明逻辑层次关系如图 1 所示，本发明的技术方案如下：

步骤 1：选取二进制 1 维 GeoSOT 网格编码方式，通过添加剖分层级生成二进制 GeoIP 编码。

由于 GeoSOT 网格编码包含地球表面空间从全球剖分至厘米级网格，共计 32 层级。由于 GeoSOT 网格编码长度不固定，不利于和网络地址的结合，因此，为了用固定长度的编码标识 GeoSOT 网格，在 GeoSOT 剖分编码前添加长度为 5 位的二进制剖分层级编码，该剖分层级编码能标识范围为 0~31，分别对应 32 个剖分层级。对于长度不固定的 GeoSOT 网格编码，当其不足 64 位时，余下的位置为 1。这样，GeoIP 包括 5 位的剖分层级编码和 64 位的 GeoSOT 网格编码，共计 69 位。

步骤 2：选取网络空间中应用越来越广泛的 Ipv6 地址空间，将 GeoIP 编码嵌入网络地址中。

由于 GeoIP 设计为 69 位二进制编码，因此，用 GeoIP 编码替代 Ipv6 地址中的后 69 位，从而使替代后的 IP 地址自身具有地学含义。嵌入 GeoIP 后的 IPv6 可以根据 GeoSoT 网格层级划分方式划分子网，使每个地址对应一个固定的 GeoSoT 网格，每个子网对应由多个网格聚合而成的 GeoSoT 网格。从而实现地理网格与网络地址的映射关系。

我们将在以下"具体实施方式"节，说明 GeoIP 的详细设计方案和 GeoIP 与 IPv6 的具体结合方法。

作为本发明应用之一，可以利用本设计方案构建地理空间数据的空时管理系统：首先，利用上述设计方案对现有系统的网络资源进行设置，使原有网络上的存储/计算资源具有 GeoSOT 网格标记，在此基础上，对老系统的索引途径进行适当的改造，使各作业环节（存储、检索、处理、表达、应用）的空间数据按照 GeoSOT 网格重新组织，最终实现提高系统运行效率的目的。

由以上本发明技术方案可见，本发明从构建剖分网格与网络地址映射的方法入手，首先将原本长度不固定的二进制 1 维 GeoSOT 网格编码扩展成为长度固定为 69 位的 GeoIP，进而将 GeoIP 嵌入 IPv6 地址中，从而实现地理区域位置与网络地址之间的映射关系。这样的设计方案，既继承了 GeoSOT 网格编码，又不改变现有的 IPv6 通信协议，只是通过编码将二者关联起来，使 IPv6 地址自身具有地理位置含义，进而为空时存储和组织全球空间数据提供参考。

具体实施方式（略）

为使本发明的目的、技术方案和优点表述更加清楚明白，以下结合附图，对本发明实现方法做详细说明。

图 1 为本发明中"GeoIP 编码方案""GeoIP 与 IPv6 结合方法"与 GeoSOT 剖分网格编码方案三者之间的逻辑关系示意图。

图 1 本发明的逻辑层次关系

本发明"一种用于网络空间域名设计的网格编码方法"主要包括：步

骤 1：GeoIP 编码设计；步骤 2：GeoIP 与 IPv6 的结合方法。

步骤 1：选取二进制 1 维 GeoSOT 网格编码方式，通过添加剖分层级生成二进制 GeoIP 编码。

由于 GeoSOT 网格编码包含地球表面空间从全球剖分至厘米级网格，共计 32 层级。

由于 GeoSOT 网格编码长度不固定，不利于和网络地址的结合，因此，为了用固定长度的编码标识 GeoSOT 网格，在 GeoSOT 剖分编码前添加长度为 5 位的二进制剖分层级编码，该剖分层级编码标识范围为 0～31，分别对应 32 个剖分层级。对于长度不固定的 GeoSOT 网格编码，当其不足 64 位时，余下的位置为 1 或 0（本方案采用 X 来表示）。这样，GeoIP 包括 5 位的剖分层级编码和 64 位的 GeoSOT 网格编码，共计 69 位。

与 GeoIP 对应的还有一个剖分掩码。剖分掩码设置策略如下：n 级网格对应的 GeoIP 编码中前 $(5+2\times n)$ 位全部用"1"表示，GeoIP 编码的余下 $69-(5+2\times n)$ 位数全部用"0"来表示。

例如，一个剖分网格编码为 01-10-01（为了便于观察，各层之间的编码用"-"隔开）的三级剖分网格，其剖分层级为 3，对应的 5 bit 剖分层级编码为 00010，（剖分层级编码从 0 开始到 31，所以剖分层级为 3 的二进制剖分级数编码为 00010），得到 00010-01-10-01，不够 69 位，则在编码的右边添加 x，直到达到 69 位二进制编码位置，最后得到其 GeoIP 为 00010-01-10-01-$xx\cdots xx$（后面 x 表示可以取 0 或 1，对 x 的位数进行省略表示）。根据剖分掩码的设计原则，该 GeoIP 对应的剖分掩码为：11111-11-11-11-11-00$\cdots$00（后面 0 的位数进行省略表示）。将剖分掩码与该剖分网格编码进行逻辑与操作，则得到的结果为 00010-01-10-01-00……00。

根据剖分掩码可以对在 GeoIP 中具有不确定的编码 $xx\cdots xx$ 进行屏蔽，这样，可使每个剖分网格都对应唯一一个 GeoIP 与剖分掩码相结合的编码。而多个 GeoIP 可以对应同一个剖分网格（从空间数据组织角度来说，这种特性使对于数据量大的网格区域可以设置多个 GeoIP 来扩展该网格区域对应的节点数量）。

前三级的部分剖分网格从 GeoSOT 网格编码到 GeoIP 之间对应关系如下表（表略）所示。

步骤 2：选取网络空间中应用越来越广泛的 Ipv6 地址空间，将 GeoIP 编码嵌入网络地址中。

由于 GeoIP 设计为 69 位二进制编码，因此，用 GeoIP 编码替代 Ipv6

地址中的后 69 位，从而替代后的 IP 地址自身具有地学含义。嵌入 GeoIP 后的 IPv6 可以根据 GeoSoT 网格层级划分方式划分子网，使每个地址对应一个固定的 GeoSoT 网格，每个子网对应由多个网格聚合而成的 GeoSoT 网格。从而实现地理网格与网络地址的映射关系。

按照步骤 1 设计的 GeoIP 编码模型，编码长度为 69 位，长度比现有的 IPv4 的 32 位长，且需要按照剖分层次划分，每个剖分层级的对应 GeoIP 编码中的固定几位。

为了便于 GeoIP 与网络地址的结合，选择编码长度为 128 位的 IPv6 作为基础，将 IPv6 的后 69 位用 GeoIP 来代替。并采用可变长度子网掩码（VLSM）对网络地址进行划分，使每个子网代表一个剖分层级或者代表一个剖分网格。

例如：假设选用的 IPv6 地址空间为：1 2 A B : 0 : 0 : C D 3 0/59，GeoIP 作为网络地址的后 69 位。

使用 IPv6 与 VLSM 相结合对申请到的网络地址进行子网划分，首先进行一级子网划分，选择第 60 位到第 64 位作为 1 级子网划分的子网号，按照表示子网号的第 60 位到第 64 位编码将申请到的地址空间划分出 32 个 1 级子网，每个 1 级子网代表处于一个剖分层级的网格集合。其中子网号为 00000 的 1 级子网表示的是处于一级剖分的 4 个网格的集合，该子网中包含对应 4 个一级剖分网格的地址节点。子网号为 00001 的 1 级子网表示的是 4×4 个二级剖分网格的集合，首先按照 2 级子网地址的格式对子网号为 00001 的 1 级子网划分为 0 到 3 号编码的 2 级子网，2 级子网是对 1 级子网的进一步划分，2 级子网的子网号为第 65 位到第 66 位，前 64 位为网络号。每个 2 级子网表示的是位于某 1 级剖分网格所包含的所有 2 级剖分网格的集合，每个 2 级子网包含对应 4 个二级剖分网格的地址节点。子网号为 00010 的 1 级子网代表的是 4×4×4 个三级剖分网格的集合，其子网划分方式参考对子网号为 00001 的 2 级子网的划分方式，最终划分到 3 级子网，每个 3 级子网包含对应 4 个三级剖分网格的地址节点。依次类推，一直到将子网号为 11111 的 1 级子网划分到 32 级子网，使每个 32 级子网包含对应的 4 个 32 级剖分网格。

子网的划分是按照剖分层级进行的，1 级子网将全球数据按照剖分层级分为 32 个层级；每个 2 级子网对应的是 1 级剖分网格；每个 3 级子网对应的是 2 级剖分网格；每个 32 级子网对应的是 31 级剖分网格。每级子网中的主机号对应的为其对应网格所处剖分层级的下一层级的各个网格，例如，2级子网对应的是1级剖分网格，2级子网中的主机为2级子网所表示的1级剖分网格所包含的各个2级子网格的对应节点。

寻址时，当一个IP分组到来时，路由器在它的路由表中查找该分组的目标地址。如果分组的目标在一个远程网络上，那么，它被转发到表中指定的接口上的下一台路由器。如果它的目标是一台本地主机，那么它直接发送给目标主机。如果在路由表中找不到分组的目标网络的话，路由器将此分组转发给一台有更多扩展表的默认路由器。这个算法意味着，每台路由器只需要记录下其他的网络和本地主机就可以了，而不是所有的网络和主机，从而大大减少路由表的表项。在路由时，需要将分组的目标地址与网络的子网掩码进行"与"操作来消除主机号，然后在路由表中查找此结果地址。

2. 技术交底书解读

对技术交底书进行分析，得到交底书内容概要如下：

背景技术：

使用一种全球剖分模型 GeoSOT 来组织全球空间数据，用于空间数据的组织和管理；Goodchild 提出了空间数据基于地域组织管理的服务器结构模式。这种模式是将所有落在 A 县范围内的数据集全部记录存储在该县的服务器中，该地区数据搜索只需要查找这些服务器，因此可以提高效率。

全球剖分模型 GeoSOT 在专利名称为"一种统一现有经纬度剖分网格的方法"的专利中有具体的描述，该专利的公开号为 CN102609525，申请日为 2012 年 2 月 10 日，该专利申请公开了一种 GeoSOT 地理网格设计方案，该方案采用全四叉树递归剖分，将地球表面空间从全球至厘米级共进行了 32 级剖分，并对每级剖分进行编码，解决了全球地理空间剖分和标识问题。

技术问题：

本发明所提出的技术问题有以下两个：

① 实现地理区域与服务器之间的映射关系，解决当前遥感影像的存储管理系统采用时空存储体系，每次接收的数据记录在不同的文件中，彼此间的空间关联、尺度关联性弱的问题。

② 在网络空间信息管理系统中实现对遥感影像数据的空时记录组织，从而在进行数据资源的调度时，只需根据调度目标的区域范围即可进行数据调度，能够提高数据资源的调度效率。

解决方案：

本专利将剖分网格编码与网络编址相结合，通过以下步骤来实现地理区域与服务器之间的映射关系：

步骤 1：选取二进制 1 维 GeoSOT 网格编码方式，通过添加剖分层级生成二进制 GeoIP 编码。

步骤 2：将 GeoIP 编码嵌入 Ipv6 网络地址中。

步骤 3：对嵌入 GeoIP 的 IPv6 进行子网划分。

同时该交底书提供了二进制 1 维 GeoSOT 网格编码方式以及剖分层级的添加原理，GeoIP 编码与 Ipv6 的结合方法，以及对嵌入 GeoIP 的 IPv6 进行子网划分的方法。

该案例提供的一种用于网络空间域名设计的网格编码方法，是非常容易落入智力活动的规则与方法范畴的典型案例。

该技术交底书使用了三个步骤：一是生成 GeoIP 编码；二是将 GeoIP 编码嵌入网络地址；三是子网划分方式的界定。

需要思考的问题 1：是否会落入智力活动的规则和方法的范畴。

网络地址的设计与分配通常具有一定的人为性，例如实际中通常会出现的情况是人为地将一定范围的网络地址分配给某学校，则该范围内的网络地址均可以表征该学校，若该网络地址设计与分配没有采用技术手段或利用自然规律，也未解决技术问题和产生技术效果，则属于智力活动的规则和方法，即为《专利法》第二十五条第一款第（二）项规定的不属于授权客体的范畴。

本发明是基于 GeoSOT 剖分编码进行网络地址的设计，在该设计的过程中，由于使用了 GeoSOT 地理网格设计方案，最终获得的 GeoIP 地址不仅能够实现对主机网络地址的编址，还可以标识主机所处的地理空间范围。

由此可见，本发明虽然表面上看属于智力活动的规则与方法，但是其技术交底书内容中采用了符合自然规律的技术手段，解决了所提出的技术问题，符合《专利法》第二十五条第一款第（二）项的规定。

建议：

为解决交底书存在的上述问题，在撰写权利要求时，应当回避发明人所列步骤，对实际问题进行分析，从使用技术手段解决实际问题的角度入手对本方法的各步骤进行撰写。

而分析交底书可知，本发明所解决的最实际的问题就是：一种网络地址的设计方法，该方法能够使每台主机所分配到的网络地址表征该主机所管理数据资源的地理位置。则该方法的权利要求可以从主机所管理数据资源出发，由地理位置获得 GeoIP 地址，本方法同时对于 GeoIP 地址提出了不同于传统技术的子网划分方式。

需要思考的问题 2：避免交底书有技术问题，没有解决方案。

根据上述对技术交底书的解读，可以看出技术交底书给出的解决方案仅实现了技术问题 1，即实现了网络空间与地理空间的关联，同时以子网划分的方式构建了与地理空间相对应的存储和管理数据资源的网络节点，为实现对带有空间信息的数据资源进行空时组织提供了可能。

然而本发明提出了 2 个技术问题，虽然技术问题 1 已经得到解决，而技术问题 2 却并没有得到解决。

技术问题 2 的目的是：在建立了网络空间与地理空间的映射关系之后，即每台用户主机均使用了 GeoIP 地址，以该 GeoIP 地址为基础，对数据资源进行调度，该调度过程能够充分利用 GeoIP 地址的优势，使数据资源的调度效率大大提高。

3. 技术交底书补充结果

针对技术交底书所缺少的针对技术问题 2 的解决方案，发明人补充了一个使用所建立的 GeoIP 地址对数据资源进行调度的方案。发明人补充的针对技术问题 2 的解决方案具体为：

根据用户主机所管理数据资源的地理范围，进行基于 GeoSOT 剖分编码的网络地址的设计，设计用户主机的 GeoIP 地址；

主机将待发送的数据，根据数据涉及的地理空间范围，确定待发送数据的接收主机的 GeoIP 地址；

将接收主机的 GeoIP 地址与发送主机的 GeoIP 地址进行比对，将数据以及接收主机的 GeoIP 地址进行封装，获得 GeoIP 数据包；

发送主机将 GeoIP 数据包发送到网络，由路由器将接收主机的 GeoIP 地址，借助多台路由器将 GeoIP 数据包传递到接收主机。

2.6.3 权利要求书和说明书的撰写思路

1. 确定本发明的主要改进点

本发明将剖分网格编码与网络编址相结合，通过以下步骤来实现地理区域与服务器之间的映射关系：

步骤 1：选取二进制 1 维 GeoSOT 网格编码方式，通过添加剖分层级生成二进制 GeoIP 编码。

步骤 2：将 GeoIP 编码嵌入 Ipv6 网络地址中。

步骤 3：对嵌入 GeoIP 的 IPv6 进行子网划分。

同时该交底书提供了二进制 1 维 GeoSOT 网格编码方式以及剖分层级的添加原理，GeoIP 编码与 Ipv6 的结合方法，以及对嵌入 GeoIP 的 IPv6 进行子网划分的方法。

2. 确定最接近的现有技术及其问题

依据本发明所解决的技术问题：一种网络地址的设计方法，该方法能够使每台主机所分配到的网络地址表征该主机所管理数据资源的地理位置。

在背景技术中应当罗列要实现对空间信息的"空时组织"需要解决的问题，即：

第一，是要提供全球地理空间的剖分和标识的方案；

第二，是要求计算机网络地址空间足够大，可以保证为足够小的（例如，厘米级空间）地理空间分配唯一地址；

第三，提出一种实现地理空间与网络空间的关联方案。

第一个问题由 GeoSOT 剖分方案解决、第二个问题由 IPv6 解决，在前两个问题已经得到了解决的前提下，看起来好像第三个问题的解决是显而易见的。

然而，本发明是基于 GeoSOT 剖分编码进行网络地址的设计，在该设计的过程中，充分针对 GeoSOT 地理网格设计方案的特征，将其编码与 IPv6 进行了恰到好处的结合，最终获得的 GeoIP 地址不仅能够实现对主机网络地址的编址，还可以标识主机所处的地理空间范围。

由此可见，本发明采用了符合自然规律的技术手段，解决了所提出的技术问题。且该种技术手段应当是非显而易见的。

3. 基于最接近的现有技术，确定本申请所要解决的技术问题

本发明所提出的技术问题有以下两个：

① 实现地理区域与服务器之间的映射关系，解决当前遥感影像的存储管理系统采用时空存储体系，每次接收的数据记录在不同的文件中，彼此间的空间关联、尺度关联性弱的问题。

② 在网络空间信息管理系统中实现对遥感影像数据的空时记录组织，从而在进行数据资源的调度时，只需根据调度目标的区域范围即可进行数据调度，能够提高数据资源的调度效率。

4. 确定权利要求的主题

从该交底书的内容来看，本发明是一种网络地址的设计方法，其中包括了 IPv6 地址的设计、子网的划分和子网掩码的设计，而网格编码方法并不是本发明的重点内容，因此本交底书名称"一种用于网络空间域名设计的网格编码方法"与发明主题内容不符。

由于在网络地址的设计过程中使用了现有技术——GeoSOT 剖分编码，则该发明的主题名称应修改为"基于 GeoSOT 剖分编码的网络地址设计方法"。

5. 确定独立权利要求的必要技术特征——独立权利要求的撰写

（1）独立权利要求 1 的撰写

初步拟定的权利要求 1 包括以下步骤：

步骤 1：根据用户主机所管理数据资源的地理范围，使用 GeoSOT 剖分编码方案对该地理范围进行编码，获得 GeoSOT 编码；

步骤 2：对于上述 GeoSOT 编码，当该 GeoSOT 编码不足 64 位时，余下的位置 1 或 0，得到主机编码；

步骤 3：将用户主机所管理数据资源的地理范围所处的 GeoSOT 剖分层级转换为 5 位二进制编码，得到剖分层级编码；

步骤 4：5 位剖分层级编码和 64 位主机编码顺序组合构成 GeoIP 编码，共计 69 位；

步骤 5：将上述得到的 GeoIP 编码作为 IPv6 地址中的后 69 位，得到 GeoIP 地址；

步骤 6：对 GeoIP 地址进行子网划分；

步骤 7：针对所述的步骤 6 中的子网划分方式，进行子网掩码设置。

步骤 2 至步骤 5 为 GeoIP 地址的具体设计过程，该处使用了 GeoSOT 编码、主机编码、剖分层级编码、GeoIP 编码以及 GeoIP 地址四种名词，这四种名词对于编码过程的描述非常有用，即在撰写权利要求书的时候应当注意名词的区别以及各名词的变化，注意区分。

上述权利要求 1 的撰写仅仅是本权利要求 1 的框架结构，应当对该权利要求 1 进行细节上的修改。

具体如下：

① 本发明中所使用的 GeoSOT 剖分编码方案在专利名称为"一种统一现有经纬度剖分网格的方法"的专利中有具体的描述，在步骤 1 中，"使用

GeoSOT 剖分编码方案对该地理范围进行编码"的过程虽然采用了现有的 GeoSOT 剖分编码方案，但要通过特定的技术手段的选择才能够完成，因此该过程应当进行详细的描述。

例如："根据用户主机所管理数据资源的地理范围，在使用 GeoSOT 剖分编码方案对全球地理范围进行剖分得到的多层剖分面片中，找到一个符合条件的剖分面片，所述条件为：剖分面片为包含所述用户主机所管理数据资源的地理范围的最小剖分面片；该符合条件的剖分面片所处 GeoSOT 剖分层级记为用户主机使用的 GeoSOT 剖分层级"。

② 子网划分方案是具有创造性特点的技术特征，在本发明的保护范围之内，此处应当将子网划分方案进行详细描述，网络号+子网号可以确定一个子网，在交底书中，首先对 1~3 级子网的网络号以及子网号进行了具体描述，依此类推可以获得 33 级子网的网络号以及子网号；同时交底书给出了各级子网与 GeoSOT 剖分层级之间的对应关系"1 级子网将全球数据按照剖分层级分为 32 个层级；每个 2 级子网对应的是 1 级剖分网格；每个 3 级子网对应的是 2 级剖分网格；每个 32 级子网对应的是 31 级剖分网格"。

在对子网划分方案进行详细撰写的时候，应当注意：首先总结每一级子网的网络号和子网号的位置，例如："GeoIP 地址的前 59 位为 1 级子网网络号，第 60—64 位为 1 级子网的子网号""GeoIP 地址的前 59+2（N-2）+5 为 N 级子网的网络号，网络号的后两位为 N 级子网的子网号，1<N≤33"。

对于各级子网与 GeoSOT 剖分层级之间的对应关系，应当根据每个剖分层级对应剖分面片所涵盖的地理空间范围总结出各级子网对应管理的数据资源的范围，从而与步骤 1 相对应。例如"所述的 1 级子网为全球网络资源的网络节点""所述的 N 级子网为 GeoSOT 剖分方案中第 N-1 级剖分面片对应地理空间范围内数据资源的网络节点，其中 1<N≤33"。

③ 子网掩码的设计与子网划分方式相对应，并且遵循 IPv6 协议中子网掩码的设计规则，可在权利要求书中进行具体描述。

例如："针对所述的步骤 6 中的子网划分方式，第 N 级子网的子网掩码设置策略如下：子网掩码共 128 位，GeoIP 地址的前 59 位+第 n 级子网的网络号+子网号对应位的子网掩码为 1，其余位子网掩码为 0，1≤N≤33"。

据此，本申请文件中独立权利要求 1 具体为：

1. 一种基于 GeoSOT 剖分编码的网络地址设计方法，具体步骤为：

步骤 1：根据用户主机所管理数据资源的地理范围，在使用 GeoSOT 剖分编码方案对全球地理范围进行剖分得到的多层剖分面片中，找到一个符合条件的剖分面片，所述条件为：剖分面片为包含所述用户主机所管理数据资源的地理范围的最小剖分面片；该符合条件的剖分面片所处 GeoSOT 剖分层级记为用户主机使用的 GeoSOT 剖分层级。

步骤2：获得所述符合条件的剖分面片的二进制1维的 GeoSOT 编码，当该 GeoSOT 编码不足64位时，余下的位置1或0，得到主机编码。

所述主机编码包括有效位和置数位。

步骤3：将用户主机使用的 GeoSOT 剖分层级转换为5位二进制编码，得到剖分层级编码。

步骤4：5位剖分层级编码和64位主机编码顺序组合构成 GeoIP 编码，共计69位。

步骤5：将上述得到的 GeoIP 编码作为 IPv6 地址中的后69位，得到 GeoIP 地址。

步骤6：对 GeoIP 地址进行子网划分，子网划分的方案为：

1级子网：GeoIP 地址的前59位为1级子网网络号，第60—64位为1级子网的子网号；所述的1级子网为全球网络资源的网络节点；

N 级子网：GeoIP 地址的前 59+2 (N-2) +5 为 N 级子网的网络号，网络号的后两位为 N 级子网的子网号，$1 < N \leq 33$；所述的 N 级子网为 GeoSOT 剖分方案中第 N-1 级剖分面片对应地理空间范围内数据资源的网络节点，其中 $1 < N \leq 33$。

步骤7：针对所述的步骤6中的子网划分方式，第 N 级子网的子网掩码设置策略如下：子网掩码共128位，GeoIP 地址的前59位+第 N 级子网的网络号+子网号对应位的子网掩码为1，其余位子网掩码为0，$1 \leq N \leq 33$。

（2）独立权利要求2的撰写

本案例可在权利要求1的基础上，增加一个新的独立权利要求，新的独立权利要求是对权利要求1的实际应用，从而突出权利要求1的实质性特点，避免权利要求1落入智力活动的规则和方法的范围之内，从而增加权利要求1被授权的可能。

那么该处需要发明人补充一个使用该权利要求1所建立的 GeoIP 地址对数据资源进行调度的方案。

例如，此处增加了权利要求2为：

2. 一种数据资源调度方法，具体步骤为：

步骤1：确定用户主机所管理数据资源的地理范围，依据如权利要求1所述的基于 GeoSOT 剖分编码的网络地址设计方法，设计用户主机的 GeoIP 地址。

步骤2：发送主机获得带有地理空间信息的数据，根据数据涉及的地理空间范围，在使用 GeoSOT 剖分编码方案对全球地理范围进行剖分得到的多层剖分面片中，找到一个符合条件的剖分面片，记为数据剖分面片，所述条件为：数据剖分面片为包含所述数据涉及的地理空间范围的最小剖分面片；数据剖分面片所处 GeoSOT 剖分层级记为发送主机使用的 GeoSOT 剖分层级。

步骤 3：发送主机根据所述的数据剖分面片，依据如权利要求 1 所述的基于 GeoSOT 剖分编码的网络地址设计方法，确定所述数据的接收主机的 GeoIP 地址。

步骤 4：将所述接收主机的 GeoIP 地址与发送主机的 GeoIP 地址进行比对：若所述接收主机的 GeoIP 地址与发送主机的 GeoIP 地址一致，则发送主机将所述数据进行存储；若所述接收主机的 GeoIP 地址与发送主机的 GeoIP 地址不一致，则将所述数据以及接收主机的 GeoIP 地址进行封装，获得 GeoIP 数据包。

步骤 5：发送主机将所述 GeoIP 数据包发送到网络，由路由器将接收主机的 GeoIP 地址与网络的子网掩码进行"与"操作来消除主机号，获得网络号和子网号，进行路由选择，借助多台路由器将 GeoIP 数据包传递到接收主机。

步骤 6：将所述 GeoIP 数据包进行拆封，接收主机获得所述数据，并对数据进行存储。

6. 说明书的撰写

本案例的说明书撰写主要涉及具体实施方式。

本案例为了详细描述子网划分时的抽象概念，使用了一个具体的例子来进行表述：

例如，一个剖分网格编码为 01-10-01 的三级剖分网格，其剖分层级为 3，对应的 5 bit 剖分层级编码为 00010，由此得到该剖分网格的 GeoIP 编码：00010-01-10-01。由于其字长不足 69 位，则在上述编码的右边添加"1"，直至第 69 位。最后得到的 GeoIP 编码为 00010-01-10-01-11^11。假设选用的 IPv6 前缀为：1 2 A B：0：0：C D 3/59，则 GeoIP 地址为……

为确保例子正确无误，此处的例子应当由发明人提供或经过发明人确认。

2.6.4 最终递交的申请文件

由于在 2.6.3 节的第 5 点中已经将本案的 2 个权利要求列出，因此这里只给出了说明书和附图。

基于 GeoSOT 剖分编码的网络地址设计方法和数据资源调度方法

技术领域

本发明涉及一种基于 GeoSOT 剖分编码的网络地址设计方法和数据资源调度方法，属于地理空间信息组织、地理信息系统和计算机网络领域。

背景技术

通常，原始遥感影像记录的形式是：首先记录观测时间，然后顺序记录视场范围内每一反射点位置的观测值。这种"时空记录"方式深刻影响空间信息管理系统各个环节的操作。例如：我们经常按时间顺序把影像记录分为"在线、近线、离线"三种存储状态，由于在时空记录体系中，不同时间接收的数据记录存放在不同的文件中，而在进行数据资源的调度时，通常需要根据调度目标的区域范围进行数据调度，因此需要访问该目标范围内所有不同记录时间的数据，这就使数据资源调度的效率大大降低。

要解决数据资源的高效率调度，可将地理空间关联至网络空间，在网络空间信息管理系统中对数据资源（如遥感影像数据）进行空时组织，从而在进行数据资源的调度时，只需根据调度目标的区域范围即可进行数据调度，能够提高数据资源的调度效率。

而实现对空间信息的"空时组织"，需要解决以下问题：第一，是要提供全球地理空间的剖分和标识的方案；第二，是要求计算机网络地址空间足够大，可以保证为足够小的（例如厘米级空间）地理空间分配唯一地址；第三，提出一种实现地理空间与网络空间的关联方案。

下一代互联网通信协议 IPv6 提供了充足的域名空间，而利用现有的 IPv6 的编码方式，无法赋予 IP 地址地理区域的含义，因此现有的 IP 域名空间无法对网路地址进行区域化标识。

如何实现地理空间与网络空间的关联成为数据资源的"空时组织"亟待解决的问题。

发明内容

有鉴于此，本发明提供了一种基于 GeoSOT 剖分编码的网络地址设计方法和数据资源调度方法，在现有的 IPv6 的编码方式不能满足网络空间与地理空间相结合设计的情况下，采用 GeoSOT 编码方式，将地理剖分网格编码与网络地址相结合，以解决地理空间与网络空间相关联的问题。

【技术方案参见 2.6.3 节的第 5 点的权利要求内容】

有益效果

1. 本发明提出一种网络地址设计方法，使 IPv6 在实现网络地址标识的同时具有地理区域的含义，从而将网络空间与地理空间相关联，同时以子网划分的方式构建了与地理空间相对应的存储和管理数据资源的网络节点，为实现对带有空间信息的数据资源进行空时组织提供了可能。

2. 基于上述的网络地址的设计方案，本发明提出了一种数据资源调度方法，该方法打破了现有的时空记录体系的局限，通过将带有空间信息的数据进行对应存储和调用，真正实现了对空间信息的空时组织。

附图说明

图 1：本发明 GeoIP 编码方案与 GeoSOT 剖分编码方案的关系；

图 2：1 维二进制 GeoSOT 网格编码方案示意图，其中 d、m、s、u 取值均为 0 或 1；

图 3：本发明中 GeoIP 地址的子网划分方案；

图 4：GeoIP 地址与 GeoSOT 网格对应关系。

具体实施方式

本发明公开了一种基于 GeoSOT 剖分编码的网络地址设计方法，该设计方法将 GeoSOT 剖分编码方式与 IPv6 相结合，设计出带有地理区域标识的 IPv6 网络地址，该方法用于解决地理空间与网络空间相关联的问题。基于此，本发明提出了一种数据资源调度方案，依据 GeoSOT 的编码规则，提出了的网络空间地址的子网划分方法，能够将地理剖分网格编码与网络地址相结合，根据子网对应的区域对区域中数据资源进行管理与分配，从而实现对数据资源的空间调度并且能够提高数据资源调度的实现效率。

首先 GeoSOT 剖分编码方案参见北京大学提出的专利申请"一种统一现有经纬度剖分网格的方法"（公开号为 CN102609525，申请日为 2012 年 2 月 10 日），该专利申请公开了一种 GeoSOT 地理网格设计方案，用于解决全球地理空间剖分和标识问题。

该方案采用全四叉树递归剖分，将地球表面空间从全球至厘米级共进行了 32 级剖分，每个 GeoSOT 剖分层级均有其对应大小的 GeoSOT 剖分网格，GeoSOT 剖分网格上下层级之间的面积之比是 1/4。GeoSOT 剖分编码是对 GeoSOT 剖分网格进行编码，其一维二进制编码形式是对每一 GeoSOT 剖分层级中的 GeoSOT 剖分网格均采用 2 位二进制数进行编码，因此编码越长该 GeoSOT 剖分网格所处的 GeoSOT 剖分层级越高、GeoSOT

剖分网格越细。由此可以看出，GeoSOT 剖分编码长度可以隐含 GeoSOT 剖分层级。由于 GeoSOT 剖分层级共有 32 级，因此 GeoSOT 剖分编码的一维二进制编码最长 64 位。

GeoSOT 剖分编码提供了五种编码方式，为使编码适合于计算机的操作，本实施例选用 GeoSOT 剖分编码中 64 位一维二进制编码。在使用 GeoSOT 其他编码方式编码时，可将其他的编码方式转换为一维二进制编码。

本发明的网络地址设计包括 IP 地址设计和子网设计。

一、GeoIP 地址设计

本发明选择国际互联网组织公布的下一代 IP 协议：IPv6，通过对 IPv6 进行改进，构建出基于 GeoSOT 剖分编码的 IP 地址，称为 GeoIP 编码。GeoIP 编码结构如图 3 所示，其构建过程具体为：

1. 根据用户主机所管理数据资源的地理范围，在使用 GeoSOT 剖分编码方案对全球地理范围进行剖分得到的多层剖分面片中，找到一个符合条件的剖分面片，所述条件为：剖分面片为包含用户主机所管理数据资源的地理范围的最小剖分面片；该符合条件的剖分面片所处 GeoSOT 剖分层级记为用户主机使用的 GeoSOT 剖分层级。

2. 获得所述符合条件的剖分面片的二进制一维的 GeoSOT 编码，当该 GeoSOT 编码不足 64 位时，余下的位置 1 或 0，得到主机编码。

由于 GeoSOT 二进制一维编码长度不固定，其最长为 64 位。作为网络地址使用时，不利于网络地址的寻址操作。为了用固定长度的编码标识主机地理位置，对于长度不固定的 GeoSOT 网格编码，当其不足 64 位时，余下的位置 1 或 0，例如本实施例中采用置 1 的方式，由此得到 64 位的主机编码，可以看出主机编码包括有效位和置数位。

3. 将用户主机使用的 GeoSOT 剖分层级转换为 5 位二进制编码，得到剖分层级编码。

在单独使用 64 位的主机编码时，因有效位长度不固定，因此在解读主机编码时，无法区分 64 位中哪些是有效位，导致主机编码解读错误。由 GeoSOT 网格编码方案可知，二进制一维的 GeoSOT 剖分编码长度与 GeoSOT 剖分层级有关。因此为能够标识主机编码的有效位，本发明针对用户主机使用的 GeoSOT 剖分层级同样进行了编码；GeoSOT 剖分层级共 32 级，而 5 位二进制编码可以表示 0~31 的数，因此可以将 GeoSOT 剖分层级转换为 5 位二进制编码。

4.5 位剖分层级编码和 64 位主机编码顺序组合构成 GeoIP 编码，共计 69 位。由于加入了剖分层级编码，从而实现了对主机编码有效位的区分，使主机编码可以准确地标识地理空间。

如 GeoSOT 网格中 0~3 级的部分剖分网格，从 GeoSOT 网格编码到 GeoIP 之间对应关系如表 1 所示：

表 1　部分 GeoSOT 网格编码与 GeoIP 对应表

层级	剖分层级编码	GeoSOT 网格编码	GeoIP（69bit）
1	00000	00	00000-00-11…11
1	00000	01	00000-01-11…11
1	00000	10	00000-10-11…11
1	00000	11	00000-11-11…11
2	00001	00-00	00001-01-00-11…11
2	00001	00-01	00001-01-01-11…11
2	00001	00-10	00001-01-10-11…11
2	00001	00-11	00001-01-11-11…11
3	00010	00-01-00	00010-00-01-00-11…11
3	00010	00-01-01	00010-00-01-01-11…11
3	00010	00-01-10	00010-00-01-10-11…11

5.将上述得到的 GeoIP 编码作为 IPv6 地址中的后 69 位，得到 GeoIP 地址。

IPv6 地址共 128 位，在分配网络地址时，对于前缀相同的网络地址，通常使用前缀后的其余位作为主机的网络地址，因此本发明将 IPv6 分为前 59 位和后 69 位：前 59 位作为事先分配的 IPv6 的网络前缀，标识主机所处的网络，用 GeoIP 编码作为 Ipv6 地址中的后 69 位，来标识不同主机。

由于 GeoIP 编码含有对一定地理空间范围的编码，因此采用本方法得到的 GeoIP 地址不仅能够实现对主机网络地址的编码，还可以标识主机所处的地理空间范围。

二、子网设计：子网划分和子网掩码设计

子网划分是通过借用 IP 地址的若干主机位来充当子网地址从而将原网络划分为若干子网而实现的，划分子网时，随着子网地址借用主机位数的增多，子网的数目随之增加，而每个子网的可用主机数逐渐减少，划分子网后，设计对应的子网掩码，子网掩码用来指明一个 IP 地址的哪些位标识的是主机所在的子网以及哪些位标识的是主机的位，使用子网掩码可判断 IP 地址的前多少位是网络地址，后多少位是主机地址，路由器可以使用子网掩码正确判断任意 IP 是否是本网段的，从而正确地进行路由。

在划分子网时，不仅要考虑目前需要，还应了解将来需要多少子网和主机。

本方案所采用的子网划分方案，是考虑到 GeoIP 地址中所包含的 GeoIP 编码具有地理含义，本方案所划分的子网可以作为某个地理空间范围内数据资源的网络节点，可以为根据地理位置对数据资源进行调度奠定基础。本方案在对 GeoIP 地址进行子网划分之后设计了与子网相对应的子网掩码。

每一个 GeoIP 地址都具有各级子网的网络号和子网号，在进行了上述基于 GeoSOT 剖分编码的 GeoIP 地址的设计之后，使用以下步骤对 GeoIP 地址进行子网划分：

步骤 6：对 GeoIP 地址进行子网划分，每个子网分别为一定地理空间范围内的数据资源的网络节点；子网划分方式以及子网与地理空间映射关系如下：

1 级子网：GeoIP 地址前 59 位为 1 级子网的网络号，第 60～64 位为 1 级子网的子网号；可见，GeoIP 地址中的剖分层级编码为 1 级子网的子网号；1 级子网为全球数据资源的网络节点。

N 级子网：GeoIP 地址的前 59+5+2（N-2）位为 2 级子网的网络号，网络号之后的两位为 N 级子网的子网号，$1<N\leqslant33$；N 级子网为 GeoSOT 剖分方案中第 N-1 级剖分面片对应地理空间范围内数据资源的网络节点。

例如，一个剖分网格编码为 01-10-01 的三级剖分网格，其剖分层级为 3，对应的 5 bit 剖分层级编码为 00010，由此得到该剖分网格的 GeoIP 编码：00010-01-10-01。由于其字长不足 69 位，则在上述编码的右边添加"1"，直至第 69 位。最后得到的 GeoIP 编码为 00010-01-10-01-11…11。假设选用的 IPv6 前缀为：12AB：0：0：CD3/59，则 GeoIP 地址为：

12AB：0：0：CD3/59-00010-01-10-01-11…11

该 IP 地址的 1 级子网的网络号为：12AB：0：0：CD3；

该 IP 地址的 1 级子网的子网号为：00010；

该 IP 地址的 2 级子网的网络号为：12AB：0：0：CD3/00010；

该 IP 地址的 2 级子网的子网号为：01；

该 IP 地址的 3 级子网的网络号为：12AB：0：0：CD3/00010-01；

该 IP 地址的 3 级子网的子网号为：10。

该 IP 地址的 4 级子网的网络号为：12AB：0：0：CD3/00010-01-10；

该 IP 地址的 4 级子网的子网号为：01。

以上子网划分方案是根据 GeoIP 地址中所隐含的 GeoSoT 剖分层级来划分子网，每个子网对应某层级的 GeoSoT 剖分网格，该 GeoSoT 剖分层级的 GeoSoT 剖分网格由多个高于该 GeoSoT 剖分层级的其他 GeoSoT 剖分层级的 GeoSoT 剖分网格组成。从而能够实现地理空间与网络地址的映射关系。其映射关系如下：

1 级子网将全球数据按照 GeoSoT 剖分层级分为 32 个层级，其中由子网号为 00000～11111 的 1 级子网别一对一地对应 1～32 级剖分面片的集合，则 1 级子网可作为全球数据资源的网络节点。

结合表 2 所示的 GeoSOT 剖分面片一览表：

表 2　GeoSOT 剖分面片一览表

层级	GeoSOT 网格大致尺度	面片数量	层级	GeoSOT 网格大致尺度	面片数量
G	全球	1			
1 级面片	1/4 地球	4	17 级面片	512 米网格	3649536000 万
2 级面片		8	18 级面片	256 米网格	14598144000 万
3 级面片		24	19 级面片	128 米网格	5132160 万
4 级面片		72	20 级面片	64 米网格	20528640 万
5 级面片		288	21 级面片	32 米网格	82114560 万
6 级面片	1024 公里网格	1012	22 级面片	16 米网格	328458240 万
7 级面片	512 公里网格	3960	23 级面片	8 米网格	1313832960 万
8 级面片	256 公里网格	15840	24 级面片	4 米网格	5255331840 万
9 级面片	128 公里网格	63360	25 级面片	2 米网格	21021327360 万
10 级面片	64 公里网格	253440	26 级面片	1 米网格	84085309440 万
11 级面片	32 公里网格	1013760	27 级面片	0.5 米网格	336341237760 万
12 级面片	16 公里网格	4055040	28 级面片	25 厘米网格	1345364951040 万
13 级面片	8 公里网格	14256000	29 级面片	12.5 厘米网格	5381459804160 万
14 级面片	4 公里网格	57024000	30 级面片	6.2 厘米网格	21525839216640 万
15 级面片	2 公里网格	228096000	31 级面片	3.1 厘米网格	86103356866560 万
16 级面片	1 公里网格	912384000	32 级面片	1.5 厘米网格	344413427466240 万

每个 2 级子网对应的是 1 级剖分面片，则每个 2 级子网作为 1/4 全球数据资源的网络节点。

依次类推：

每个 7 级子网对应的是 6 级剖分面片，则每个 7 级子网作为 1024 公里区域内数据资源的网络节点；

每个 8 级子网对应的是 7 级剖分面片，则每个 8 级子网作为 512 公里区域内数据资源的网络节点。

……

每个 32 级子网对应的是 31 级剖分面片，每个 32 级子网作为 3.1 厘米区域内数据资源的网络地址节点。

对嵌入 GeoIP 编码的 IPv6 进行上述子网划分之后，每个子网对应一个管理一定地理空间范围数据资源的网络地址节点。则针对该地理空间范围的数据资源可以在对应的网络地址节点进行存储、分配和管理，从而实现了数据资源的空时组织。

步骤 7：对 GeoIP 地址进行上述子网划分之后，其所对应的子网掩码的设计遵循 IPv6 协议中子网掩码的设计规则，用于对 GeoIP 地址中置数位进行屏蔽。第 N 级子网的子网掩码设置策略如下：子网掩码共 128 位，GeoIP 地址的前 59 位+第 N 级子网的网络号+子网号对应位的子网掩码为 1，其余位子网掩码为 0。

例如，对于上面 GeoIP 地址：12AB：0：0：CD 3/59-00010-01-10-01-11…11 的例子，根据子网掩码的设计规则，不考虑子网掩码前 59 个 1，GeoIP 地址对应的子网掩码为：11111-11-11-11-11-00…00（后面 0 的位数省略表示）。在实际应用时，将子网掩码与 GeoIP 地址进行"逻辑与"操作，则得到的结果为 12AB：0：0：CD 3/59-00010-01-10-01-00…00。

具体剖分编码的设计实例如表 3 所示。

表 3　部分 GeoSOT 剖分编码与 GeoIP 对应表

层级	剖分层级编码	GeoSOT 网格编码	GeoIP (69bit)	剖分编码 (69bit)
1	00000	00	00000-00-11…11	11111-11-00…00
1	00000	01	00000-01-11…11	11111-11-00…00
1	00000	10	00000-10-11…11	11111-11-00…00
1	00000	11	00000-11-11…11	11111-11-00…00

续表

层级	剖分层级编码	GeoSOT 网格编码	GeoIP (69bit)	剖分编码 (69bit)
2	00001	00-00	00001-01-00-11⋯11	11111-11-11-00⋯00
2	00001	00-01	00001-01-01-11⋯11	11111-11-11-00⋯00
2	00001	00-10	00001-01-10-11⋯11	11111-11-11-00⋯00
2	00001	00-11	00001-01-11-11⋯11	11111-11-11-00⋯00
3	00010	00-01-00	00010-00-01-00-11⋯11	11111-11-11-11-00⋯00
3	00010	00-01-01	00010-00-01-01-11⋯11	11111-11-11-11-00⋯00
3	00010	00-01-10	00010-00-01-10-11⋯11	11111-11-11-11-00⋯00

以上剖分编码的设计可以对 GeoIP 地址中前多少位是网络地址，后多少位是主机地址进行判断，该设计可使每个 GeoSOT 剖分网格都对应唯一一个 GeoIP 地址与剖分掩码的组合。

针对如上所述的基于 GeoSOT 剖分编码的网络地址设计方法，本发明同时提出了一种数据资源调度的方法，主要使用 GeoIP 地址对一定地理空间范围内的数据资源进行存储和调度。其具体方案如下：

一、根据用户主机所管理数据资源的地理范围，依据上述基于 GeoSOT 剖分编码的网络地址设计方法，设计用户主机的 GeoIP 地址。

二、发送主机获得带有地理空间信息的数据，根据数据涉及的地理空间范围，在使用 GeoSOT 剖分编码方案对全球地理范围进行剖分得到的多层剖分面片中，找到一个符合条件的剖分面片，记为数据剖分面片，该条件为：数据剖分面片为包含数据涉及的地理空间范围的最小剖分面片；数据剖分面片所处 GeoSOT 剖分层级记为发送主机使用的 GeoSOT 剖分层级。

三、发送主机根据数据剖分面片，依据上述基于 GeoSOT 剖分编码的网络地址设计方法，确定数据的接收主机的 GeoIP 地址。

即对于数据的接收主机来说，设定其所管理数据资源的地理范围，在该数据剖分面片所确定的地理范围之内，且该数据剖分面片为包含数据的接收主机所管理数据资源的地理范围的最小剖分面片。

四、将接收主机的 GeoIP 地址与发送主机的 GeoIP 地址进行比对：若接收主机的 GeoIP 地址与发送主机的 GeoIP 地址一致，则发送主机将所述数据进行存储；若接收主机的 GeoIP 地址与发送主机的 GeoIP 地址不一致，则将所述数据以及接收主机的 GeoIP 地址进行封装，获得 GeoIP 数据包。

使用发送主机上的 IP 软件按照现有的 IP 数据包封装方法，对数据以及接收主机的 GeoIP 地址进行封装。

五、发送主机将所述 GeoIP 数据包发送到网络，传递到接收主机。

GeoIP 数据包的传递基于现有的 IP 数据包的传递方法，即首先将 GeoIP 数据包由发送主机发送到网络上，工作在互联网层的路由器设备在路由时，需要将接收主机的 GeoIP 地址与网络的子网掩码进行"与"操作来消除主机号，获得网络号和子网号，然后在路由表中查找此网络号和子网号：如果接收主机的 GeoIP 地址在一个远程网络上，那么，GeoIP 数据包被转发到表中指定的接口上的下一台路由器；如果接收主机的 GeoIP 地址指向一台本地主机，那么该本地主机即为接收主机，GeoIP 数据包直接发送给该本地主机。如果在路由表中找不到分组的目标网络的话，路由器将此分组转发给一台有更多扩展表的默认路由器。

六、将所述 GeoIP 数据包进行拆封，接收主机获得所述数据，并对数据进行存储。

依据上述方案，当网络中的用户主机获得带有地理空间信息的数据，则每台用户主机均可视为发送主机，进行如上步骤的操作之后，该带有地理空间信息的数据即被发送至其地理空间信息所指向的用户主机，即接收主机，接收主机对该带有地理空间信息的数据进行存储，由此可以看出，上述方案所提出的一种数据资源调度的方法，能够使用户主机根据其地理位置和影响范围确定其所管理数据资源的地理范围，并对与该地理范围相关的数据资源进行存储，对于该地理范围无关的数据资源进行传递，由此实现了对数据资源的空时组织，从而在进行数据资源的调度时，只需根据调度目标的区域范围即可进行数据调度，能够提高数据资源的调度效率。

综上所述，以上仅为本发明的较佳实施例而已，并非用于限定本发明的保护范围。凡在本发明的精神和原则之内，所做的任何修改、等同替换、改进等，均应包含在本发明的保护范围之内。

说明书附图

图 1　GeoIP 编码方案与 GeoSOT 剖分编码方案的关系

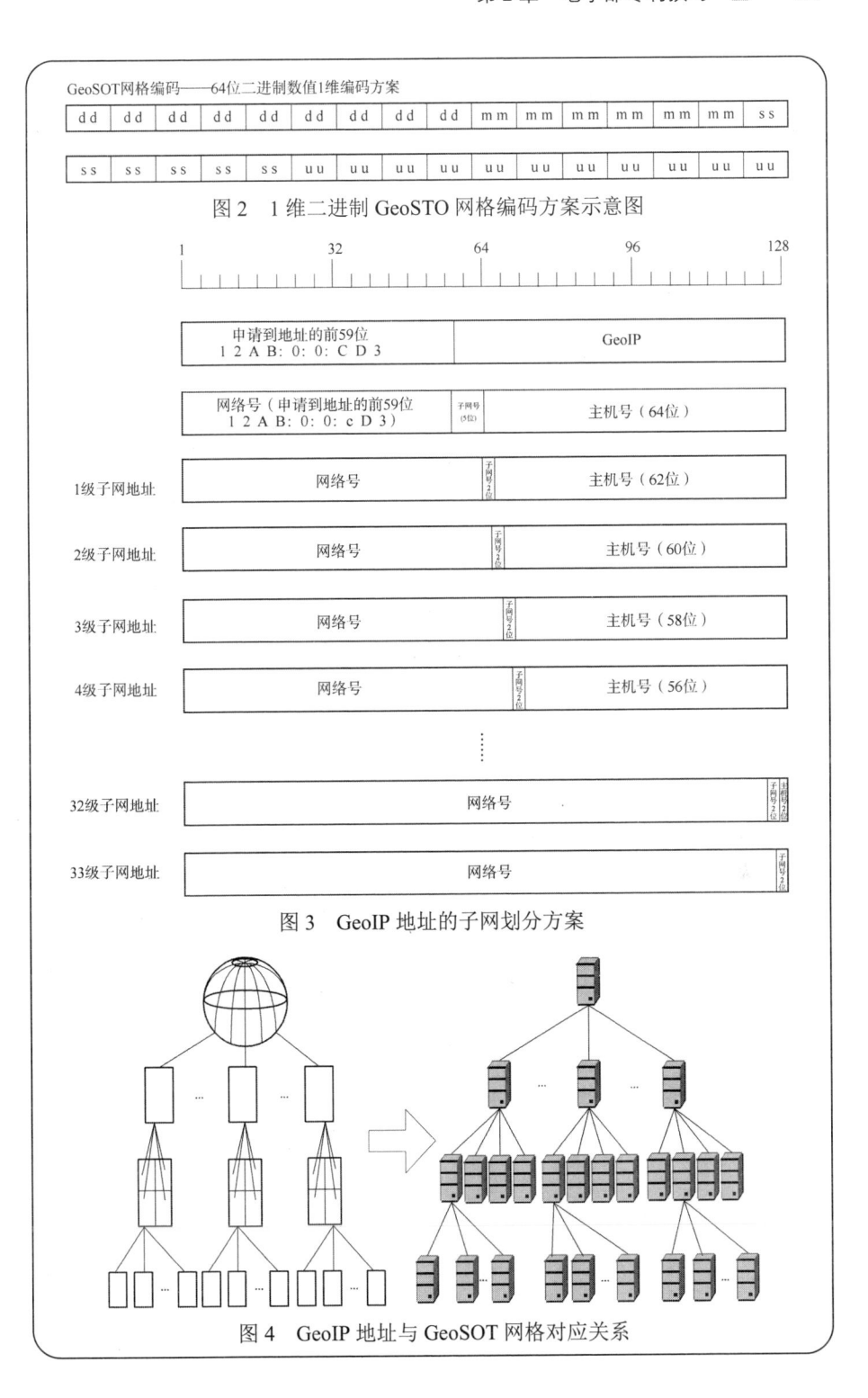

GeoSOT网格编码——64位二进制数值1维编码方案

| dd | dd | dd | dd | dd | dd | dd | dd | mm | mm | mm | mm | mm | mm | ss |

| ss | ss | ss | ss | ss | uu | uu | uu | uu | uu | uu | uu | uu | uu | uu |

图 2　1 维二进制 GeoSTO 网格编码方案示意图

图 3　GeoIP 地址的子网划分方案

图 4　GeoIP 地址与 GeoSOT 网格对应关系

2.6.5 小结

① 该案例的技术方案粗看之下极容易将其归入智力活动的规则与方法的范畴，但是由于发明人在采用了符合自然规律的技术手段，解决了现实存在的技术问题，在这个过程中发明人也付出了创造性的劳动，因此在撰写时应当仔细分析方案，找到该方案所解决的最实际的问题，从使用技术手段解决实际问题的角度入手对本方法的各步骤进行撰写。

② 在对权利要求进行撰写的时候，应当分清哪些技术手段属于现有技术的范畴，哪些技术手段是发明人付出了创造性劳动的成果，将具有创造性特点的技术手段进行详细描述。

③ 在权利要求1完成之后，应当分析该权利要求1是否完全解决了本发明所提出的技术问题，若存在没有得到解决的问题，应当告知发明人进行方案的补充。

第 3 章

电学部专利答复审查意见

3.1 针对《专利法》第二十二条第三款的答复

3.1.1 法条解读

《专利法》第二十二条第三款规定:"创造性,是指同申请日以前的已有的技术相比,该发明有突出的实质性特点和显著的进步,该实用新型有实质性特点和进步。"

创造性的判断是在本申请的技术方案具备新颖性的基础上进行的,发明和实用新型的创造性标准不同,发明的创造性要高于实用新型的创造性。首先,对发明的创造性进行重点解读:

创造性判断的主体是所属领域的技术人员,也称为本领域技术人员,是指一种假设的"人"。假定他知晓申请日或者优先权日之前发明所属技术领域所有的普通技术知识,能够获知该领域中所有的现有技术,并且具有应用该日期之前常规实验手段的能力,但他不具有创造能力。创造性判断的是本申请的技术方案与现有技术的差异程度的区别;对比的对象是现有技术,可以以多篇对比文件(多项现有技术)组合对比;创造性判断的标准是突出的实质性特点和显著的进步,其中突出的实质性特点是指相对现有技术非显而易见,显著的进步是指发明与最接近的现有技术相比能够产生有益的技术效果。

在实际情况中，"显著的进步"这一条件很容易满足，只要技术方案解决了一定的技术问题，即可认为该发明具有有益的技术效果，因此发明是否具有创造性，重点是看其是否具有突出的实质性特点。

根据《专利审查指南》的规定："发明有突出的实质性特点，是指对所属技术领域的技术人员来说，发明相对于现有技术是非显而易见的。如果发明是所属技术领域的技术人员在现有技术的基础上仅仅通过合乎逻辑的分析、推理或者有限的试验可以得到的，则该发明是显而易见的，也就不具备突出的实质性特点。"按此解释，我国专利法中创造性的标志之一"突出的实质性特点"的判断标准，实际上已经等同于"非显而易见性"标准。

另外，在《专利审查指南》中指出以下几种发明具有创造性：

本发明解决了人们一直渴望解决但始终未能获得成功的技术难题；

本发明克服了技术偏见，采用了人们由于技术偏见而舍弃的技术手段，从而解决了技术问题；

本发明取得了预料不到的技术效果，其技术效果产生"质"的变化，具有新的性能；或者产生"量"的变化，超出人们预期的想象；

本发明在商业上获得成功。

对实用新型的创造性，在《专利审查指南》中，进一步详细地规定了与发明的创造性的区别：评价实用新型的现有技术的技术领域一般是其所属的技术领域，而发明的现有技术的技术领域可以扩展到所有技术领域；评价实用新型的现有技术一般不超过2篇，而发明的现有技术的数量没有限制。

3.1.2 答复思路分析

《专利审查指南》中指出判断发明是否具有突出的实质性特点，通常可按照以下三个步骤进行，即三步法原则：1）确定最接近的现有技术；2）确定发明的区别特征和发明实际解决的技术问题；3）判断要求保护的发明对本领域的技术人员来说是否显而易见。

因此对于答复，通常来说是采用"三步法"进行答复。

第一步：确定一篇最接近的现有技术。

从领域、用途、技术问题、技术构思、技术手段和技术效果等方面进行综合考察，核查审查员所评述的最接近现有技术是否选择错误或不当。

如果最接近现有技术与本申请要解决的技术问题完全无关，或者以最接近现有技术作为研发的起点根本无法完成本申请，意味着最接近现有技术从根本上选择错误，进而导致创造性判断的结论错误。当审查员给出的对比文件1不是最接近的现有技术，那么就缺少判断发明是否具有突出的实质性特点的基础了，此时可以从技术问题、技术方案和技术效果的角度去论证申请具备创造性，可以重点陈述本申请提出了现有技术所没有提出的技术问题，这本身就是需要创造性劳动的。

若审查员所评述的最接近现有技术确实已经公开相应技术特征，对后续第二步和第三步进行重点陈述。

第二步：可以对审查员提出的区别特征和技术问题进行质疑，指出本申请独立权利要求的技术方案与该最接近的现有技术之间的区别技术特征和发明实际解决的技术问题。

其中，区别特征对应着本申请的特点，创造性评判就在于衡量这样的特点是否实质、是否突出，如果特点认定有误，相当于没有找出或者找准发明究竟做了什么贡献。重点陈述区别特征的引入究竟解决了什么技术问题，不能直接以当事人声称的技术问题作为发明实际解决的技术问题。此外，确定技术方案实际解决的技术问题，不应在技术问题中带有本申请为解决该技术问题而提出的技术思路和解决手段，或对引入该技术手段的指引。

第三步：进一步指出通知书中引用的其他对比文件或公知常识中未给出将上述区别技术特征应用到该最接近的现有技术中来解决上述实际解决的技术问题的技术启示，从而说明该权利要求相对于通知书中引用的对比文件和公知常识具有突出的实质性特点。

重点陈述本领域技术人员没有动机将最接近的现有技术与对比文件中的区别技术特征进行结合的原因，能够将最接近的现有技术与对比文件中的区别技术特征进行结合也不代表就有动机结合，更不等于本领域技术人员就知道如何结合，从而指出通知书中引用的其他对比文件或公知常识中未给出将区别技术特征应用到最接近的现有技术中来解决技术问题的技术启示。

另外，要进一步根据其所解决的技术问题说明其有益效果以说明该技术方案具有显著的进步。

在允许修改的范围内，可以通过对申请文件的修改而引入新的区别技术特征，然后采用三步法对修改后的技术方案进行答复。

总体来说，当收到审查意见时，首先研究审查意见、申请文件说明书和对比文件，从整体上把握申请发明和对比文件中技术方案的异同，参考审查员指定的最接近的现有技术，基于最接近的现有技术确定区别技术特征。其次，分析各区别特征之间的相互关系及其所起的作用，确立主要改进点以及与主要改进点相配合或适应的特征，确定发明三要素（技术问题、技术方案和技术效果）之间的对应关系。最后，确定本申请发明点，以发明点为基准，回过头来判断审查意见中的特征比对是否准确。在确定申请发明点的过程中，深入挖掘原说明书中记载的发明点，因为发明人对本领域的技术理解比较深入，发明人原先指出的发明点往往是本发明最容易与现有技术相区分的地方，从中也更容易找出答复的突破口。

在答复分析时，还要注意分析：1）审查员所认定的技术特征"相当于"是否真的相当于；2）在权利要求1中查看是否有审查员漏掉的区别；3）在说明书中查看是否有进一步的区别；4）对比文件的特征之间是否能够相结合，如果结合后出现原有功能丧失、结构冲突等新问题，则对比文件可能不能结合；5）对比文件只是独立的技术，当独立的技术合成一个整体时，强调整体流程，则可能出现新的创造性。

3.1.3 案例1：一种有表面微织构的车用旋转密封磨损分析方法

1. 专利申请文件

权利要求书

1. 一种有表面微织构的车用旋转密封磨损分析方法，其特征在于：

步骤1：获取第 m 时刻的车用离合器实际工况所需的压力油压力以及压力油作用于车用离合器旋转密封环外圆面的作用面积，将第 m 时刻的压力油压力与所述作用面积相乘，获得第 m 时刻的外载荷 $F_{load(m)}$。

获取第 m 时刻的车用离合器的旋转密封环与进油衬套之间的压紧力，将所述压紧力与最大静摩擦系数相乘，获得外圆面摩擦力 $F_{f(m)}$。

步骤2：根据表面微织构流体压力分布的控制方程计算第 m 时刻的密封面液膜压力分布 p_m，对所述第 m 时刻密封面压力分布 p_m 积分 $F_{Fl(m)} = \int_{r_i}^{r_o} \int_0^{2\pi} p_m r \mathrm{d}\theta \mathrm{d}r$ 获得第 m 时刻流体承载力 $F_{Fl(m)}$。

其中，r、θ 分别为径向与周向方向的坐标，r_o 为旋转密封环的外圆面半径，r_i 为旋转密封环的内圆面半径。

步骤3：根据密封在垂直于接触面方向的受力平衡关系获得表达式 $F_{load(m)} = F_{Fl(m)} + F_{as(m)} + F_{f(m)}$，将步骤1至2获得的第 m 时刻的外载荷 $F_{load(m)}$、流体承载力 $F_{Fl(m)}$ 和外圆面摩擦力 $F_{f(m)}$ 代入 $F_{load(m)} = F_{Fl(m)} + F_{as(m)} + F_{f(m)}$ 获得粗糙峰承载力 $F_{as(m)}$，继而获得第 m 时刻的粗糙峰接触压力 $F_{(m)}$。

步骤4：以密封面相对旋转的线速度为 X 轴，所述粗糙峰接触压力为 Y 轴建立二维坐标系；提取同一时刻 t 的车用离合器实际工况下的密封面相对旋转的线速度 $V_{(t)}$、粗糙峰接触压力 $F_{(t)}$，根据同一时刻的密封面相对旋转的线速度 $V_{(t)}$ 和粗糙峰接触压力 $F_{(t)}$ 在所述二维坐标系绘制一个点 $P_{(t)}$。

根据利用同一时刻 t 的磨损量与摩擦行程之比获得车用离合器实际工况下的磨损率 $\eta_{(t)}$，在绘制的点 $P_{(t)}$ 处标注所获得的磨损率 $\eta_{(t)}$。

以此方式在所述二维坐标系上绘制多个时刻的点，标注多个时刻的磨损率，绘制完成磨损图。

步骤5：在所述磨损图中根据实际工况确定失效边界，当绘制的点超过该失效边界时，确定曲线旋转密封失效。

2.如权利要求1所述的有表面微织构的车用旋转密封磨损分析方法，其特征在于，根据所述磨损图确定粗糙峰接触压力和密封面相对旋转的线速度改变时磨损率的变化。

3.如权利要求1所述的有表面微织构的车用旋转密封磨损分析方法，其特征在于，根据所述磨损图确定曲线旋转密封失效时磨损率的大小，为分析旋转密封的磨损机理提供数据资料。

说明书

一种有表面微织构的车用旋转密封磨损分析方法

技术领域

本发明属于车辆传动技术领域，尤其涉及一种有表面微织构的车用旋转密封磨损分析方法。

背景技术

在车辆传动系统中，旋转密封环用于湿式离合器或制动器的配油装置，是其中的关键密封元件，直接影响着传动装置的整体性能、安全性、可靠性和耐久性。在实际的使用过程中经常因为旋转密封的失效，而导致整个传统装置的故障。其失效形式多是密封端面的严重磨损，这种磨损失效取决于摩擦对偶面的润滑状态。有效确定磨损量能准确预测密封环工作寿命及极限工作能力。

磨损图（Wear map）也称磨损形式图（Wear mode diagram）、磨损机制图（Wear mechanism map），或者磨损图解（Wear diagram），是材料磨

损率数据库（Numeric databases）和磨损失效形态图（Topographic databases）的结合。所谓材料磨损率数据库是以数据表的形式给出不同条件下的摩擦因数和磨损率，可依据此数据表估计代表零件的实际耐磨寿命，但数据共享性差。而提供了磨损表面失效机理方面详细信息的磨损失效形态图，过于偏重理论的磨损现象，对实际摩擦副磨损估测的指导意义不大。磨损图对二者取长补短，在同一图上反映出不同工况下的磨损率和磨损机理，以及摩擦磨损条件改变时不同磨损机理之间的转变关系，是目前进行耐磨设计最有力的工具。简单而言，磨损图就是把磨损率数据和磨损表面形态数据信息同时画在一张图上，建立一个综合信息数据库。

在磨损的影响因素中，可以直接量化处理的只有少数，相当一部分是目前还不能量化处理的。因此，在制作磨损图的过程中应该抓住主要因素、忽略次要因素。采用正压力、滑动速度、导热系数和摩擦副硬度作为可变研究变量是磨损图研究的主要方法。

传统磨损图针对某种材料在不同工况下的磨损量与磨损机理进行研究。Riahi 和 Alpas 对铸铁材料在干摩擦工况下的磨损规律进行研究，构建了磨损图。Truhan 等对发动机活塞环与缸套摩擦副的磨损规律进行了研究，分析了磨损机理。Mezghani 和 Mansori 对不同颗粒尺寸精修带表面磨损规律进行了分析，构建了磨损图来分析磨损机理转变过程。Bosman 和 Schipper 建立了边界润滑接触状态的磨损图。

但是，现阶段磨损图的研究主要针对表面无微织构的材料，而对于有表面微织构的车用旋转密封，由于流体动压效应的存在，流体动压承担了一部分固体粗糙峰承载力。因此，传统磨损图采用外载荷作为坐标无法准确体现固体粗糙峰的承载程度。

发明内容

为解决上述问题，本发明提供一种有表面微织构的车用旋转密封磨损分析方法，其获取了有表面微织构的粗糙峰承载力，并给出了有表面微织构的车用旋转密封的磨损图构建方法，通过该磨损图能够确定曲线旋转密封失效情况。

此部分略

有益效果

由于车辆工作状态复杂多变，旋转密封往往处于混合润滑状态，摩擦磨损较严重，本发明针对有表面微织构的旋转密封，磨损图纵坐标采用粗糙峰接触压力，更能体现固体接触摩擦的本质特征，根据磨损图能确定曲线旋转密封失效时磨损率的大小，根据失效边界能确定旋转密封的极限工作能力，根据磨损图能确定粗糙峰接触压力和密封面相对旋转的线速度改变时磨损率的变化，不仅为分析旋转密封的磨损机理提供数据资料，而且对分析磨损机理更方便、更准确，能有效预测润滑状态及工作寿命，为指导实际工程设计提供了参考。

附图说明

图1为本发明的旋转密封工作原理示意图（图略）；

图2为本发明的具有表面微织构旋转密封磨损图（图略）。

具体实施方式

本发明的目的是通过测量旋转密封混合润滑条件下的磨损量，绘制磨损图，为指导旋转密封工程设计提供参考。由于磨损问题十分复杂，影响磨损过程的因素很多，到目前为止还不能够仅凭理论对磨损问题进行准确的估计与预测。事实上，磨损并非由单一机理所支配，而是多种机理相互作用的结果。但是，以往研究一般都是倾向于孤立地进行单一机理的研究，并且假定一些机理占支配地位，而较少考虑不同机理之间的关系。磨损图在同一图上反映出不同工况下的磨损率和磨损机理，以及摩擦磨损条件改变时不同磨损机理之间的转变关系，是进行耐磨设计最有力的工具。

如图1所示，密封在垂直于接触面的方向受四个力的作用：外载荷F_{load}，流体承载力F_{fl}，粗糙峰承载力F_{as}，外圆面摩擦力F_f，受力平衡关系为：

$$F_{load}=F_{fl}+F_{as}+F_f \tag{1}$$

其中外载荷可由工作压力与作用面积相乘直接获得，外圆面摩擦力由法向压紧力与最大静摩擦系数的乘积获得。但流体承载力F_{fl}的求解较麻烦，由于表微织构的存在，无法获得F_{fl}的解析表达式。表面微织构流体压力分布的控制方程是液体柱坐标系下的雷诺方程：

$$\frac{\partial}{\partial r}\left(\frac{\rho r h^3}{\mu}\frac{\partial p}{\partial r}\right)+\frac{1}{r}\frac{\partial}{\partial \theta}\left(\frac{\rho h^3}{\mu}\frac{\partial p}{\partial \theta}\right)=6\omega r\frac{\partial(\rho h)}{\partial \theta}+\frac{3\omega^2}{10}\frac{\partial}{\partial r}\left(\frac{\rho^2 r^2 h^3}{\mu}\right) \tag{2}$$

式（2）中，r，θ分别为径向与周向方向的坐标；h为液膜厚度；μ为润滑介质动力黏度；ρ为润滑介质密度；p为液膜压力；ω为旋转轴旋转角速度。

采用数值算法求解方程（2）可以获得密封面压力分布p，流体承载力可由压力积分获得：

$$F_{\text{fl}} = \int_{r_i}^{r_o} \int_0^{2\pi} pr\text{d}\theta\text{d}r \qquad (3)$$

由式（1）和（3）可以获得粗糙峰承载力 Fas，进而获得粗糙峰接触压力，即磨损图纵坐标。

因此，本发明的有表面微织构的车用旋转密封磨损分析方法，其包括以下步骤：

步骤 1：获取第 m 时刻的车用离合器实际工况所需的压力油压力以及压力油作用于车用离合器旋转密封环外圆面的作用面积，将第 m 时刻的压力油压力与所述作用面积相乘，获得第 m 时刻的外载荷 $F_{load(m)}$。

获取第 m 时刻的车用离合器的旋转密封环与进油衬套之间的压紧力，将所述压紧力与最大静摩擦系数相乘，获得外圆面摩擦力 $F_{f(m)}$。

步骤 2：根据表面微织构流体压力分布的控制方程计算第 m 时刻的密封面液膜压力分布 p_m，对所述第 m 时刻密封面压力分布 p_m 积分 $F_{F1(m)} = \int_{r_i}^{r_o} \int_0^{2\pi} p_m r \text{d}\theta \text{d}r$ 获得第 m 时刻流体承载力 $F_{Fl(m)}$。

其中，r，θ 分别为径向与周向方向的坐标，r_o 为旋转密封环的外圆面半径，r_i 为旋转密封环的内圆面半径；

步骤 3：根据密封在垂直于接触面的方向的受力平衡关系获得表达式 $F_{load(m)} = F_{Fl(m)} + F_{as(m)} + F_{f(m)}$，将步骤 1 至 2 获得的第 m 时刻的外载荷 $F_{load(m)}$、流体承载力 $F_{Fl(m)}$ 和外圆面摩擦力 $F_{f(m)}$ 代入 $F_{load(m)} = F_{Fl(m)} + F_{as(m)} + F_{f(m)}$ 获得粗糙峰承载力 $F_{as(m)}$，继而获得第 m 时刻的粗糙峰接触压力 $F_{(m)}$。

步骤 4：以密封面相对旋转的线速度为 X 轴，所述粗糙峰接触压力为 Y 轴建立二维坐标系；提取同一时刻 t 的车用离合器实际工况下的密封面相对旋转的线速度 $V_{(t)}$、粗糙峰接触压力 $F_{(t)}$，根据同一时刻的密封面相对旋转的线速度 $V_{(t)}$ 和粗糙峰接触压力 $F_{(t)}$ 在所述二维坐标系绘制一个点 $P_{(t)}$。

根据利用同一时刻 t 的磨损量与摩擦行程之比获得车用离合器实际工况下的磨损率 $\eta_{(t)}$，在绘制的点 $P_{(t)}$ 处标注所获得的磨损率 $\eta_{(t)}$。

以此方式在所述二维坐标系上绘制多个时刻的点，标注多个时刻的磨损率，绘制完成磨损图。

步骤5：在所述磨损图中根据实际工况确定失效边界，当绘制的点超过该失效边界时，确定曲线旋转密封失效。

根据所述磨损图确定粗糙峰接触压力和密封面相对旋转的线速度改变时磨损率的变化。

根据所述磨损图确定曲线旋转密封失效时磨损率的大小，为分析旋转密封的磨损机理提供数据资料。

如图3所示（图略），横坐标为密封面相对旋转线速度，纵坐标为粗糙峰接触压力，磨损率为磨损量与摩擦行程之比，通过各工况点磨损量的大小确定磨损率。磨损图中的曲线表示失效边界，当工况参数超过此曲线旋转密封将失效。磨损图清楚地展示出了不同工况下旋转密封的磨损量。特别地，以粗糙峰接触压力为纵坐标，有效排除了表面微织构流体动压效应的影响，更好地显示了由于粗糙峰接触状态不同磨损量的变化规律，对于分析不同工况的磨损机理提供了更本质的参数参考。

当然，本发明还可有其他多种实施例，在不背离本发明精神及其实质的情况下，熟悉本领域的技术人员当可根据本发明做出各种相应的改变和变形，但这些相应的改变和变形都应属于本发明所附的权利要求的保护范围。

2. 审查意见通知书

本申请涉及一种有表面微结构的车用旋转密封磨损分析方法。经审查，现提出如下审查意见。

权利要求1~3不具备《专利法》第22条第3款规定的创造性。

（1）权利要求1请求保护一种有表面微结构的车用旋转密封磨损分析方求。对比文件1（《传动装置密封失效及试验研究》，宫燃，《中国优秀博士论文全文数据库 工程科技Ⅱ辑》，第10期，第C035-1页，2009年10月15日）是相同领域的一篇现有技术，其公开了一种密封环摩擦磨损与失效机理分析方法，密封环的开启力F_K，它可能是油膜承载力，或者是微凸体的承载力（相当于一种有表面微结构的车用旋转密封磨损分析方法），并具体公开了以下技术特征：在密封环承载过程中，密封环的轴向受力下图所示，图b是图a圆圈包含部分的放大图，包括密封环闭合力F_b，密封环的开启力F_k，它可能是油膜的承载力，或者是微凸体的承载力，或者两者都包括，同时还有密封环与进油衬套的摩擦力F_r，密封环闭合力F_b，它是由介质压力F_0引起的力，即：$F_b = \dfrac{p_0 + p_1}{2} A$，式中：$A$为密封环的端面面积（相当于步骤1，获

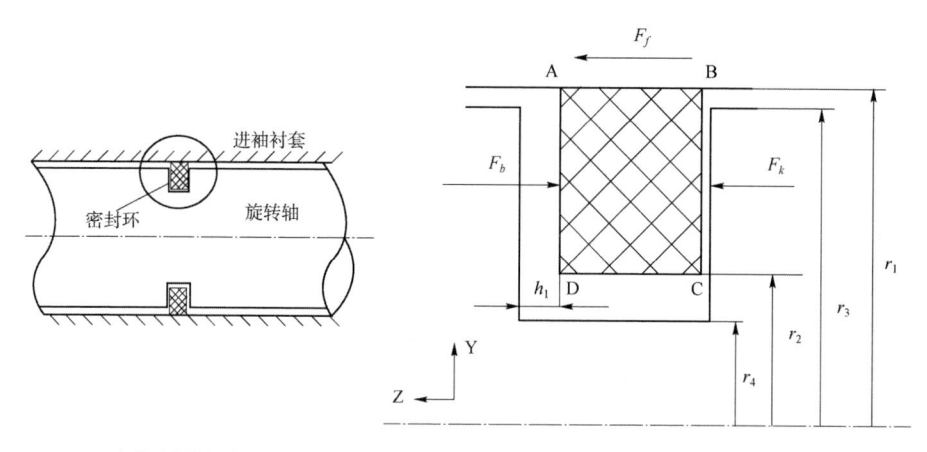

a. 密封环的轴向受力　　　　　　　　b. a图圆圈包含部分放大图

取第 m 时刻的车用离合器实际工况所需的压力以及压力油伦用于车用离合器旋转密封环外圆面的作用面积，获取第 m 时刻的压力油压力与所述作用面积相乘，获得第 m 时刻的外载荷 $F_{load(m)}$），密封环稳定状态下，有下式成立，$F_k = F_b = F_f$，其中 $F_b = \dfrac{p_0 + p_1}{2} A = \dfrac{p_0 + p_1}{2} \pi (r_1^2 - r_2^2)$，作用在进油衬套内侧的压力包括有作用在 CD 上的油压 P_1 和密封环的单位弹力 P_c，那么密封环与进油衬套的摩擦力就可以用下式表示：$F_f = 2\pi L f_c (r_2 p_1 + r_1 p_c)$，式中：$f_c$ 为密封环与进油衬套的摩擦系数（相当于获取第 m 时刻的车用离合器的旋转密封环与进油衬套的之间的压紧力，将所述压紧力与摩擦系数相乘，获得外圆面摩擦力 F_{fw}）当出现微凸体的直接接触时，微凸体的接触形成部分开启力，与润滑区的流体油膜共同承载着作用在密封端面上的外载荷，在流体润滑区，计算承载能力，是能过 Reynolds 方程得出的油膜太力分布在非接触区上积分，求油膜的总的承载能力，在微凸体接触区，利用公式得到接触压力分布，在接触区上积分运算，得到微凸体的承载能力值，在密封系统承载力计算模型中，把密封接触端面分成两个区，流体润滑区与微凸体接触区，那么，总的承载力可表示为：$\overline{F_k} = F_{k1} + F_{k2} \underset{\text{润滑区}}{\iint} pRdRdo + \underset{\text{接触区}}{\iint} p'RdRdo$，计算 $\overline{F_{k1}}$ 的过程相当于计算流体承载力的过程，由计算式可以确定 r、o 分别为径向与周向方向的坐标（相当于步骤2，根据表面微织构流体压力分布的控制方程计算第 m 时刻的密封面液膜压力分布 p_m，对所述第 m 时刻密封面压力分布 p 积分 $F_{Fl(m)} = \iint P_m r \, d\theta \, dr$ 获得第 m 时刻流体承载力 $F_{fl\omega}$，r、o 分别为径向与周向方向的坐标）。

因此权利要求1相对于对比文件1的区别技术特征为：（1）在计算外圆

面摩擦力时是通过压紧力与最大静摩擦系数相乘获得外圆面摩擦力 F_{fw}，通过 $F_{F1(m)} = \int_{r_i}^{r_o} \int_0^{2\pi} P_m r \, \mathrm{d}\theta \mathrm{d}r$（其中 r_o 为旋转密封环的外圆面半径，r_i 为旋转密封环的内圆面半径）计算流体承载力；（2）该方向还包括步骤 3～步骤 5。

基于上述区别技术特征可以确定权利要求 1 要解决的技术问题是如何利用密封环的受力平衡关系对有表面微织构的车用旋转密封磨损进行分析。

对于区别技术特征（1）：在计算摩擦力时采用取最大静摩擦力系数作为摩擦力系数属于本领域技术人员的常规选择，同时对比文件 1 已经公开了通过 $F_{F1(m)} = \iint P_m r \, \mathrm{d}\theta \mathrm{d}r$ 来求解流体承载力，而在计算流体承载力时根据密封环的几何关系可以确定密封环的半径 $r_i < r < r_o$，密封面的角度由 0～2π 变化，因此在进行面积积分时，角度的取值范围为 0～2π，半径为 r_i～r_o 属于本领域的惯用技术手段，因此在对比文件 1 的基础上本领域技术人员容易想到采用 $F_{F1(m)} = \int_{r_i}^{r_o} \int_0^{2\pi} P_m r \, \mathrm{d}\theta \mathrm{d}r$（其中 r 为旋转密封环的外圆面半径，r_i 为旋转密封环的内圆面半径）计算流体承载力，其技术是可以预料的，不需要付出创造性的劳动。

对于区别技术特征（2）：对比文件 2（《等离子喷涂 Al_2O_3-13wt.%TiO_2 涂层在干摩擦条件下的磨损机制转变图》，叶辉等，《摩擦学学报》，第 29 卷，第 3 期，第 246-250 页，2009 年 5 月 15 日）公开了一种磨损机制分析方法，并具体公开了以下技术特征：图 2（图略）给出了干摩擦条件下与 WC 硬质合金对磨时，Al_2O_3-13wt.%TiO_2 涂层的线磨损率随载荷和滑动速度的变化关系图，在载荷 p 为 70 N 时涂层的磨损率突然变大，这说明此时涂层的磨损机制发生了变化，在载荷 p 为 80 N 时涂层的磨损率显著增大，这说明在此条件下涂层的磨损机制再次发生了变化，由图 7（b）（图略）可以确定等离子喷涂 Al_2O_3-13wt.%TiO_2 涂层的磨损率图的 X 轴为滑动速度，纵坐标为外载荷，由图 8 可以确定等离子喷涂 Al_2O_3-13wt.%TiO_2 涂层的磨损机制图的 X 轴为滑动速度，纵坐标为外载荷，对于每一个点还标识出其磨损率。上述技术特征在对比文件 2 中所起的作用与其在本申请中所起的作用相同都是建立磨损率随载荷和滑动速度的关系的磨损图来分析磨损情况，即对比文件 2 给出了将上述技术特征运用于对比文件 1 的技术启示。同时，对比文件 1 还公开了以下技术特征：在密封环稳定状态下有下成立 $F_k = F_b = F_f$，在密封环承载过程中，密封环的轴向受力包括密封环闭合力 F_b，密封环的开启力 F_f，它可能是油膜的承载力，或者是微凸体的承载力，或者两者都包括，当出现微凸体的直接接触时，微凸体的接触形成部分开启力，与润滑区的流体油膜共同承载着作用在密封端面上的外载荷，把密封接触端面分成两个区，流体润滑与微凸体接触区，那么总的承载力可表示为：$\overline{F_k} = F_{k1} + F_{k2} - \iint\limits_{润滑区} PR\mathrm{d}R\mathrm{d}\theta + \iint\limits_{接触区} P'R\mathrm{d}R\mathrm{d}\theta$，实际承载力计算公式表达式为 $F_k=BF(L-B)F_{k2}$，式中 F_k 表示总的承载力，F_{k2} 表示润滑区的承载力，F_{k2} 表示接触区的承载力，B 表示润滑区与总面积之比，如果 $B=0$，表示作用在密封端面上的外载荷全部由微凸体承载，即干摩擦状态，如果 $B=1$，那么就全部由油膜来承载，即全流体润滑状态，当 $F_b - F_f = F_{k1}$ 时，表明油膜起到承载作用，油膜承载力可以平衡油压力的影响，此时密封环处于全流体润滑状态，当 $F_b = F_f > F_{k1}$ 时，密封环在合力的作用下移动而压缩油膜，随着没膜厚度减小，F_k 会相应变大，如果当 F_k 始终无法满足受力平衡条件时，油膜就会破裂，这时密封环与密封凹槽端面之间的润滑状态发生改变，可能为边界摩擦，混合摩擦或干摩擦的一种。即对比文件 1 已经公开了根据密封环垂直接触面的受力情况 $F_k = F_b - F_f$ 和 $\overline{F_k} = \overline{F_{k1}} + \overline{F_{k2}} - \iint\limits_{润滑区} PR\mathrm{d}R\mathrm{d}\theta + \iint\limits_{接触区} P'R\mathrm{d}R\mathrm{d}\theta$ 来分析密封环与密封凹槽端面的摩擦状态，当出现微凸体的直接接触时，微凸体的接触形成部分开启力与润滑区的流体油膜共同承载着作用在密封端面上的外载荷。同时本领域技术人员知晓导致密封圈磨损的主要原因是固体粗糙峰接触。而对比文件 2 公开了基于线磨损率随载荷和滑动速度的变化关系图来进行磨损分析，等离子喷涂 Al_2O_3-13wt.%TiO_2 涂层的磨损机制图的 X 轴为滑动速度，纵坐标为外载荷，对于每一个点还标识出其磨损率。因此，在对比文件 1 和 2 的基础上，本领域技术人员考虑到影响线损率的主要因素是固体粗糙峰接触自然会想到采用线磨损率随粗糙峰接触压力和线速度的变化关系图分析粗糙峰接触压力和线速度的变化关系来研究磨损机理，并通过密封环在垂直于接触面的方向的受力平衡关系建立表达式来求解粗糙峰承载力 F，继而获得粗糙峰接触压力 F，并以密封面相对旋转的线速度 V_0 和粗糙峰接触压力 F 为 x 轴和 y 轴绘制点 P，根据磨损量与摩擦行程之比获得磨损率 η，在绘制的点 P_i 处标注所获得的磨损率 η，并根据实际工况确定失效边界，当绘制的点超过失效边界时，确定曲线旋转密封失效。即在对比文件 1 和 2 基础上，本领域技术人员采用步骤 3~5 车用旋转磨损分析其技术效果是可以预料的，属于本领域的惯用技术手段。

因此在对比文件 1 的基础上结合对比文件 2 以及本领域惯用技术手段得

到权利要求 1 请求保护的技术方案对于本领域技术人员是显而易见的，权利要求 1 请求保护的技术方案不具有突出的实质性特点和显著的进步，不具备《专利法》第 22 条第 3 款规定的创造性。

（2）权利要求 2 引用权利要求 1，对权利要求 1 进行了进一步的限定。根据所述磨损图确定粗糙峰接触压力和密封面相对旋转的线速度改变时磨损率的变化属于采用坐标图进行数据分析的惯用技术手段。因此在引用的权利要求不具备创造性时，该从属权利要求请示保护的技术方案不具备《专利法》第 22 条第 3 款规定的创造性。

（3）权利要求 3 引用权利要求 1，对权利要求 1 进行了进一步的限定。根据所述磨损图确定曲线旋转密封失效时磨损率的大小为分析旋转密封的磨损机理提供数据资料属于本领域的惯用技术手段。因此在引用的权利要求不具备创造性时，该从属权利要求请示保护的技术方案不具备《专利法》第 22 条第 3 款规定的创造性。

基于上述理由，本申请的独立权利要求以及从属权利要求都不具备创造性，同时说明书中也没有记载其他任何可以授予专利权的实质性内容，因而即使申请人对权利要求进行重新组合和/或根据说明书记载的内容作进一步的限定，本申请也不具备授予专利权的前景。如果申请人不能在本通知书规定的答复期限内提出表明本申请具有新颖性和创造性的充分理由，本申请将被驳回。

3．针对审查意见的答复

随本申请给出的对比文件 1 与本申请的技术领域相同，解决的技术问题相近，对比文件 1 公开了本申请的技术特征最多，因此将对比文件 1 确定为与本申请最接近的现有技术。

本申请权利要求 1 保护的技术方案与对比文件 1 公开的技术方案相比，其区别技术特征为：

（1）有表面微织构的车用旋转密封磨损分析方法；

（2）采用数值解法对微织构的流体承载力进行计算；

（3）本申请权利要求 1 请求保护的技术方案方法包括步骤 3～5。

对于区别特征 1：

首先，本申请权利要求 1 请求保护的技术方案描述的微织构（微槽）是根据研究者的需求进行设计加工的，并且其结构能被准确描述，而对比文件 1 提到的微凸体并不属于微织构的范围，微凸体是密封环加工过程中自然形成的表面形貌，而微织构是经过设计加工得到的有规律的表面结构，是一种表面微槽。对比文件 1 端面没有加工微织构（微槽），其提到的微凸体是旋转密封加工过程中自然形成的表面形貌，不属于微织构的范畴，而且其不可准确描述，因此本申请权利要求 1 请求保护的技术方案与对比文件 1 的技术方案所针对的对象不同。由于对象不同，本领域技术人员在面对有表面织构的车用旋转密封问题时，不能够将对比文件 1 中对于微凸台的方案应用于解决有表面织构的车用旋转密封问题。

其次，本申请权利要求 1 请求保护的技术方案是为了解决传统磨损图无法准确体现固体粗糙峰的承载程度的问题。对于有表面微织构的车用旋转密封问题，本发明针对有表面微织构的旋转密封，磨损图纵坐标采用粗糙峰接触压力，更能体现固体接触摩擦的本质特征，根据磨损图能确定曲线旋转密封失效时磨损率的大小，根据失效边界能确定旋转密封的极限工作能力，根据磨损图能确定粗糙峰接触压力和密封面相对旋转的线速度改变时磨损率的变化。而对比文件 1 所公开的内容为一种密封环摩擦磨损与失效机理分析方法，并不能用于解决本申请权利要求 1 请求保护的技术方案要解决的技术问题。即使对比文件 1 中密封环的开启力 F_k 为微凸体的承载力，由于对比文件 1 中的微凸体是旋转密封加工过程中自然形成的表面形貌，不属于微织构的范畴，对比文件 1 提到的有关微凸体的计算与本申请权利要求 1 请求保护的技术方案所述的有表面微织构的车用旋转密封磨损分析方法也有本质区别。

因此对于本领域的技术人员来说，当看到对比文件 1 时，在不付出创造性的劳动，将对比文件 1 以及公知常识相结合来推导出上述区别技术特征是非显而易见的，因此本发明相对于对比文件 1 具有突出的实质性特点。

对于区别特征 2：

对比文件 1 中是通过受力分析判断接触面的润滑状态，对于流体承载力的计算是对于端面而言的，计算的是端面的流体承载力，而不是微织构产生的承载力，因此对比文件 1 中并没有涉及微织构（微槽）产生的流体承载力的计算；即便利用对比文件 1 中的公开的方法尝试去计算微织构产生的承载力，由于对比文件 1 求解端面流体承载力采用的是解析法，当涉及微织构时，由于解析法中方程的简化，其对于流体承载力的计算精度必然不高；而本申请权利要求 1 请求保护的技术方案是利用数值解法，对涉及微织构的流体承载力进行计算，是付出了创造性劳动，不是本领域的惯用技术手段。在已知微织构（微槽）时，获得高精度的流体承载力计算方式，从而更容易控制密封面处于更厚的油膜的状态，因此本申请权利要求 1 请求保护的技术方案与现有技术相比具有更好的技术效果。

另外，在对比文件 2 中，对试验分析粗糙峰承载力来研究磨损机理，没有涉及理论分析及计算，只是通过粗糙峰接触压力与线速度一一对应，实现磨损图的绘制。而本申请权利要求 1 请求保护的技术方案提到的磨损分析方法中磨损指的是旋转密封端面的磨损，不是指微织构（微槽）的磨损，并且本申请权利要求 1 请求保护的技术方案提到的磨损分析方法是动态的，旋转密封的磨损过程是随着转速变化的，当转速变化时，微织构产生的流体承载力、粗糙峰承载力都是变化的，由于流体承载力的变化，端面膜厚度会发生变化，端面膜厚度发生变化，粗糙峰的接触就会变化，粗糙峰接触的变化又会反过来影响端面膜厚的厚度。而对比文件 2 通过实验研究的接触面在干摩擦条件下的磨损机制转变图并不能描述上述动态旋转密封的磨损过程。对于"采用数值解法对微织构的流体承载力进行计算"，本申请权利要求 1 请求保护的技术方案具体提到"根据密封在垂直于接触面的方向的受力平衡关系获得表达式 $F_{load(m)} = F_{Fl(m)} + F_{as(m)} + F_{f(m)}$，并且将获得的第 m 时刻的外载荷 $F_{load(m)}$、流体承载力 $F_{Fl(m)}$ 和外圆面摩擦力 $F_{f(m)}$ 代入 $F_{load(m)} = F_{Fl(m)} + F_{as(m)} + F_{f(m)}$ 获得粗糙峰承载力 $F_{as(m)}$，继而获得第 m 时刻的粗糙峰接触压力 $F_{(m)}$"，通过以上分析，对比文件 2 中并未给出将这一技术特征运用于对比文件 1 的技术启示，对于本领域的技术人员来说，当看到对比文件 1 时，结合对比文件 2 以及公知常识相结合来推导出上述区别技术特征是非显而易见的，因此本发明相对于对比文件 1 与对比文件 2 具有突出的实质性特点。

对于区别特征 3：

流体动压性能与转速有关，对于磨损的分析也是一个动态分析的过程。本申请权利要求 1 请求保护的技术方案是通过理论分析的方法描述旋转密封的磨损动态过程，而对比文件 2 的磨损分析是通过实验的方法来进行的。对于本申请权利要求 1 请求保护的技术方案步骤 3～5，在步骤 3 中，首先确定的是线速度，因为流体承载力与粗糙峰承载力均与膜厚相关，两者的求解是同时进行的，通过计算满足平衡式 $F_{load(m)} = F_{Fl(m)} + F_{as(m)} + F_{f(m)}$ 的膜厚，继而得到粗糙峰承载力，在对比文件 2 中并没有对求取粗糙峰承载力的相关描述；进一步地，基于本申请权利要求 1 请求保护的技术方案的步骤 3、步骤 4 中的粗糙峰承载力与线速度是一一对应的；以粗糙峰承载力为坐标轴，区别于对比文件 2 以外载荷为坐标轴。并且本申请权利要求 1 请求保护的技术方案中，通过步骤 5 中绘制的磨损图可以分析得到密封端面的粗糙峰承载力与密封端面的磨损率随线速度的变化关系，而对比文件 2 的磨损图不能得出粗糙峰承载力随线速度的变化关系。因此，在对比文件 2 没有给出将该技术特征运用于对比文件 1 的技术启示。特别地，以粗糙峰接触压力为纵坐标，有效排除了表面微织构流体动压效应的影响，更好地显示了由于粗糙峰接触状态不同磨损量的变化规律，对于分析不同工况的磨损机理提供了更本质的参数参考。可以看出本申请权利要求 1 请求保护的技术方案的步骤 3~5 带来了不可预料的技术效果，本申请权利要求 1 请求保护的技术方案步骤 3~5 是对比文件 1 的区别技术特征，也是与对比文件 2 的区别技术特征。

由此可见，上述区别技术特征是解决技术问题必不可少的技术点，而对比文件 1 和对比文件 2 未给出上述区别技术特征内容，也未给出任何关于上述区别技术特征的技术启示，因此对于本领域的技术人员来说，当看到对比文件 1 时，在不付出创造性的劳动，将对比文件 1 与对比文件 2 以及公知常识相结合来推导出上述区别技术特征是非显而易见的，因此本申请相对于对比文件 1 和对比文件 2 具有突出的实质性特点。

同时本申请权利要求 1 请求保护的技术方案相对于对比文件 1，针对有表面微织构的旋转密封，磨损图纵坐标采用粗糙峰接触压力，更能体现固体接触摩擦的本质特征，根据磨损图能确定曲线旋转密封失效时磨损率的大小，根据失效边界能确定旋转密封的极限工作能力，根据磨损图能确定粗糙峰接触压力和密封面相对旋转的线速度改变时磨损率的变化，不仅为分析旋转密封的磨损机理提供数据资料，而且对分析磨损机理更方便、更准确，能有效预测润滑状态及工作寿命，为指导实际工程设计提供了参考，相对于现有技术具有显著的进步。

综上所述，本申请权利要求 1 请求保护的技术方案相对于对比文件 1 和文件 2 具有创造性。

权利要求 2 和权利要求 3 作为权利要求 1 的从属权利要求，在权利要求 1 具有创造性的基础上，权利要求 2 和权利要求 3 也具有创造性。本申请具备《专利法》第二十二条第三款规定的创造性。

4．要点分析

本案例属于以最接近现有技术作为研发的起点无法完成本申请的类型，借由该案例，对不修改增加新的区别技术特征，直接进行陈述的创造性答复思路进行分析：

● 答复分析过程如下：

第一，分析审查员所评述的最接近现有技术是否选择错误或不当。审查员认为有表面微织构的车用旋转密封磨损分析方法可以套用对比文件 1 公开的针对密封环的分析方法，然后具体利用密封环的受力平衡关系就可以对有表面微织构的车用旋转密封磨损进行分析。

但是，本申请权利要求 1 请求保护的技术方案与对比文件 1 的技术方案所针对的对象是不同的，对比文件 1 中的微凸体是旋转密封加工过程中自然形成的表面形貌，不属于微织构的范畴。由于对象不同，本领域技术人员在面对有表面织构的车用旋转密封问题时，不能够将对比文件 1 中对于微凸台的方案应用于解决有表面织构的车用旋转密封问题；另外，对比文件 1 所公开的内容为一种密封环摩擦磨损与失效机理分析方法，并不能用于解决本申请权利要求 1 请求保护的技术方案要解决的技术问题。

可见，审查员给出的对比文件 1 不是最接近的现有技术，那么就缺少判断发明是否具有突出的实质性特点的基础了，此时可以从技术问题、技术方案和技术效果的角度去论证申请具备创造性，可以重点陈述对比文件 1 针对密封环的分析方法不能用于对有表面微织构的车用旋转密封磨损分析。

第二，确认审查员确定的区别技术特征是否准确，基于此确定的本发明实际解决的技术问题是否准确。

首先，参考审查员指定的最接近的现有技术，基于最接近的现有技术确定区别技术特征。其次，分析各区别特征之间的相互关系及其所起的作用，确立主要改进点以及与主要改进点相配合或适应的特征，确定发明三要素（技术问题、技术方案和技术效果）之间的对应关系。最后，确定本申请发明点，以发明点为基准，回过头来判断审查意见中的特征比对是否准确。根据分析，找出本申请与对比文件的 3 个区别技术特征：

① 有表面微织构的车用旋转密封磨损分析方法；
② 采用数值解法对微织构的流体承载力进行计算；
③ 本申请权利要求 1 请求保护的技术方案方法包括步骤 3~步骤 5。

第三，针对各个区别特征分别进行具体答复，指出通知书中引用的其他对比文件或公知常识中未给出将上述区别技术特征应用到该最接近的现有技术中来解决上述实际解决的技术问题的技术启示，从而说明该权利要求相对于通知书中引用的对比文件和公知常识具有突出的实质性特点。

需要说明的是，本案例仅是为了说明答复思路，并不说明上述答复样例为最佳答复。经过审查意见答复，该申请获得了授权。

3.1.4 案例 2：基于北斗系统的应急生命监护救援系统

1. 专利申请文件

权利要求书

1. 基于北斗系统的应急生命监护救援系统，包括救援指挥中心和搜救终端，其特征在于：搜救终端包括人机接口模块、通信模块、CPU 控制模块、定位模块、生命体征检测传感器以及电源模块；通信模块分别与救援指挥中心和 CPU 控制模块连接，定位模块与 CPU 控制模块连接，生命体征检测传感器与 CPU 控制模块连接，人机接口模块与 CPU 控制模块连接，电源模块与所有上述模块连接以提供电源；在 CPU 控制模块的控制下，生命体征检测传感器检测伤员的生理数据，并将该生理数据发送给 CPU 控制模块，再通过定位模块接收 BD2/GPS 卫星数据，将定位结果发送给 CPU 控制模块，CPU 控制模块将伤员生理数据和位置数据融合后，通过 BD1 通信模块发送至救援指挥中心，救援指挥中心根据告警级别的不同实时在地图上显示，指挥中心根据采集到的数据，指挥转运系统对伤员进行搜索、分检、前接、转运至上级救治。

2. 如权利要求 1 所述的基于北斗系统的应急生命监护救援系统，其特征在于：上述的生理数据包括心电图、呼吸、体动数据。

3. 如权利要求 1 或 2 所述的基于北斗系统的应急生命监护救援系统，其特征在于：上述的生命体征检测传感器采用腰带式设计，与主控模块通过蓝牙进行数据交互。

4. 如权利要求 1 或 2 所述的基于北斗系统的应急生命监护救援系统，其特征在于：上述的搜救终端工作模式包括定时上报方式、后台查询方式、终端按键报警方式，其中定时上报方式、后台查询方式通过救援指挥中心发送指令设置。

说明书

基于北斗系统的应急生命监护救援系统

技术领域

本发明涉及一种基于北斗系统的应急生命监护救援系统，特别涉及一种搜救终端和救援指挥中心的设计方案。

背景技术

世界上主要国家如美、英、法、俄等有类似的救援系统,特别是在军用方面。目前国外同类型的搜救设备有单兵监视器(PSM)、野战医助便携计算机(FMA)、野战医疗协调器(FMC)、创伤救治服务器(TCC)、医疗摄像系统(MEDIC-CAM)。

目前国内尚无集成定位、生命体征检测和卫星通信功能成熟、定型的产品以及基于此类产品的监护救援系统,部分研发产品具有类型产品局部功能,如无线便携式头盔、基于 GSM 网络的无线远程医疗设备、无线传感器网络、GPS 导航仪、卫星电话、个人医疗救护装备等,设计上也并非针对特殊环境下的应用,并且缺乏一个有效的后台支持系统。它们都存在以下问题:①缺乏系统内定位、监测、通信的衔接、融合;②定位方式单一(GPS);③通信抗干扰能力差、环境适应性差,缺乏灾害环境下通信保障能力;④缺乏后端服务平台系统,无法整合现有医疗设备及救护资源。

发明内容

本发明的目的在于提供一种基于北斗系统的应急生命监护救援系统,能够解决上述技术问题。

该基于北斗系统的应急生命监护救援系统包括救援指挥中心和搜救终端,其中搜救终端包括人机接口模块、通信模块、CPU 控制模块、定位模块、生命体征检测传感器以及电源模块;通信模块分别与救援指挥中心和 CPU 控制模块连接,定位模块与 CPU 控制模块连接,生命体征检测传感器与 CPU 控制模块连接,人机接口模块与 CPU 控制模块连接,电源模块与所有上述模块连接以提供电源;在 CPU 控制模块的控制下,生命体征检测传感器检测伤员的生理数据,并将该生理数据发送给 CPU 控制模块,再通过定位模块接收 BD2/GPS 卫星数据,将定位结果发送给 CPU 控制模块,CPU 控制模块将伤员生理数据和位置数据融合后,通过 BD1 通信模块发送至救援指挥中心,救援指挥中心根据告警级别的不同实时在地图上显示,指挥中心根据采集到的数据,指挥转运系统对伤员进行搜索、分检、前接、转运至上级救治。

上述的生理数据包括心电图、呼吸、体动数据。

上述的生命体征检测传感器采用腰带式设计,与主控模块通过蓝牙进行数据交互。

上述的搜救终端工作模式包括定时上报方式、后台查询方式、终端按键报警方式,其中定时上报方式、后台查询方式通过救援指挥中心发送指令设置。

有益效果

本发明为集伤员卫星定位、生命信息检测和无线传输为一体的小型装置，由士兵或者救援人员随身携带，伤员的生理数据和位置信息通过 BD1 短消息发送至救援指挥中心，救援指挥中心根据告警级别的不同实时在地图上显示，指挥中心根据采集到的数据，指挥转运系统对伤员进行搜索、分检、前接、转运至上级救治。本发明可以运用于海、陆、空各军种，对于战时伤员找寻、救治，平时军事训练都具有重要的实用意义。同时也可用于户外运动、旅游、探险、野外作业、医疗监护等民用领域，市场前景广阔。

附图说明

略

具体实施方式

下面结合附图对本发明作进一步介绍。

如图 1 所示（图略），搜救终端是该系统的采集前端，采集伤员的生命体征数据和卫星定位数据，并进行数据融合，通过 BD1 短消息方式发送至救援指挥中心实时显示和处理，还可以根据后台管理中心的指令进行状态调整。终端基于 ARM 的嵌入式设计，按功能划分主要包括主控模块、人机接口模块、通信模块、定位模块、生命体征检测传感器模块和电源模块组成。

CPU 控制模块实现各个模块的信息交互，确保各个模块协调工作，负责控制器和外围器件的初始化和控制。定位模块采用 BD2/GPS 兼容接收机，通过 BD2、GPS 两种定位方式指示佩戴者的位置，可保障终端定位的可靠性和准确性。生命体征检测传感器用于采集佩戴者的各项生理信息，获取各项生态指标，主要采集伤员的心电图、呼吸和体动数据，该传感器采用腰带式设计，它与主控模块通过蓝牙进行数据交互。该终端采用北斗一号（BD1）短消息方式通信，BD1 可实现用户与用户、用户与地面控制中心之间的通信，一般用户一次最多可传输 120 个汉字的短报文信息，在公网覆盖不到或者遭到破坏时，BD1 能够保障灾害环境下数据的传输，同时又能保障数据的安全性。人机交互模块便于佩戴者实现对系统简单便捷控制，特殊情况下对系统的紧急操作及告警信号指示。电源模块用于对整个系统供电，采用智能化电源管理方案。

如图 2 所示（图略），搜救终端工作模式包括以下三种：定时上报方式、后台查询方式、终端按键报警方式,其中模式1、2可通过指挥中心发送指令设置。首先采集生命体征检测传感器的心电图、呼吸和体动数据,以及接收机模块的定位数据,进行数据整合,根据不同的工作模式将数据通过BD1短消息的方式发送至救援指挥中心,指挥中心后台处理中心也可以根据情况设定通过无线方式设定终端的工作模式。

如图3所示(图略),救援指挥中心模块采用北斗一号中心式指挥型用户机,通过北斗系统卫星链路和地面网络双路接收北斗数据,监控指挥下属用户数量可达到1000个,可以为大集团指挥机关建设北斗指挥系统。通过这种模式可有效地扩展指挥型用户机的使用,便于多席位的监控和指挥。其主要功能包括:伤员位置和生命体征信息的接收、实时地图显示和处理;信息自动备份、历史数据分类统计和查询;查询终端信息,修改终端定时上报时间和地址等;指挥转运系统对伤员进行搜索、分检、前接、转运至上级救治;评价转运系统、指导救助、支持远程医疗;具备多级指挥、账户分级管理功能。

本发明的救援指挥中心模块采用分层架构设计,从纵向架构层面上系统提供硬件解析层、数据访问层、应用层和表示层四大层面。在每个大层面上又包含若干小层面的抽象、影射、实现和封装。

1. 硬件解析层:负责完成与终端和车辆的通信,通过对终端设备轮询或主动上报的方式收集数据,实现伤员位置和状态参数实时采集,并执行控制指令。

2. 数据访问层:主要进行伤员位置管理,伤员生命体征的分类、处理,用户信息和配置信息管理,以及信息数据库维护管理等,采用Access数据库实现。伤员的数据可为伤情诊断,统计输出伤员的伤亡率、留治率、后送率等提供依据。

3. 应用层:包括用户管理、位置状态管理、报警管理、配置管理和转运管理。用户管理:负责对使用指挥中心站平台的用户进行合理的管理与约束,主要功能包括用户身份认证、用户权限鉴别、用户操作记录等;位置状态管理:显示伤员的位置、状态信息,并可对状态进行分析分类,存储和查询;报警管理:发现、显示报警,并根据报警情况指导伤员自救;配置管理:系统的设置,终端轮询时间的设置和修改、上报地址的修改;指挥调度管理:根据伤员的不同情况配置不同的转运方式,可以采用汽车、航空器、船只等方式,并可评价转运系统、指导救助、支持远程医疗。

4. 表示层:接收应用软件传送来的数据,在电子地图上显示伤员的位置、状态和报警等级。地图选用北京四维图新科技股份有限公司的正版全国电子地图，实现电子地图的任意放大、缩小和漫游。

2. 审查意见通知书

本申请涉及一种基于北斗系统的应急生命监护救援系统，经审查，提出具体意见如下：

权利要求1~4不具备《专利法》第二十二条第三款规定的创造性。

权利要求1请示保护一种基于北斗系统的应急生命监护救援系统，对比文件1（CN1907214A，参见权利要求1~9，说明书第7页14~24行，图1-10）公开了一种具有急救及定位功能的便携式过程实时监护仪，包括医院监护中心（相当于救援指挥中心）和便携式过程实时监护仪（相当于搜救终端），便携式过程实时监护仪包括人机交互模式4（相当于人机接口模块）、无线通信模块5、嵌入式主控制模块1（相当于CPU控制模块）、GPS/无线信标被动定位模块3、生理参数采集模块2（相当于生命体征检测传感器）以及电源电路和电池（相当于电源模块）；如图1所示（图略），无线通信模块5与医院监护中心和嵌入式主控模块1连接，定位模块3、生理参数采集模块2，以及人机交互模式4分别与嵌入式主控模块1连接；在嵌入主控模块1的控制下，生理参数采集模块2检测被检者的生理参数数据并发送给嵌入主控模块1，再通过定位模块3接收GPS卫星定位数据，连通监护信息一并经压缩、处理和通信编码（相当于融合）通过无线通信模块发送至医院监护中心（参见说明书第7页14~24行）并将生理参数监护信息显示在监护屏幕上供医生实施监护和诊断（参见说明书第8页7行），医院监护中心根据采集的生理数据采取正常监护、立即救治、搜录、现场抢救和转运等操作（参见说明书第8页5~26行）。

权利要求1与对比文件1的区别在于：a. 医院监护中心根据报警级别的不同实时显示在地图上，其作用是直观显示；b. 所述定位模块基于北斗系统，其作用是提供定位信息。对于区别a，为使定位信息更加直观，将被定位对象级别实时显示在地图上是本领域技术人员经常采用的方式，属于本领域常用技术手段。对于区别b，对比文件2（CN1947654A，参见摘要、权利要求26）公开了一种生命信息发报装置，其定位模块基于北斗定位系统。可见，上述区别特征已被对比文件2公开，而且该特征在对比文件2中所起的作用与其在本发明中为解决其技术问题所起的作用相同，都是提供定位信息，本领域技术人员可以从对比文件2中得到启示，在对比文件1的基础上再结合对比文件 2 和本领域常用技术手段从而得到权利要求 1 的技术方案。因此,权利要求 1 不具有突出的实质性特点和显著的进步,不具备《专利法》第二十二条第三款规定的创造性。

权利要求 2~4 是从属权利要求。对于权利要求 2 的附加技术特征,对比文件 1 公开了生理参数采集模块采集心电和血压信号(参见权利要求 1,图 2),此外呼吸和体动也是生命监测的常用生理参数,其属于本领域常用技术手段。对于权利要求 3 的附加技术特征,对比文件 1 公开了生理参数采集模块采用袖带方式(参见权利要求 1,图 2),而腰带方式也是便携式生理信号采集的常见附着方式,属于本领域常用技术手段;此外,生理参数采集模块与主控模块采用蓝牙进行数据传输,在生理监测领域也是常见的传输方式,属于本领域常用技术手段。对于权利要求 4 的附加技术特征,对比文件 1 公开了便携式过程实时监护仪(相当于搜救终端)包括定时上报方式(参见权利要求 4)医院监护中心进行指令设置,此外后台查询和按键报警也是生理监护领域的常见方式,属于本领域常用技术手段。可见,权利要求 2~4 的附加技术特征或被对比文件 1 公开,或属于本领域常用技术手段。因此,当其引用的权利要求不具备创造性时,从属权利要求 2~4 也不具有突出的实质性特点和显著的进步,不具备《专利法》第二十二条第三款规定的创造性。

3. 针对审查意见的答复

针对您的审查意见,本申请人认真阅读后,进行如下修改和陈述:

(1) 修改说明

根据说明书第 3 页第 20 行描述的"定位模块采用 BD2/GPS 兼容接收机",现在将其补充至权利要求 1 的第 3 行中。

根据说明书第 3 页第 23~24 行描述的"该终端采用北斗一号(BD1)短消息方式通信"以及说明书第 1 页第 26 行描述的"通过 BD1 通信模块发送至救援指挥中心",可以推知所述搜救终端与救援指挥中心之间通过北斗一号短消息方式通信,由于在搜救终端中其负责通信的模块为通信模块,可以推知所述通信模块与救援指挥中心采用北斗一号短消息方式通信,因此现在将"所述通信模块与救援指挥中心采用北斗一号短消息方式通信",补充至权利要求 1 第 8~9 行中。

根据说明书第 3 页第 21 行描述的"并根据报警情况指导伤员自救",因此现在将其补充至权利要求 1 倒数第 2 行中。

由于权利要求 1 第 2 行描述"通信模块",而权利要求 1 第 8 行描述"BD1 通信模块",权利要求利用两个不同的描述指代同一技术特征,现在将权利要求1第8行描述的"BD1通信模块"改成"通信模块"。

将原权利要求2~4合并至权利要求1中，并删除原权利要求2~4。

（2）理由陈述

对比文件1公开了申请号为200610030198.3，名称为"具有急救及定位功能的便携式远程实时监护仪"的专利申请，其公开日期为2007年2月7日。

对比文件2公开了申请号为200510114019.X，名称为"生命信息发报方法及装置"的专利申请，其公开日期为2007年4月18日。

随本申请给出的对比文件1和对比文件2，对比文件1和对比文件2与本发明的技术领域相同，解决的技术问题相近，由于对比文件1公开了本发明的技术特征最多，因此将对比文件1确定为与本发明最接近的现有技术。

对比文件1与修改后的权利要求1相比，其区别特征在于：①本发明定位模块采用BD2/GPS兼容接收机；②本发明通信模块与救援指挥中心采用北斗一号短消息方式通信；③本发明搜救终端根据报警情况指导伤员自救。

第一个区别技术特征所解决的技术问题陈述：根据说明书第2页21-22行描述的"定位模块采用BD2/GPS兼容接收机，通过BD2、GPS两种定位方式指示佩戴者的位置，可保障终端定位的可靠性和准确性"，可以推知该技术特征保证了本发明救援系统定位的可靠性。

第一个区别技术特征非显而易见陈述：对比文件1只公开了采用定位模块进行定位，因此对于本领域技术人员来说，通常会采用一种定位方式，同时对比文件1说明书第6页第3段中也只给出了一种定位方式，即GPS定位方式；对比文件2的权利要求26也将定位模块限定为一种定位方式；因此对比文件1和对比文件2未公开采用两种定位方式相结合的方法进行定位，同时也未对其给出任何启示，因此对于本领域的技术人员来说，该技术特征是非显而易见的，因此本发明相对于对比文件1和对比文件2具有突出的实质性特点。

第二个区别技术特征所解决的技术问题陈述：根据说明书第2页24~26行描述的内容可知，本发明采用短消息BD1的方式进行通信，BD1可实现用户与用户、用户与地面控制中心之间的通信，一般用户一次最多可传输120个汉字的短报文信息，在公网覆盖不到或者遭到破坏时，BD1能够保障灾害环境下数据的传输，同时又能保障数据的安全性，因此该通信方式保证了本发明救援系统工作的可靠性。

第二个区别技术特征非显而易见陈述：对比文件2的权利要求24和权

利要求26未具体给出采用短消息进行通信的方式，对比文件2也未给出可以采用短消息进行通信的任何启示，因此对于本领域的技术人员来说，当看到对比文件2时，在不付出创造性的劳动，将对比文件2公开的内容运用到对比文件1来推导出采用短消息进行通信是非显而易见的，因此本发明相对于对比文件1和对比文件2具有突出的实质性特点。

第三个区别技术特征所解决的技术问题陈述：伤员在受伤后，即便其知道一定的自救知识，由于心理上存在压力，因此容易导致慌乱而忘却自救的情况的出现，本发明根据报警情况指导伤员进行自救，这样可以延长等待救援的时间，从而使转运车辆有足够多的救援时间，间接地提高救援的效率。

第三个区别技术特征非显而易见陈述：对比文件1和对比文件2均未公开根据报警情况指导伤员进行自救的技术特征，也未对其给出任何启示，因此对比本领域技术人员来说，该技术特征是非显而易见的，因此本发明相对于对比文件1和对比文件2具有突出的实质性特点。

同时本发明相对于对比文件1和对比文件2，其能够提高通信和定位可靠性，并可延长等待救援的时间来提高救援效率，因此其相对于现有技术具有显著的进步。

权利要求2~4直接或间接从属于独立权利要求1，在权利要求1具备创造性的情况下，从属权利要求2和从属权利要求3也具备创造性。

4．要点分析

本案例是根据说明书修改权利要求书的典型案例。借由该案例，对创造性答复思路和申请文件的修改要求进行分析。

- 答复分析过程如下：

① 首先确认审查员所认定的技术特征"相当于"是否真的相当于。通过相当于的确认代理人找到一个区别点：

本申请权利要求1的技术方案是"通过定位模块接收BD2/GPS卫星数据"。对比文件1公开了采用"GPS/无效信号被动定位模块"作为定位模块，对比文件2公开了"定位模块基于北斗定位系统"。审查员与对比文件1进行对比时，将所述定位模块基于北斗系统（参见区别b）作为一个区别特征，进而评价该区别被对比文件2公开。因此，审查员认为对比文件1和对比文件2分别公开了定位模块采用GPS定位模块或者北斗定位系统。

但实际上，根据本申请说明书的记载，"定位模块采用BD2/GPS兼容接收机"，可见BD2和GPS定位方式并不是择一的关系，而是两种定位方式一同存在于本系统，这是审查员进行对比时忽略的一点。这种两种定位方式相结合的方法进行定位可保障终端定位的可靠性和准确性。为了明确两种定位方式的关系，需要对权利要求 1 进行修改，进一步限定"定位模块采用 BD2/GPS 兼容接收机"。

针对该区别进行答复时，分为修改和陈述两部分。首先将修改方式和修改依据写入意见陈述书中（参见审查意见陈述书的第一部分：修改说明）；接着，在陈述区别时，将定位模块采用 BD2/GPS 兼容接收机作为一个区别特征，强调组合定位方式的优势，并通过是否在对比文件 1/2 中公开以及是否为公知常识的说明，明确该区别特征是非显而易见的。

② 在权利要求 1 中查看是否有审查员漏掉的区别。

权利要求 1 限定了"通过 BD1 通信模块发送至救援指挥中心"。审查员在对比时没有将其作为一个对比特征。但是根据说明书的记载，在公网覆盖不到或者遭到破坏时，BD1 能够保障灾害环境下数据的传输，同时又能保障数据的安全性。且对比文件 1 和对比文件 2 均未提到利用 BD1 进行通信。因此可以将该特征作为一个区别。为了明确 BD1 为何种通信方式，根据本申请说明书的记载对权利要求 1 进行修改，进一步限定"所述通信模块与救援指挥中心采用北斗一号短消息方式通信"。

针对该区别进行答复时，同样分为修改和陈述两部分。答复方式与第一个区别特征类似。

③ 在说明书中查看是否有进一步的区别。

说明书第 3 页第 21 行记载了如下内容："报警管理：发现、显示报警，并根据报警情况指导伤员自救"。通过与发明人的沟通，对技术领域知识进一步了解确认，伤员在受伤后，即便其知道一定的自救知识，由于心理上存在压力，因此容易导致慌乱而忘却自救情况的出现，本发明根据报警情况指导伤员进行自救，这样可以延长等待救援的时间，从而使转运车辆有足够多的救援时间，间接地提高救援的效率。因此，"根据报警情况指导伤员自救"就显得非常重要，可以将其作为一个区别。

针对该区别进行答复时，同样分为修改和陈述两部分。先根据说明的记载将"根据报警情况指导伤员自救"加入权利要求 1 中，然后再针对解决的问题、效果，以及非显而易见性进行陈述。

需要说明的是，本案例仅是为了说明答复思路，并不说明上述答复样例为最佳答复。经第一次答复，本案例还收到了第二次审查意见，经进一步分析，将"救援指挥中心模块采用分层架构设计"的技术方案加入了权利要求 1 中以克服创造性问题。

- 申请文件的修改要求

本案例通过修改的方式缩小了保护范围。在审查答复时，允许在原始公开的范围内对权利要求书进行修改，包括对权利要求进行合并、整合，或者根据说明书和附图（不包括摘要）的公开范围向权利要求书增加技术特征，且修改不能扩大原权利要求的保护范围。下面对申请文件的修改加以介绍。

（1）申请文件修改的法律规定

《专利法》第三十三条规定：申请人可以对其专利申请文件进行修改，但是，对发明和实用新型专利申请文件的修改不得超出原说明书和权利要求书记载的范围，对外观设计专利申请文件的修改不得超出原图片或者照片表示的范围。

《专利审查指南》第二部分第八章第 5.2.1.3 中记载：根据《专利法实施细则》第五十一条第三款的规定，在答复审查意见通知书时，对申请文件进行修改的，应当针对通知书指出的缺陷进行修改，如果修改的方式不符合《专利法实施细则》第五十一条第三款的规定，则这样的修改文本一般不予接受。

然而，对于虽然修改的方式不符合《专利法实施细则》第五十一条第三款的规定，但其内容与范围满足《专利法》第三十三条要求的修改，只要经修改的文件消除了原申请文件存在的缺陷，并且具有被授权的前景，这种修改就可以被视为是针对通知书指出的缺陷进行的修改，因而经此修改的申请文件可以接受。

（2）允许的对权利要求书的修改

包括下述各种情形：

① 在独立权利要求中增加技术特征，对独立权利要求作进一步的限定，以克服原独立权利要求无新颖性或创造性、缺少解决技术问题的必要技术特征、未以说明书为依据或者未清楚地限定要求专利保护的范围等缺陷。只要增加了技术特征的独立权利要求所述的技术方案未超出原说明书和权利要求书记载的范围，这样的修改就应当被允许。

② 变更独立权利要求中的技术特征，以克服原独立权利要求未以说明书为依据、未清楚地限定要求专利保护的范围或者无新颖性或创造性等缺陷。只要变更了技术特征的独立权利要求所述的技术方案未超出原说明书和权利要求书记载的范围，这种修改就应当被允许。

③ 变更独立权利要求的类型、主题名称及相应的技术特征，以克服原独立权利要求类型错误或者缺乏新颖性或创造性等缺陷。只要变更后的独立权利要求所述的技术方案未超出原说明书和权利要求书记载的范围，就允许这种修改。

④ 删除一项或多项权利要求，以克服原第一独立权利要求和并列的独

立权利要求之间缺乏单一性,或者两项权利要求具有相同的保护范围而使权利要求书不简要,或者权利要求未以说明书为依据等缺陷,这样的修改不会超出原权利要求书和说明书记载的范围,因此是允许的。

⑤ 将独立权利要求相对于最接近的现有技术进行正确划界。

这样的修改不会超出原权利要求书和说明书记载的范围,因此是允许的。

⑥ 修改从属权利要求的引用部分,改正引用关系上的错误,使其准确地反映原说明书中所记载的实施方式或实施例。

这样的修改不会超出原权利要求书和说明书记载的范围,因此是允许的。

⑦ 修改从属权利要求的限定部分,清楚地限定该从属权利要求的保护范围,使其准确地反映原说明书中所记载的实施方式或实施例,这样的修改不会超出原说明书和权利要求书记载的范围,因此是允许的。

上面对权利要求书允许修改的几种情况作了说明,由于这些修改符合《专利法》第三十三条的规定,因而是允许的。但经过上述修改后的权利要求书是否符合专利法及其实施细则的其他所有规定,还有待审查员对其进行继续审查。对于答复审查意见通知书时所作的修改,审查员要判断修改后的权利要求书是否已克服了审查意见通知书所指出的缺陷,这样的修改是否造成了新出现的其他缺陷;对于申请人所作出的主动修改,审查员应当判断该修改后的权利要求书是否存在不符合专利法及其实施细则规定的其他缺陷。

关于申请文件的修改更多可以参见《专利审查指南》第二部分第八章第5.2 节的内容。

(3) 关于本案例的修改

本案例对权利要求书的修改包括第(1)种和第(4)种类型,通过增加独立权利要求的技术特征,来改变该独立权利要求请求保护的范围,以及删除多项权利要求,改正其引用关系,以清楚地限定该从属权利要求请求保护的范围。修改后的权利要求的技术方案已清楚地记载在原说明书中,没有超出原始公开范围,是被允许的。本案例在修改时,出现了以下三种修改方式:

① 将说明书的原文加入权利要求。

在撰写答复时,需要在意见陈述书中写明对权利要求几进行修改,说明具体修改方式和修改依据,即说明书相关内容的位置。例如,根据本申请原说明书第 3 页第 20 行描述的"定位模块采用 BD2/GPS 兼容接收机",现在将其补充至权利要求 1 中。

② 通过简单推导的文字加入权利要求。

修改权利要求书时尽量采用说明书原文,如果没有需要原文,则根据需要说明书的描述进行推导,推导时不能引入任何未记载的信息,获得唯一推知的方案。不是唯一推知的内容不能加入权利要求中。例如，根据本申请原说明书第 3 页第 23～24 行描述的"该终端采用北斗一号（BD1）短消息方式通信"以及说明书第 1 页第 26 行描述的"通过 BD1 通信模块发送至救援指挥中心"，可以推知所述搜救终端与救援指挥中心之间通过北斗一号短消息方式通信，由于在搜救终端中其负责通信的模块为通信模块，可以推知所述通信模块与救援指挥中心采用北斗一号短消息方式通信，因此现在将"所述通信模块与救援指挥中心采用北斗一号短消息方式通信"，补充至权利要求 1 中。

③ 修改审查员未提出的缺陷。

由于权利要求 1 第 2 行描述"通信模块"，而权利要求 1 第 8 行描述"BD1 通信模块"，权利要求利用两个不同的描述指代同一技术特征，现在将权利要求 1 第 8 行描述的"BD1 通信模块"改成"通信模块"。

这属于上述所提到的修改的方式不符合《专利法实施细则》第五十一条第三款的规定，但其内容与范围满足《专利法》第三十三条要求的修改。而且该种修改使经修改的文件消除了原申请文件存在的缺陷，并且具有被授权的前景，这种修改可以被视为是针对通知书指出的缺陷进行的修改，因而经此修改的申请文件可以接受。

3.1.5 案例 3：毫米波圆极化一维和差车载通信天线

1. 专利申请文件

权利要求书（摘引权利要求 1、5、8）

1. 毫米波圆极化一维和差车载通信天线，其特征在于：包括平面和差网络、耦合馈电斜缝、波导槽、金属壁、微带缝隙面、硬质支撑泡沫、微带圆极化栅和金属板；平面和差网络的和口及差口为与外部的连接端口，平面和差网络背面为波导槽，二者由耦合馈电斜缝连接；金属壁位于波导槽的两侧；平面和差网络、耦合馈电斜缝、波导槽和金属壁整体作为天线背板；金属板位于天线背板的反面，覆盖平面和差网络，微带缝隙面通过导电胶与波导槽黏合；硬质支撑泡沫位于金属壁中间并固定在其上，覆盖微带缝隙面；微带圆极化栅粘贴在硬质支撑泡沫上表面。

5. 如权利要求 4 所述的毫米波圆极化一维和差车载通信天线，其特征在于：所述的金属壁包括与波导槽平行的两条金属壁；通过同时调节其高度和间距，对天线进行波束赋形，使天线波束满足俯仰、水平维的波束要求，并起到提高 1～2 dB 增益的作用。

> 8. 如权利要求 7 所述的毫米波圆极化一维和差车载通信天线，其特征在于：所述的微带圆极化栅为经过印刷刻蚀工艺处理的单面介质覆铜板；其金属面加工出平行斜线极化栅，并与硬质支撑泡沫粘贴，表面为介质层，将线极化波转化为左旋或者右旋圆极化波，通过介质层起到展宽圆极化带宽的作用。

2. 审查意见通知书

第一次审查意见通知书引用了 4 篇对比文件，评价权利要求 1 的创造性。同时结合对比文件和公知常识评价了权利要求 2～8 的创造性。下面摘录权利要求 5 和权利要求 8 的审查意见。

5. 权利要求 5 不符合《专利法》第二十二条第三款的规定。

权利要求 5 是对权利要求 4 的进一步限定，对于其附加技术特征，在对波束方向进行调整时，本领域技术人员能够想到通过调整天线波导槽两侧的金属壁，从而实现对天线波束的调节，因此，通过同时调节两条金属壁的高度和间距，实现对天线进行波束赋形，从而使天线波束满足俯仰、水平维的波束要求，达到提高增益的作用是本领域技术人员的惯用技术手段，属于公知常识。因此，在其所引用的权利要求不具备创造性的情况下，该权利要求 5 也不具备突出的实质性特点和显著的进步，不具备创造性。

8. 权利要求 8 不符合《专利法》第二十二条第三款的规定。

权利要求 8 是对权利要求 7 的进一步限定，对于其附加技术特征，本领域技术人员能够想到采用印刷刻蚀工艺处理的单面介质覆铜板作为微带圆极化栅，在其金属表面加工平行斜线，从而形成圆极化栅，并使其与硬介质支撑泡沫粘贴，表面设置为介质层，从而实现将线极化波转化为左旋或者右旋圆极化波，并通过介质层来展宽圆极化的工作带宽，这是本领域技术人员的惯用技术手段，属于公知常识。因此，在其所引用的权利要求不具备创造性的情况下，该从权利要求 8 也不具备突出的实质性特点和显著的进步，不具备创造性。

3. 针对审查意见的答复

修改后的权利要求书：

1. 毫米波圆极化一维和差车载通信天线，其特征在于：包括平面和差网络、耦合馈电斜缝、波导槽、金属壁、微带缝隙面、硬质支撑泡沫、微带圆极化栅和金属板；平面和差网络的和口及差口为与外部的连接端口，平面和差网络背面为波导槽，波导槽与平面和差网络二者由耦合馈电斜缝连接；金属壁位于波导槽的两侧；平面和差网络、耦合馈电斜缝、波导槽和金属壁整体作为天线背板；金属板位于天线背板的反面，覆盖平面和差网络，微带缝隙面通过导电胶与波导槽黏合；硬质支撑泡沫位于金属壁中间并固定在其上，覆盖微带缝隙面；微带圆极化栅粘贴在硬质支撑泡沫上表面。

所述的金属壁包括与波导槽平行的两条金属壁；通过同时调节其高度和间距，对天线进行波束赋形，使天线波束满足俯仰、水平维的波束要求，并起到提高 1～2 dB 增益的作用。

所述的微带圆极化栅为经过印刷刻蚀工艺处理的单面介质覆铜板；其金属面加工出平行斜线极化栅，并与硬质支撑泡沫粘贴，表面为介质层，将线极化波转化为左旋或者右旋圆极化波，通过介质层起到展宽圆极化带宽的作用。

审查意见答复页：

尊敬的审查员，您好：

感谢您对本申请的认真审查并提出审查意见。针对您的审查意见，本申请人认真阅读后，修改了权利要求并进行如下陈述：

一、修改说明

（1）在权利要求 1 中加入了技术特征"所述的金属壁包括与波导槽平行的两条金属壁；通过同时调节其高度和间距，对天线进行波束赋形，使天线波束满足俯仰、水平维的波束要求，并起到提高 1～2 dB 增益的作用"，依据来自说明书第 9 段。

（2）在权利要求 1 中加入了技术特征"所述的微带圆极化栅为经过印刷刻蚀工艺处理的单面介质覆铜板；其金属面加工出平行斜线极化栅，并与硬质支撑泡沫粘贴，表面为介质层，将线极化波转化为左旋或者右旋圆极化波，通过介质层起到展宽圆极化带宽的作用"，依据来自说明书 12 段。

（3）删除了原权利要求 5、8。

（4）相应的修改了权利要求的引用关系。

以上修改均未超出原说明书和权利要求记载的范围，符合《专利法》第三十三条的规定。

二、修改后的权利要求 1 的创造性

对比文件 1 与本发明的技术领域相同，均涉及天线技术领域，且公开的技术特征较多，所以将该对比文件 1 作为本发明的最接近的现有技术。

与对比文件 1 相比，修改后的权利要求 1 的区别技术特征包括：

1）所述的金属壁包括与波导槽平行的两条金属壁；通过同时调节其高度和间距，对天线进行波束赋形，使天线波束满足俯仰、水平维的波束要求，并起到提高 1~2 dB 增益的作用。

2）所述的微带圆极化栅为经过印刷刻蚀工艺处理的单面介质覆铜板；其金属面加工出平行斜线极化栅，并与硬质支撑泡沫粘贴，表面为介质层，将线极化波转化为左旋或者右旋圆极化波，通过介质层起到展宽圆极化带宽的作用。

所以本发明要解决的技术问题是金属波导缝隙阵加工成本高、成品率低、工作带宽窄和加工周期长的缺点，以及微带贴片阵列天线增益低的缺点，并提供一种成本低、成品率高、工作带宽宽、加工周期短、高增益且满足和波束与差波束方向图要求的毫米波介质复合波导缝隙阵列天线。

对于区别技术特征 1），审查员在审查意见中指出该区别技术特征是本领域技术人员在对波束方向进行调整时容易想到的，是本领域的惯用技术手段。对此，申请人不能认同。现有技术中金属突出部分往往设置在相邻的辐射波导之间，属于辐射阵列的一部分，其功能是减少相邻的缝隙间互耦影响，保证设计的缝隙导纳值更满足原始计算结果，从而使阵列的优化过程缩短。而本发明中的金属壁位于整个阵列的两侧，没有放置于阵列中，并且通过调节与波导槽平行的两条金属壁的高度和间距，影响缝隙阵列的近场辐射分布，减弱金属壁范围外的金属部分对方向图的影响，从而实现对天线波束形状进行波束赋形的调节，满足天线波束俯仰、水平维的波束要求的设计目的。所以，该区别技术特征是申请人基于传统金属波导缝隙天线阵列加工难度大、成品率低、加工成本高、工作带宽窄、辐射效率低等缺点，通过创造性劳动得出的技术特征，该技术特征利用阵列上下平行的两条金属壁实现波束压缩和赋形，并提高了天线增益、辐射效率，并非是通过现有技术容易获得的。

对于区别技术特征 2），审查员在审查意见中指出该区别技术特征是本领域技术人员的惯用技术手段，属于公知常识。对此，申请人不能认同，理由如下：

现有技术中的极化栅通常为周期性折线栅结构，然后利用该周期性结构对天线辐射场的垂直/水平分量进行相位延迟/超前影响，得到圆极化波束。而本发明中的平行斜线为整体结构在阻抗上与天线匹配，在相位上实现水平/垂直极化分量的相位延迟/超前，使用微带圆极化栅实现左旋或右旋圆极化，因此，结构不同，从而在阻抗、相位延迟的计算上也就不同。在本发明中的平行斜线极化栅与微带缝隙阵列的距离为电磁波近场范围，即放置间距小于半电波长，与微带缝隙阵列有较强的电磁互偶，其参数设计必须考虑该效应；本发明的缝隙导纳特性、带宽特性以及结构尺寸均要计入覆介质层的综合介电常数影响；现有代替空气的支撑材料有蜂窝结构材料、常用泡沫材料，在微观结构上比较松散，力学特性较差，且容易出现频率选择特性以及受潮后介电常数改变的现象，需要考虑 Ka 波段的天线特性，进行整体综合设计，否则会扰乱天线的方向图形状以及阻抗匹配特性，使天线无法正常工作。并非如审查员所述是容易想到的技术特征。

所以，修改后的权利要求 1 的区别技术特征没有在对比文件 1、2 中公开，也不是本领域的公知常识，本领域的技术人员也不能从对比文件 1、2 中获得该权利要求技术方案的任何启示。所以该权利要求限定的技术方案是非显而易见的，因此，权利要求 1 具有突出的实质性特点。

而且正是由于上述区别技术特征的存在，解决了现有技术中金属波导缝隙阵加工成本高、成品率低、工作带宽窄和加工周期长的缺点，又解决了微带贴片阵列天线增益低的缺点，保证了天线具有金属波导宽边缝隙阵列的工作特性，同时实现了显著的成本降低、高成品率并提高了工作带宽、天线增益（辐射效率）。因此，权利要求 1 具有显著的进步。

综上所述，权利要求 1 具有突出的实质性特点和显著的进步，符合《专利法》第二十二条第三款关于创造性的规定。

三、权利要求 2～6 的创造性

权利要求 2～6 是对独立权利要求 1 进一步限定的从属权利要求，由于权利要求 1 具备创造性，所以权利要求 2～6 也符合《专利法》第二十二条第三款关于创造性的规定。

再次感谢您对本申请的仔细审查。

申请人恳请审查员在审核上述答复意见的基础上，早日授予本专利申请的专利权。如有进一步探讨，申请人恳请审查员给予进一步陈述意见或当面会晤的机会。谢谢！

4．要点分析

本案例是针对公知常识反驳的典型案例。

与对比文件 1～4 的结合相比，找到两个区别特征，即权利要求 5 和权利要求 8 的附加技术特征，同时这两个特征在说明书中也有记载，因此基于说明书将这两个特征加入权利要求 1 中。

然而审查员在针对权利要求 5 和权利要求 8 的评述中，认定这两个附加技术特征为公知常识。因此在答复时，需要重点针对该认定进行答复。

在反驳公知常识的观点时，需要对现有技术的常规做法及其效果进行描述，然后再对比本发明的技术特征，说明技术特征上的区别，以及效果上的区别，从而得出区别技术特征并不是公知常识的结论。

参看代理人的答复内容，针对第一点区别（权利要求 5 的附加技术特征），代理人论述了现有技术常规做法是"金属突出部分往往设置在相邻的辐射波导之间，属于辐射阵列的一部分"，其效果是"减少相邻的缝隙间互耦影响，保证设计的缝隙导纳值更满足原始计算结果，从而使阵列的优化过程缩短"。本发明对比技术特征是"金属壁位于整个阵列的两侧，没有放置于阵列中，并且通过调节与波导槽平行的两条金属壁的高度和间距……"，其效果是"利用阵列上下平行的两条金属壁实现波束压缩和赋形，并提高了天线增益、辐射效率"。最后经过总结，将结论落到"并非是通过现有技术容易获得的"。

针对第二点区别（权利要求 8 的附加技术特征），同样先论述现有技术的做法，通过对比说明"结构不同，从而阻抗、相位延迟的计算上也就不同"。进一步地，代理人还剖析了"距离""尺寸""支撑材料"的设计特点和效果，最终得出了"并非如审查员所述是容易想到的技术特征"的结论。

3.2　针对《专利法》第二十五条第（二）项的答复

3.2.1　法条解读

《专利法》第二十五条规定：
对下列各项，不授予专利权：
（一）科学发现；
（二）智力活动的规则和方法；
（三）疾病的诊断和治疗方法；
（四）动物和植物品种；
（五）用原子核变换方法获得的物质；
（六）对平面印刷品的图案、色彩或者二者的结合作出的主要起标识作用的设计。

对前款第（四）项所列产品的生产方法，可以依照本法规定授予专利权。

其中，智力活动，是指人的思维运动，它源于人的思维，经过推理、分析和判断产生出抽象的结果，或者必须经过人的思维运动作为媒介，间接地作用于自然产生结果。智力活动的规则和方法是指导人们进行思维、表述、判断和记忆的规则和方法。

由于其没有采用技术手段或者利用自然规律，也未解决技术问题和产生技术效果，因而不构成技术方案。它既不符合《专利法》第二条第二款的规定，又属于《专利法》第二十五条第一款第（二）项规定的情形。因此，指导人们进行这类活动的规则和方法不能被授予专利权。

3.2.2　答复思路分析

在判断涉及智力活动的规则和方法的专利申请要求保护的主题是否属于可授予专利权的客体时，应当遵循以下原则：

① 如果一项权利要求仅仅涉及智力活动的规则和方法，则不应当被授予专利权。

如果一项权利要求，除其主题名称以外，对其进行限定的全部内容均为智力活动的规则和方法，则该权利要求实质上仅仅涉及智力活动的规则和方法，也不应当被授予专利权。

【例如】

审查专利申请的方法；

组织生产、商业实施和经济等方面的管理方法及制度；

交通行车规则、时间调度表、比赛规则；

演绎、推理和运筹的方法；

图书分类规则、字典的编排方法、情报检索的方法、专利分类法；

日历的编排规则和方法；

仪器和设备的操作说明；

各种语言的语法、汉字编码方法；

计算机的语言及计算规则；

速算法或口诀；

数学理论和换算方法；

心理测验方法；

教学、授课、训练和驯兽的方法；

各种游戏、娱乐的规则和方法；

统计、会计和记账的方法；

乐谱、食谱、棋谱；

锻炼身体的方法；

疾病普查的方法和人口统计的方法；

信息表述方法；

计算机程序本身。

② 除了上述①所描述的情形之外，如果一项权利要求在对其进行限定的全部内容中既包含智力活动的规则和方法的内容，又包含技术特征，则该权利要求就整体而言并不是一种智力活动的规则和方法，不应当依据《专利法》第二十五条排除其获得专利权的可能性。

3.2.3 案例4：基于区域极点配置的鲁棒增益调度控制方法

1. 专利申请文件

权利要求书

1. 基于区域极点配置的鲁棒增益调度控制方法，其特征在于，包括：

第1步：将被控对象整理成标准形式；

第2步：建立性能指标约束的表达式；

第3步：判断是否存在控制器，使闭环系统的稳定性和动态性能满足要求；

第4步：构造乘子；

第5步：求解线性矩阵不等式组，使闭环系统能实现性能指标；

第6步：求解控制器的标称部分；

第7步：求解控制器的变参部分；

第8步：构造控制器。

---

2. 审查意见通知书

审查意见：权利要求1请求保护一种基于区域极点配置的鲁棒增益调度控制方法，包括将被控对象整理成标准形式，将性能指标写成积分二次约束的形式，将表达式进行奇异值分解，求解线性矩阵不等式组，求解线性方程，利用MATLAB工具箱中的feasp求解不等式，最后根据每一步中求得的各变量构造控制器。而上述步骤只涉及由变量构造算法表达式，和采用合适的算法对构造的算法表达式进行求解的过程，变量和计算结果都是申请人人为设定并根据数学算法或计算机工具求解器求得的结果，因而本申请实际属于一种对数学算法的限定，本质上属于智力活动的规则和方法，不符合《专利法》第二十五条第（二）项的规定，不能被授予专利权。

3. 针对该审查意见的答复

尊敬的审查员，您好：

感谢您对本申请的认真审查并提出审查意见。针对您的审查意见，本申请人认真阅读后，进行如下陈述：

（1）首先要说明的是本发明权利要求所要求保护的步骤中确实含有数学理论和一些公式的换算方法，但审查员不能因为一项权利要求中含有部分的数学理论和换算方法即判定该权利要求属于《专利法》第二十五条规定的不授予专利权的申请。因为，权利要求中除包含了智力活动规则和方法所述的数学理论和换算方法之外还包含了技术特征，比如：如何判断控制器以及如何构造控制器。因此就整体而言并不是一种智力活动规则和方法，不应当依据《专利法》第二十五条排除其获得专利权的可能性。

（2）尽管权利要求的步骤1、2是一些公式的换算及变形方法，但这些换算和变形的实质目的是后面如何构造一个控制器。说明书中针对上述几步的目的也进行了详细描述："所包含其目标是设计一个变参控制器，其标称部分是线性时不变的，变参部分随被控对象参数模块的变化而变化，从而使闭环系统满足鲁棒稳定性和鲁棒性能，并具有指定的动态特性。这些性能指标在一个统一的框架下，根据指标要求，写成积分二次约束的形式。需特别指出的是，由于动态特性可直接由闭环极点在复平面上的位置体现，因此，这些动态特性指标要求是通过区域极点约束来实现的。将各类性能指标要求给出的约束转化成线性矩阵不等式组，利用MATLAB提供的LMI工具箱中的求解器进行求解，最终得到满足要求的控制器。"由此可以看出，上述步骤中的变量和计算结果并不是人为认定的，而是采用了技术手段并利用了自然规律，同时也解决了技术问题，并产生了技术效果，因此构成了技术方案。

（3）另外针对本申请解决的技术问题进行如下陈述：飞行器是典型的时变非线性多输入多输出系统，其通道间耦合严重，并且随着飞行条件的大范围变化，动力学呈现出显著的时变、非线性特性。尤其对于当代地空导弹控制系统设计而言，地空导弹在飞行过程中动力学特性会随飞行马赫数和高度的变化而发生大范围变化，时变、非线性特性十分严重，以至于传统的控制系统设计方法无法满足设计要求。本申请提出的基于区域极点配置的鲁棒增益调度控制器设计应用于控制系统的设计，解决时变非线性多输入多输出的飞行器系统控制器（尤其是地空导弹控制系统）设计中局部和全局特性以及指定动态性能无法同时获得的问题，并同时降低设计保守性。

（4）另外针对本申请产生的技术效果进行如下陈述：现行地空导弹控制系统设计方法基于古典控制理论或线性二次调节器方法，在平衡点附近设计控制器，忽略了系统的时变、非线性特性，因而即使能够获得良好的局部特性，也难以保证系统的全局特性甚至无法保证全局稳定性。并且复杂的算法和方法本身存在的保守性难以保证设计得到的控制器在工程上获得满意的动态特性。本发明方法将飞行器动力学的时变、非线性特性归结为一个参数模块，其目标是设计一个变参控制器，控制器标称部分是线性时不变的，变参部分随被控对象参数模块的变化而变化（本质上是随飞行器动力学的时变、非线性特性的变化而变化），从而使闭环系统满足鲁棒稳定性和鲁棒性能。另一方面，由于动态特性可直接由闭环极点在复平面上的位置体现，因此，这些动态特性指标要求可以通过区域极点约束来实现。这样在保证系统全局鲁棒稳定性和鲁棒性能的前提下保证局部性能，能够使控制器获得满意的动态特性。将上述这些性能指标统一写成积分二次约束的形式，于是可以利用一般框架下求解控制器。以某地空导弹为例，为其设计纵向自动驾驶仪，取得了满意的控制效果。事实证明本发明完全可以应用到飞行控制系统设计领域中去，为时变非线性多输入多输出的飞行器系统控制器设计提供一种既能保证局部和全局特性，又能降低设计保守性、获得满意动态的性能的解决方案。

再次感谢您对本申请的仔细工作。申请人恳请审查员在审核上述修改及答复意见的基础，早日授予本专利申请的专利权。如有进一步探讨，申请人恳请审查员给予进一步陈述意见或当面会晤的机会。谢谢！

4．要点分析

该申请的权利要求所要求保护的步骤中确实含有数学理论和一些公式的换算方法，但不能因为一项权利要求中含有部分的数学理论和换算方法即判定该权利要求属于《专利法》第二十五条规定的不授予专利权的申请。因为，本案例的权利要求中除包含了智力活动规则和方法所述的数学理论和换算方法之外还包含了技术特征，比如：如何判断控制器以及如何构造控制器。因此就整体而言并不是一种智力活动规则和方法，不应当依据《专利法》第二十五条排除其获得专利权的可能性。

所以本案例属于第二种情形，即本案例的权利要求在对其进行限定的全部内容中既包含智力活动的规则和方法的内容，又包含技术特征，该权利要求就整体而言并不是一种智力活动的规则和方法。

3.3 针对《专利法》第二条第二款的答复

3.3.1 法条解读

《专利法》第二条第二款中规定"专利法所称发明是指对产品、方法或者其改进所提出的新的技术方案"。

《专利审查指南》第二部分第一章第二节对第二条第二款进行了进一步的解释,"技术方案是对要解决的技术问题所采取的利用自然规律的技术手段的集合,技术手段通常是由技术特征来体现的。未采用技术手段解决技术问题以获得符合自然规律的技术效果的方案,不属于《专利法》第二条第二款规定的客体"。

3.3.2 答复思路分析

通过对上述法条的解读可以理解为,权利要求是否符合《专利法》第二条第二款规定客体审查意见的答复要点在于以下 3 个要素:

第一,权利要求请求保护的方案是否解决了技术问题;

第二,权利要求是否记载了对要解决的技术问题采用了利用自然规律的技术手段;

第三,权利要求涉及的方案是否获得符合自然规律的技术效果。

答复的总体思路就在于想办法证明权利要求同时满足上述 3 个要素。一般来说,通过技术手段解决的问题都是技术问题,通过技术手段实现的效果都是技术效果,因此判断一个方案是否采用了技术手段是重点。

3.3.3 案例5:一种基于图的个性化推荐方法

1. 专利申请文件

权利要求书

1. 一种基于图的个性化推荐方法,包括:

对用户的历史评分记录利用隐含语义模型计算分别得到用户之间和物品之间的隐含关系;

利用所述隐含关系分别计算用户之间的相似度,以及物品之间的相似度,并对相似的用户之间,以及相似的物品之间构建图,用户和物品作为

结点，若用户物品之间的相似程度高于预设阈值，则建立一条边，直至构建出用户之间和物品之间的图模型，以及由历史评分记录构建出用户和物品之间的连接图；

利用所述用户之间和物品之间的图模型以及连接图构建用户—物品图模型；

利用用户—物品图模型基于 PersonalRank 算法对用户有可能感兴趣的物品进行预测，对每个用户没有评分记录的物品的访问概率进行降序排列，取前 N 个物品，形成推荐列表推荐给用户。

2. 如权利要求1所述的一种基于图的个性化推荐方法，其特征在于，采用从矩阵角度的求解方法与CUDA并行化相结合的方法来提高所述PersonalRank 算法的运行速度。

3. 如权利要求1或2所述的一种基于图的个性化推荐方法，其特征在于，所述 PersonalRank 算法为用户 u 从起始节点 vu 开始进行随机游走，当游走到某一随机节点时，首先依照概率α来决定是继续游走还是终止游走并从起始节点 vu 开始重新游走；若要继续，则从该节点指向的节点中等概率的随机选择一节点作为游走的下一结点，这样游走到最后，每个物品节点被访问到的概率会收敛到一个数上面，从而作为物品节点的最终访问概率。

2. 审查意见通知书

审查意见：本申请请求保护一种基于图的个性化推荐方法，这种推荐方法更多依赖于人对商品的主观喜好，虽然方案采用了相关数学模型来进行计算，但数学模型方法本身的使用并不必然构成技术手段，只有在其应用于具体技术领域解决技术问题时才能构成技术手段。本申请所解决的为用户推荐更可能感兴趣物品的问题本质上属于商业问题并非技术问题，也未取得任何技术效果，与解决问题相应的手段也并非遵循自然规律的技术手段，所以整体上不构成技术方案，不符合《专利法》第二条第二款的规定。

3. 针对该审查意见的答复

尊敬的审查员，您好：

针对您提出的审查意见，申请人认真阅读后，进行如下陈述：

针对审查员提出的权利要求1~3不符合《专利法》第二条第二款规定的问题：

申请人提供证明文件如下

1.《采用图模型的个性化标签推荐方法》，吴幸良等，计算机工程与应用，第 51 卷第 9 期，第 142~146 页（2015.9）；

2.《一种解决新项目冷启动问题的推荐算法》，于洪等，软件学报，第 26 卷第 6 期，第 1 395~1 408 页（2015.6）；

3.《基于用户—兴趣—项目三部图的推荐算法》，张艳梅等，模式识别与人工智能，第 28 卷第 10 期，第 913~921 页（2015.10）；

4. 授权公告号为 CN102982131B，授权公告日为：2015 年 12 月 23 日；

5. 授权公告号为 CN102789462B，授权公告日为：2015 年 12 月 16 日。

上述证明文件 1 为"采用图模型的个性化标签推荐方法"，该文件提出的基于图模型的个性化标签推荐方法，将用户、标签和资源关系转换成三元无向图，采用最短路径搜索算法进行个性化标签推荐。实验所用的数据集是 CiteULike 站点提供的数据，该站点是一个著名的论文书签网站，采用该方法能提高推荐结果的准确性，帮助用户更好地发现和自己研究领域相关的优秀论文。

证明文件 2 为"一种解决新项目冷启动问题的推荐算法"，根据用户时间权重值的大小，以及用户对新项目的偏爱程度，利用三分图的形式来描述用户—项目—标签、用户—项目—属性之间的关系。可见，在推荐系统的领域，算法输入的信息是基于用户的偏好行为得出来的数据，通过相应的模型计算出针对不同用户最可能感兴趣的推荐列表。由此可以得知，并不是推荐方法依赖于人对商品的主观喜好。算法本身是独立的，不依赖于任何主观喜好，而正由于不同人感兴趣的物品有所不同，把这些偏好数据、社交关系数据等作为输入，最后才得以输出满足不同用户兴趣的个性化推荐列表。

证明文件 3 是"基于用户—兴趣—项目三部图的推荐算法"。第 915 页算法实现第一段记载的"UII-DTG 将主题建模技术引入社会化推荐系统，采用 LDA 主题模型学习用户的兴趣分布，然后利用抽取的兴趣模型构建用户—兴趣—项目三部图，并将用户在兴趣上的概率分布和兴趣在项目上的概率分布作为用户与兴趣、兴趣与项目间的边权，在用户—兴趣和兴趣—项目二部图上依次执行物质扩散算法，按照节点间的边权占该节点权重和的比例分配资源，最后将两部分结果综合形成资源推荐"。结果表明针对三部图推荐算法在无标签数据或用户标注信息不完整的环境下应用受限的问题，以及大众标签固有的噪声问题，该算法将三部图算法成功移植到用户—项目的二元数据结构中，能较大幅度提升推荐效果。由此看出，在推荐方法这一技术领域，通过不同方式建立的图模型推荐算法，已经构成了一个独立的技术手段，能够较好地解决现在的推荐系统中主要存在的稀疏性等问题。这与本申请中所要达成的目标是一致的。

其中，证明文件2第1397页第二段记载的个性化推荐系统存在的"数据稀疏性、冷启动和隐私保护"等问题，这正是本申请所要解决的技术问题，其具体技术方案即为本申请权利要求所述的技术方案。

本申请为了解决这个技术问题采用的技术手段是通过利用隐含语义模型得到的结果建立用户之间的图模型以及物品之间的图模型，利用基于随机游走的PersonalRank算法对每个用户没有评分记录的物品的访问概率进行降序排列，取前N个物品，形成推荐列表推荐给用户，并采用从矩阵角度的求解方法与CUDA并行化相结合的方法来提高PersonalRank算法的运行速度，能够有效地降低稀疏性对推荐效果的影响，因此是利用了自然手段和技术手段的集合。

并且，本申请所解决的问题也并不是商业问题，而是减少数据稀疏性带来的推荐不准确这一技术问题，是将图模型这一技术手段用在了个性化推荐这一技术领域上。众所周知，个性化推荐已经应用在了各行各业，其本身已经形成了一个技术领域，例如像证据4、证据5这种已授权的发明专利比比皆是，从2009年开始至2019年每年针对个性化推荐的申请量和授权量逐年增多，可见这已经是一个技术研究的热门领域。

综上所述，本申请利用了技术手段（例如对隐含语义模型进行了深入研究，构建出用户—物品图模型，对基于隐含语义模型的推荐算法与基于二分图的PersonalRank算法进行融合，利用CUDA对PersonalRank算法并行化等），解决了技术问题（减少数据稀疏性带来的推荐不准确问题），实现了技术效果（有效地降低数据稀疏性对推荐效果的影响），因此本申请权利要求1~3符合《专利法》第二条第二款关于客体的有关规定。

4．要点分析

该申请涉及一种基于图的个性化推荐方法，审查员认为不符合《专利法》第二条第二款的规定，理由包括3点：1）本申请尽管采用了数学模型来计算，但模型本身不构成技术手段；2）解决的问题属于商业问题，不是技术问题；3）相应的也未取得技术效果。

答复时的关键即是针对上述3点逐一分析，同时提供有说服力的文献和已授权的专利帮助审查员理解：

针对第1点，也是关键的一点，这里应注意，判断是否构成技术手段应是将权利要求的方案作为一个整体，判断整个方案是否采用了技术手段。该申请中利用了隐含语义模型、用户图模型、物品图模型等，但该申请的整个技术方案是通过利用隐含语义模型得到的结果建立用户之间的图模型以及物品之间的图模型，然后再利用基于随机游走的 PersonalRank 算法对每个用户没有评分记录的物品的访问概率进行降序排列，取前 N 个物品，形成推荐列表推荐给用户。因此该权利要求就整体而言构成了技术方案，并且该技术方案对所要解决的问题和实现的效果是起作用的。

针对第 2 点，为了证明该申请解决的是技术问题，申请人提供了多篇证明文件，其中证明文件 2 与该申请解决的技术问题相同，均是减少数据稀疏性带来的推荐不准确这一技术问题，并且该申请是将上述的技术手段用在了个性化推荐这一技术领域。证明文件 4、5 提供的专利授权文本即是证明个性化推荐本身已经成为一个技术领域，并存在多篇已经授权的专利。

针对第 3 点，该申请取得的效果是有效地降低数据稀疏性对推荐效果的影响，因此属于技术效果。

3.3.4 案例 6：一种模拟超声空泡动力学行为的数值方法

1. 专利申请文件

权利要求

1. 一种模拟超声空泡动力学行为的数值方法，包括：

步骤 1：构建控制方程：

所述控制方程包括超声场中质量守恒方程与动量方程，分别如式（1）和（2）所示：

$$\nabla \cdot u = 0 \tag{1}$$

$$\rho(\phi)\left(\frac{\partial u}{\partial t} + u \cdot \nabla u\right) = -\nabla p + \rho(\phi)g + \nabla \cdot [\mu(\nabla u + \nabla^{\mathrm{T}} u)] + \sigma \kappa(F)\nabla H_\varepsilon(\phi) + F_a \tag{2}$$

其中，u 是流体质点的速度矢量，p 是流体质点的压力，g 是重力加速度，σ 是气泡的表面张力系数，F_a 为超声辐射力，κ 是表面曲率，$H_\varepsilon(\phi)$ 为 Heaviside 函数，F 为流体体积，ϕ 为相函数，ρ 是混合密度，μ 是混合动力学黏度；

步骤 2：构建超声辐射力方程：

将超声辐射力表示为 $F_a \approx (0, F_y)$：

$$F_y = \frac{p_a^2}{\rho_l c_0^2} e^{-2\alpha(\omega)y}[\alpha(\omega)\cos 2(\omega t - ky) - k\sin 2(\omega t - ky) + \alpha(\omega)]$$

$$\alpha(\omega) = 2\omega^2 \eta / (3\rho c_0^3)$$

其中，c_0 为声波在液体中的传播速度，y 为距离声源的距离，$\omega=2\pi f$ 表征圆频率，f 为声频率，p_a 为声压幅值，$k=\omega/c_0$ 为声波数，ρ_l 为液体相密度，$\eta = 1.002\times 10^{-3}$Pa.s 为黏性系数；

步骤 3：将所述 F_a 代入动量方程式（2）中，并对控制方程进行无量纲化；

步骤 4：求解无量纲化后的控制方程，提取所需的流场数据，实现对超声空泡动力学行为的模拟。

2. 审查意见通知书

审查意见：权利要求 1 请求保护一种模拟超声空泡的数值方法，权利要求 1 请求保护的方案中，通过构建数学控制方程，并在现有的控制方程中增加了超声辐射力，通过对方程进行求解得到相应的数学参数数据，从而实现模拟超声空泡动力学行为的数值，即本申请是通过建立相应的数学模型来获取数学数值参数进而实现对超声空泡动力学行为的模拟。权利要求 1 求解中虽然包含了提取相关数据，虽然与物理量有关，但其求解过程是一种数值计算，该方案整体仍旧属于建立数学模型进行的一种数学计算，其解决的问题是人为定义数学模型来模拟物化现象中参数数值的误差问题，属于一种数学问题而不是技术问题，其实际采用的手段是自定义建立的数学控制方程，属于数学手段，而不是技术手段；其方案带来的效果也是由该数学模型改进带来的模拟数值精确的数学效果，而非技术效果。因此权利要求 1 所要求保护的解决方案不构成技术方案，不符合《专利法》第二条第二款的规定，因此不能被授予专利权。

3. 针对该审查意见的答复

尊敬的审查员，您好：

感谢您对本申请的认真审查并提出审查意见。针对您的审查意见，本申请人认真阅读后，进行如下修改和陈述：

（一）修改说明

根据说明书第 8 页倒数第 2 段的记载"利用步骤 1 至 5 所述的一种模拟超声空泡动力学行为的数值方法的模拟结果指导并优化超声空泡在医学治疗、工业污水处理、纳米材料制备等应用中的工况设计：改变超声空泡的影响因素，确保超声空泡在实际应用中能在流体介质中产生工业所需的瞬态压力和速度。所述的改变超声空泡的实际影响因素主要指改变雷诺数、邦德数、欧拉数以及声波数"，现将"五、改变超声空泡的影响因素，利用步骤 1 至 4 的模拟方式，确保超声空泡在流体介质中产生工业所需的瞬态压力和速度，确保工业生产的可靠性与安全性。"补充至权利要求 1 中，上述修改未超出原权利要求书和说明书的保护范围，符合《专利法》第三十三条的规定。

（二）意见陈述

申请人认为本申请符合《专利法》第二条第二款所规定的技术方案，属于专利法保护的客体，理由如下：

《专利法》第二条第二款规定"专利法所称的发明，是指对产品、方法或者其改进所提出的新的技术方案"，审查指南第二部分第一章指出"技术方案是对要解决的技术问题所采取的利用了自然规律的技术手段的集合。技术手段是由技术特征来体现的"，同时审查指南第二部分第一章进一步指出"由于其没有采用技术手段或者利用自然规律，也未解决技术问题和产生技术效果，因而不构成技术方案"。因此，一项发明专利申请，需要考察该发明有没有采用技术手段或者利用自然规律，有没有解决技术问题，有没有产生技术效果，便可以得出该发明构不构成技术方案。由此，申请人将从本发明所解决的问题是技术问题、所采用的手段是技术手段、所获得的效果是技术效果三个方面进行阐述：

所解决的问题是技术问题：根据权利要求 1 步骤 5 的记载"改变超声空泡的影响因素，利用步骤 1 至 4 的模拟方式，确保超声空泡在流体介质中产生工业所需的瞬态压力和速度，确保工业生产的可靠性与安全性"。需要其产生工业所需的瞬态压力和速度，是因为超声空泡溃灭产生的冲击力，造成化工设备不同程度的损伤，严重影响化工业生产的可靠性与安全性，因此本发明解决的问题是改变超空泡的影响因子，保证超声泡的瞬态压力和速度在需求的范围内，进而保证工业生产的可靠性和安全性（参见说明书背景技术）。解决工业上生产的可靠性和安全性问题，并不是一个数学问题，不属于审查员所说的物理现象的数学建模问题。

采用了符合自然规律的技术手段：步骤 1 中建立超声场中质量守恒方程与动量方程，质量守恒方程和动量方程是根据超声场中流体质点的速度矢量、流体质点的压力、重力加速度、超声辐射力、流体体积等影响因素构造出符合客观规律的控制方程，所构造的控制方程受到客观规律的约束，该过程并不是根据人的主观意志进行任意性构造或感官经验归纳得出的规则。步骤 2 中构建超声辐射力方程是根据声波在液体中的传播速度、距离声源的距离、声频率、声压幅值、液体相密度等影响因素构造出符合客观规律的超声辐射力方程，所构造的超声辐射力方程受到客观规律的约束，该过程并不是根据人的主观意志进行任意性构造或感官经验归纳得出的规则。

数学是一种工具，在发明创造的过程中，利用数学这一工具对客观规律的表示，并不能认为是人的一种抽象思维，对客观规律表示的目的，是利用/基于客观规律来解决上述技术问题，因此本发明技术中采用了符合自然规律的技术手段。

实现的效果为技术效果：本发明应用在工况设计，以及降低或避免造成化工设备振动及损伤，确保工业生产的可靠性与安全性，该效果属于技术效果。

综上所述，本发明针对如何准确模拟超声空泡动力学行为来提升化工业生产的可靠性与安全性这一技术问题，通过采用符合自然规律的技术手段，最终达到降低或避免造成化工设备振动及损伤，确保工业生产的可靠性与安全性这一最佳技术效果，因此权利要求1符合《专利法》第二条第二款规定。

再次感谢您对本申请的仔细工作。

申请人恳请审查员在审核上述陈述的基础上，早日授予本专利申请的专利权。如有进一步探讨，申请人恳请审查员给予进一步陈述意见的机会。谢谢！

4．要点分析

该申请涉及一种模拟超声空泡的数值方法，审查员认为不符合《专利法》第二条第二款的规定，理由包括3点：①本申请是属于通过建立数学模型进行的一种数学计算，属于数学手段，不是技术手段；②解决的问题是数学问题，不是技术问题；③产生的是数学效果，不是技术效果。

针对该审查意见可以看出，问题的焦点在于权利要求中记载的数学模型没有应用于具体的技术领域，申请人通过将说明书中记载的所述数学模型与具体技术领域的联系补入权利要求中，以克服建立数学模型仅是一种数学手段的缺陷，解决的问题是工业上生产的可靠性和安全性这一技术问题，产生的效果是确保工业生产的可靠性与安全性这一技术效果。

3.4　针对《专利法》第二十六条第四款的答复

3.4.1　法条解读

根据《专利法》第二十六条第四款规定，"权利要求书应当以说明书为依据，清楚、简要地限定要求专利保护的范围"。根据《专利审查指南》第二部分第二章第 3.2.1 节的规定，"权利要求书应当以说明书为依据，是指权利要求应当得到说明书的支持。权利要求书中的每一项权利要求所要求保护的技术方案应当是所属技术领域的技术人员能够从说明书充分公开的内容中得到或概括得出的技术方案，并且不得超出说明书公开的范围"。权利要求的清楚是确定权利要求保护范围的基础，具有极其重要的意义。

3.4.2 答复思路分析

一般来说，不符合《专利法》第二十六条第四款的规定的问题，大致可以分为两类：一是权利要求保护范围不清楚；二是权利要求未得到说明书的支持。

第一类问题通常存在以下情况：指代不清、技术用语含义不明确、逻辑关系混乱等。答复此类问题时需要结合原说明书（包括说明书附图）和权利要求书进行分析论述，以说明审查员认为的不清楚问题实际上是清楚的，或根据原说明书中记载的内容对权利要求书做适应性的修改。

第二类问题一般是由对权利要求概括不恰当所产生的，通常存在以下情况：上位概念概括得过宽、功能性限定的范围过宽、数值范围缺少依据、技术方案未在说明书中记载等。答复此类问题时，首先，应当分析审查员得出此类判断的依据，即具体属于上述哪类情况；其次，针对不同情况采取不同的答复方式，一般可以先根据原说明书记载的内容进行争辩，以获取较大的保护范围，若未能得到审查员的认可，再考虑对权利要求书进行修改，已获得授权。

3.4.3 案例7：一种内燃机直气道参数优化设计方法

1. 专利申请文件

权利要求书

1. 一种内燃机直气道参数优化设计方法，其特征在于，选取表征直气道结构特征的关键参数为：气道进口截面积 S1、气道喉口截面积 S2、气道出口截面积 S3；所述参数优化设计方法具体包括：

步骤1：采用 CAD 软件生成不带气门凸台的气道模型，称为中间模型；

步骤2：产生气门凸台模板，与所述中间模型作布尔运算，形成带有气门凸台的气道模型，称为母版模型；

步骤3：根据内燃机已知数据获得气道出口截面积S3并固定；

步骤4：利用所述中间模型，建立不同S1/S3的第一气道3D数模；然后利用CFD软件生成每个第一气道3D数模的第一稳流气道数值模型；根据第一稳流气道数值模型，在不同气道压差条件下，计算不同S1/S3下气道的稳流特性，通过分析流量系数随S1/S3的变化规律，以达到流量系数设计目标的同时投入成本最小为原则，确定S1/S3的最佳值；

步骤5：将所述S1/S3的最佳值代入所述母版模型，建立不同S2/S3的第二气道3D数模；然后利用CFD软件生成每个第二气道3D数模的第二稳流气道数值模型；根据第二稳流气道数值模型，在不同气道压差条件下，计算不同S2/S3下气道的稳流特性，通过分析流量系数随S2/S3的变化规律，以达到流量系数设计目标的同时投入成本最小为原则，确定S2/S3的最佳值。

说明书

一种内燃机直气道参数优化设计方法

技术领域

本发明属于内燃机设计领域，具体涉及一种内燃机直气道参数优化设计方法。

背景技术

在内燃机中，进排气系统、燃料供给系统和燃烧室形状三者的相互匹配是决定燃烧过程优劣的关键。其中每循环进入气缸的新鲜充量和气流的运动强度对内燃机的动力、经济及排放性能有重要的影响。所以如何设计一种气道，使其既能够组织合适强度的气流运动，又具有较小的流动阻力损失，是内燃机设计的重要任务。

把气道设计成能在流通能力和所需缸内气流运动特性之间达到最佳平衡，是气道研发过程中的一个难题。目前常见的气道有：切向气道、螺旋气道、滚流气道。切向气道形状平直，进气前强烈地收缩，产生绕气缸纵轴旋转的进气涡流；螺旋气道是将气道内腔做成螺旋形，进气时主气流出现绕气门中心的旋转运动；滚流进气道近似直立，产生旋转中心线与气缸中心线垂直的纵向滚流气流。上述气道，要增强气流运动，必然与降低流动阻力相矛盾。

在节能减排的国际大背景下，柴油机正朝着高增压、高喷油压力的方向发展。对于高强化柴油机来说，循环进气量是制约功率提高的主要因素之一，而高强化柴油机进气压力大、喷油压力高，促使燃油雾化质量很高，再加上先进的燃烧室设计，如北京理工大学设计开发的双卷流、侧卷流燃烧室，从而降低了对进气运动强度的要求，甚至不需要进气道在进气过程中组织气流运动，因此只需要关注流动阻力损失。

因此，针对高强化柴油机，在供油系统及燃烧室系统满足要求的条件下，气道的设计目标即为流动阻力损失要尽可能小。但是，关于满足上述要求的气道设计方法，尚未见到有关报道。

发明内容

有鉴于此，本发明提供了一种内燃机直气道参数设计方法，能够得到流动阻力损失较小的直气道，以满足对循环进气量的要求。

为了解决上述技术问题，本发明是这样实现的：

一种内燃机直气道参数优化设计方法，选取表征直气道结构特征的关键参数为：气道进口截面积 S1、气道喉口截面积 S2、气道出口截面积 S3；所述参数优化设计方法具体包括：

步骤 1：采用 CAD 软件生成不带气门凸台的气道模型，称为中间模型；

步骤 2：产生气门凸台模板，与所述中间模型作布尔运算，形成带有气门凸台的气道模型，称为母版模型；

步骤 3：根据内燃机已知数据获得气道出口截面积 S3 并固定；

步骤 4：利用所述中间模型，建立不同 S1/S3 的第一气道 3D 数模；然后利用 CFD 软件生成每个第一气道 3D 数模的第一稳流气道数值模型；根据第一稳流气道数值模型，在不同气道压差条件下，计算不同 S1/S3 下气道的稳流特性，通过分析流量系数随 S1/S3 的变化规律，以达到流量系数设计目标的同时投入成本最小为原则，确定 S1/S3 的最佳值；

步骤 5：将所述 S1/S3 的最佳值代入所述母版模型，建立不同 S2/S3 的第二气道 3D 数模；然后利用 CFD 软件生成每个第二气道 3D 数模的第二稳流气道数值模型；根据第二稳流气道数值模型，在不同气道压差条件下，计算不同 S2/S3 下气道的稳流特性，通过分析流量系数随 S2/S3 的变化规律，以达到流量系数设计目标的同时投入成本最小为原则，确定 S2/S3 的最佳值。

其中，所述步骤 1 包括：

步骤 101：确定设计气道时的参考点，参考点不位于内燃机缸盖上；

步骤102：基于参考点和内燃机已知数据，确定气道进口中心点和气道出口中心点的位置；

步骤103：确定气道进口形状和气道出口形状；

步骤104：过气道进口中心点和气道出口中心点作一平面 P 垂直于气缸上顶面；在所述平面 P 上，构造气道外轮廓，气道外轮廓的曲率半径尽可能大；

步骤105：根据所述气道进口形状、气道出口形状和气道外轮廓，生成气道的所述中间模型。

优选地，步骤101所述参考点选取气缸上顶面圆心。

优选地，该方法进一步包括：

步骤6：以代入 S1/S3、S2/S3 最佳值的母版模型为基础，加入气门模型后，利用 CFD 软件，建立不同 L/D 的第三稳流气道数值模型；所述 L 为最大气门升程，所述 D 为气道出口直径；根据第三稳流气道数值模型，在不同气道压差条件下，计算不同 L/D 下气道的稳流特性，通过分析流量系数随 L/D 的变化规律，以达到流量系数设计目标的同时投入成本最小为原则，确定 L/D 的最佳值。

优选地，步骤104所述构造气道外轮廓为：采用多点样条曲线构造所述气道外轮廓。

优选地，所述步骤2具体为：

在气道上方任意一点作一平面 B 平行于气缸上顶面；在该平面 B 上，形成三个直角边和一个半圆边构成的一个封闭轮廓，作为所述气门凸台模板；所述半圆边的圆心与所述气道出口中心点所成的直线垂直于气缸上顶面；采用 CAD 软件的切削拉伸功能，在中间模型的基础上，垂直于气缸上顶面，向下拉伸切削出气门凸台，通过改变切削深度来控制气道喉口面积 $S2$ 的大小。

有益效果

（1）本发明在构建参数化模型时，根据直气道的结构和进气特点，设计了3个关键参数来表征直气道的结构特征，便于迅速生成直气道的3D数模，而且通过简单修改可以灵活地改变直气道的结构，提高了气道的设计效率。

（2）本发明在优化参数时，通过中间模型和模板模型的分别应用和设计的参数求解顺序，实现了关键影响参数的解耦，采用无量纲化设计，得到的优化结果具有通用性，从而快速、成功地得到了流动阻力损失较小的进气道,以满足高强化柴油机对循环进气量的要求。

附图说明

略

具体实施方式

下面结合附图并举实施例,对本发明进行详细描述。

随着计算机和数值仿真技术的快速发展,基于 CAD 和 CFD 的优化设计方法已广泛应用于内燃机气道的优化设计中。本实施例以高强化柴油机为例,在供油系统及燃烧室系统满足要求的条件下,以气道的流动阻力损失要尽可能小为设计目标,来描述高强化柴油机直气道参数设计过程。在实际中,如果其他类型的内燃机通过喷油技术、燃烧室的技术改进,也达到了进气道在进气过程中不需要组织气流运动的要求,那么本发明也同样适用于这种类型内燃机的直气道设计。

首先,根据高强化柴油机直气道的结构及进气特点,由于高强化柴油机直气道的结构较为简单,在进气过程中,产生流动阻力损失比重较大的位置主要为气道的进出口和气门凸台处,所以相应地定义了 3 个关键参数来表征直气道的结构特征,如图 2 所示(图略),分别为:气道进口截面积 S_1、气道喉口截面积 S_2、气道出口截面积 S_3,从而基于该关键参数进行参数化建模。

如图 2 所示,本发明的直气道参数优化设计方法具体步骤包括以下两个阶段,如图 1 所示(图略),第一阶段是构建模型;第二阶段是参数优化。其中,第一阶段通过 3 个关键参数构建了两个模型,一个是中间模型,另一个是母版模型,中间模型是不带气门凸台的气道模型,母版模型是在中间模型的基础上加入了气门凸台,利用这两个模型可以在参数优化时实现解耦,简化优化参数的求解过程。

第一阶段的模型构建具体包括以下子步骤:

步骤 101:确定设计气道时的参考点,参考点不位于内燃机缸盖上。

本步骤中,参考点位置的选取需考虑两个方面:1) 独立于缸盖,这样缸盖设计变化不会影响气道设计结果;2) 与内燃机整体设计尺寸相关联。由于内燃机在设计过程中,最先确定了气缸上顶面,后续将以该上顶面圆心 O 为基准进行设计,因此该圆心位置不会变化,故建议选取气缸上顶面圆心为参考点。

步骤 102:基于参考点和内燃机已知数据,确定气道进口中心点和气道出口中心点的位置。

本步骤中，以参考点为基准，根据缸盖的外形尺寸，确定气道进口平面 1 的位置和气道出口平面 2 的位置；在进、出口平面上，根据给定的进、出口中心点与参考点 O 的相对距离 Lx、Lz，确定气道进、出口中心点 m、n 的位置，如图 3 所示（图略）。

步骤 103：确定气道进口形状和气道出口形状。

本实施例中，在进口平面上，以进口中心点 m 为基准，进口形状采用正方形设计，该正方形对角线的交点与进口中心点 m 重合，四周圆角，通过改变正方形边长 La 来控制气道进口截面积 S1 的大小；同理，在出口平面上，出口采用圆形设计，以出口中心点 n 为圆心，通过改变圆的半径 R 来控制气道出口截面积 S3 的大小。这里采用进口正方形和出口圆形，一方面便于两端的密封，另一方面可以采用一个变量来控制截面积大小。

步骤 104：过气道进口中心点和气道出口中心点（m 和 n）作一平面垂直于气缸上顶面，命名为气道中心剖面，用字母 P 表示；在该平面 P 上，采用 a、b 两条多点样条曲线构造气道外轮廓，要求 a、b 曲线的各个端点分别在进、出口的轮廓线，且 a、b 曲线的曲率半径尽可能大，从而尽可能地减小流动损失。

步骤 105：根据所述气道进口形状、气道出口形状和气道外轮廓（a、b），通过 CAD 软件的实体特征功能，生成气道的中间模型。

步骤 106：产生气门凸台模板，与中间模型作布尔运算，形成带有气门凸台的气道模型，称为母版模型。

本步骤具体为：在气道上方任意一点作一平面 B 平行于气缸上顶面；在该平面 B 上，形成三个直角边和一个半圆边构成的一个封闭轮廓，作为气门凸台模板 3，如图 2 所示，半圆边的圆心与所述气道出口中心点 n 所成的直线垂直于气缸上顶面，半圆的半径由气门导管及弹簧座等尺寸确定，长方形尺寸适应半圆尺寸即可；采用 CAD 软件的切削拉伸功能，在中间模型的基础上，垂直于气缸上顶面，向下拉伸切削出气门凸台，通过改变切削深度 H 来控制气道喉口面积 S2 的大小，从而形成母版模型。在实际中，还可以在拐角处进行圆角处理，至此完成单直气道的参数化建模，通过实体镜像功能可实现双直气道建模。

至此，完成了参数化建模过程，下面就是第二阶段的参数优化过程。

第二阶段是基于 CFD 软件进行直气道参数优化。由于在设计气道时，气道出口截面 S3 是已知参数，其可由内燃机缸径等参数确定，所以在进行参数优化时固定 S3 不变，对其他关键参数进行无量纲化，使优化结果具有通用性，目的在于确定无量纲参数 S1/S3、S2/S3 的最佳值，为了实现装配还需要计算出 L/D（最大气门升程 L 与气道出口直径 D 之比）的最佳值，以使气道流动阻力较小，满足高强化柴油机对循环进气量的要求。由于直气道结构简单，可以近似地看作一根直管道，气门凸台是中间的一个局部阻力点，该位置的损失受 S1/S3 的影响较大，因此先确定 S1/S3 的最佳值，在确定时，为了对各个关键参数实现解耦，采用中间模型优化 S1/S3 的值，然后再采用母版模型来优化 S2/S3 的值。具体来说，采用如下步骤实现参数优化：

步骤 201：根据内燃机已知数据计算气道出口截面积 S3 并固定。

步骤 202：确定 S1/S3 的最佳值。

本步骤中，为了解耦 S2 对气道性能的影响，先不考虑气门凸台的影响，首先利用上述中间模型，通过变化 S1，建立不同 S1/S3 的气道 3D 数模，结构变化如图 4 所示（图略）；然后利用 CFD 软件生成本步骤所建立的每个气道 3D 数模的稳流气道数值模型，该数值模型除了包括气道，还包括稳压箱、气门座圈以及气缸；根据该稳流气道数值模型，在不同气道压差条件下，计算不同 S1/S3 下气道的稳流特性，通过分析流量系数 Cf 随 S1/S3 的变化规律，以达到流量系数设计目标的同时投入成本最小为原则，确定 S1/S3 的最佳值。图 5（图略）为在进气压力 200 kPa 下流量系数 Cf 随不同压差和不同 S1/S3 的变化规律，不同进气压力下的变化规律图相似，只取其中一张图进行分析即可。其中，流量系数是流动阻力的评价标准（或量化指标），流量系数越大，流动阻力越小，因此应该令流量系数尽可能大。再加上考虑到成本问题，因此最佳值选取具体为：由流量系数随不同面积比的变化规律可知，随着面积比的增加，流量系数先迅速增大，然后增大的幅度逐渐减小，当面积比无限大时，最终可能会收敛于某一值。对于实际工程应用来说，在满足设计要求的同时，需保证投入成本应尽可能小。在气道的设计过程中，随着面积比的增加，虽然流动损失越来越小，但是由于缸盖各部分性能及结构的限制，设计及加工等成本会大幅增加。因此，面积比的最佳值应以达到流量系数设计目标的同时投入成本最小为原则进行选取。

步骤 203：确定 S2/S3 的最佳值。

本步骤中，将所述 S1/S3 的最佳值代入上述母版模型，建立不同 S2/S3 的气道 3D 数模，结构变化如图 6 所示（图略）；然后利用 CFD 软件生成本步骤所建立的每个气道 3D 数模的稳流气道数值模型，同样该数值模型除了包括气道，还包括稳压箱、气门座圈以及气缸；根据该稳流气道数值模型，在不同气道压差条件下，计算不同 S2/S3 下气道的稳流特性，通过分析流量系数 Cf 随 S2/S3 的变化规律，以达到流量系数设计目标的同时投入成本最小为原则，确定 S2/S3 的最佳值。图 7（图略）为在进气压力 200 kPa 下流量系数 Cf 随不同压差和不同 S2/S3 的变化规律。

步骤 204：确定 L/D 的最佳值。

本步骤中，以上述 S1/S3、S2/S3 最佳值的母版模型为基础，加入气门座圈 7 模型后，利用 CFD 软件，建立不同 L/D 的气道 3D 数模，结构变化见图 8（图略），继而建立稳流气道数值模型，该数值模型包括稳压箱、气道、气门座圈以及气缸，还进一步包括气门，在不同气道压差条件下，计算不同 L/D 下气道的稳流特性，通过分析流量系数 Cf 随 L/D 的变化规律，以达到流量系数设计目标的同时投入成本最小为原则，即可确定 L/D 的最佳值。图 9（图略）为在进气压力 200 kPa 下流量系数 Cf 随不同压差和不同 L/D 的变化规律。

通过上述优化方法确定的最佳 S1/S3、S2/S3、L/D，配合采用上述参数化建模方法，即可得到流动阻力损失较小的进气道，以满足高强化柴油机对循环进气量的要求。

综上所述，以上仅为本发明的较佳实施例而已，并非用于限定本发明的保护范围。凡在本发明的精神和原则之内，所作的任何修改、等同替换、改进等，均应包含在本发明的保护范围之内。

2. 审查意见通知书

本申请涉及一种内燃直气道参数优化设计方法。经审查，现提出如下的审查意见。

权利要求 1 的保护范围不清楚，不符合《专利法》第 26 条第 4 款的规定。

权利要求 1 中提到"采用 CAD 软件生成不带气门凸台的气道模型，称为中间模型"，"产生气门凸台模板，与所述中间模型作布尔运算，形成带有气门凸台的气道模型，称为母版模型"，以及"利用所述中间模型，建立不同 S1/S2 的第一气道 3D 数模"，"将所述 S1/S3 的最佳值代入所述母版模型，建立不同 S2/S3 的第二气道 3D 数模"，然而权利要求 1 中并未指中间模型、母版模型与参数 S1、S2、S3 间的具体关系，以及具体怎样由参数确定模型，因此，不清楚如何由参数确定数模以及如何将参数的值代入模型建立数模，从而导致权利要求 1 的保护范围不清楚，不符合《专利法》第 26 条第 4 款的规定。

3. 针对审查意见的答复

权利要求 1 中请求保护的"采用 CAD 软件生成不带气门凸台的气道模型,称为中间模型"所说明的中间模型的产生过程为:在给定气道进口截面积 S1 和气道出口截面积 S3 参数的基础上,采用 CAD 软件中自带的组件,本领域的技术人员就能够确定地绘制出不带气门凸台的气道模型,即中间模型,也就确定了中间模型与气道进口截面积 S1、气道出口截面积 S3 之间的关系;"产生气门凸台模板,与所述中间模型作布尔运算,形成带有气门凸台的气道模型,称为母版模型"所说明的母版模型的产生过程为,在上述绘制出的中间模型的基础上,增加参数气道喉口截面积 S2,采用 CAD 软件中自带的组件,本领域的技术人员就能够确定地绘制出带有气门凸台的气道模型,即母版模型,也就自然确定了母版模型与气道进口截面积 S1、气道喉口截面积 S2、气道出口截面积 S3 之间的关系。在此基础上,当参数气道进口截面积 S1、气道喉口截面积 S2、气道出口截面积 S3 有确定的数值时,只需要将参数对应的数值输入在 CAD 软件中绘制的中间模型和母版模型中,原中间模型和母版模型即可按照新的数值调整尺寸。因此,上述操作均属于 CAD 软件的使用方法,是本领域技术人员的公知技术。

4. 要点分析

根据上述内容可以看出,本案例属于典型的不符合《专利法》第二十六条第四款中所规定的权利要求清楚地限定要求保护的范围的类型。

具体来说,审查员认为权利要求 1 中未对"中间模型、母版模型与参数 S1、S2、S3 间的具体关系,以及具体怎样由参数确定模型"进行说明,从而导致权利要求 1 含义不明确。针对上述问题,在答复过程中,应当根据说明书中记载的内容及公知常识,对权利要求中所存在的不清楚的地方,即"中间模型""母版模型"的产生过程,进行具体的解释说明,通过说理分析让审查员了解到原权利要求中未明确说明的内容属于现有技术的范畴,以此消除审查员的疑问。

3.4.4 案例 8:一种在龙芯计算平台上实现独立显卡显存分配的方法

1. 专利申请文件

权利要求书

1. 一种在龙芯计算平台上实现独立显卡显存分配的方法,其特征在于，包括以下步骤：

步骤1：基于TTM算法设计面向TTM算法的数据结构定义，创建buffer object数据结构及其基类，实现数据的替换与CPU的映射；

步骤2：设计隔离机制实现数据同步，通过对创建的缓冲区fence以实现对缓冲区加锁，进而实现对数据的同步，实现同一时刻多进程或多处理器核对同一缓冲区对象空间的访问：

步骤201 定义fence及其对象的数据结构，每当创建一个缓冲区对象时，TTM会生成一个对应的fence，当其他的进程想要访问这个缓冲区对象时，首先申请fence，如果不成功则将此进程放入等待队列，当fence被释放时，触发fence完成中断，并去等待队列中寻找优先级最高的进程，唤醒进程，执行相应操作；

步骤202 当应用程序调用步骤1所述的buffer object时，首先查看fence中的count值；若其大于0则将对count实行减1操作，同时对缓冲区对象进行相应操作，操作完毕后将对count值实行加1操作，调用needed_flush函数查看哪些信号需要被触发，其中needed_flush函数为通知哪些类型的信号在被调用的时候会被触发的函数；之后调用flush函数，其中flush函数为触发位域中对应的信号类型的函数，并且通过needed_flush函数的结果来管理位域的各个位；若count值小于或者等于0，则将此应用程序放入等待队列中；然后调用wait函数，wait函数用于判断当前进程或子进程是否结束，其返回值为非零值时说明驱动会覆盖TTM的wait函数，返回0表明wait函数返回正常，如果wait函数返回值非0，则调用驱动的wait函数，然后继续等待；当应用程序在等待队列的首位时，等待信号的到来，如果信号发生，进行和上面的程序同样的操作；如果等待时间超过fence的生存周期，则触发lockup函数，lockup函数为返回向量或数组中的数值函数，判断是GPU的lockup还是其他，如果是GPU，重启GPU，继续等待；如果不是，增加生存周期，继续等待；

步骤3：采用基于龙芯3B处理器芯片二级cache锁机制的内核调用方法，通过在操作系统内核中增加两个系统调用sys_scache_lock和sys_scacheunlock，实现对龙芯芯片内二级缓存进行加锁，提高DMA对显存数据的快速存取和读写，结合步骤2的数据同步，实现显卡显存数据访问控制。

2. 如权利要求1所述的一种在龙芯计算平台上实现独立显卡显存分配的方法，其特征在于，步骤3中对龙芯芯片内二级缓存进行加锁，具体为:Linux Kernel 中增加两个系统调用 sys_scache_lock 和 sys_scacheunlock,把物理地址 addr 开始的 size 字节大小的数据锁到二级 cache;其中,系统调用 sys_scache_lock 通过配置总线对二级 cache 模块内部的 4 组锁窗口寄存器进行动态配置,落在被锁区域中的二级 cache 块会被锁住,因而不会被替换出二级 cache;需要释放时调用 sys_scacheunlock 进行解锁;此外当二级 cache 收到 DMA 写请求时,如果被写的区域在二级 cache 中命中且被锁住,那么 DMA 写请求将直接写入二级 cache 而不是显存或内存;对于独立显卡 DMA 设备,通过修改驱动程序,使用二级 cache 锁机制把缓冲区锁到二级 cache,显著提升显存的访问效率。

说明书

一种在龙芯计算平台上实现独立显卡显存分配的方法

技术领域

本发明涉及一种在龙芯计算平台上实现独立显卡显存分配的方法,属于图形图像处理领域。

背景技术

显卡作为计算机中负责处理图形信号的专用设备,在显示器上输出的图形信息均由显卡生成并传送给显示器,因此显卡的性能好坏决定着计算机的显示效果。显卡分为集成显卡和独立显卡。集成显卡是将 GPU 集成在 CPU 或北桥芯片中,显存及其相关电路与主板融为一体。独立显卡是指将高性能显示芯片、显存及其相关电路单独集成在一块电路板上,自成一体而作为一块独立的板卡存在,通过标准 PCI-E 扩展插槽与主板相连接,目前主流的显卡均采用标准 PCI-E×16 金手指硬件接口。

目前,应用于图形图像处理的国产计算平台主要采用基于国外 GPU 芯片的商用独立显卡。但是,由于商用高性能显卡不公开其基于 Windows+X86 平台的驱动程序源码,将目前主流的显卡移植到自主软硬件平台技术能力受限。当前只有有限的几款非主流独立显卡的驱动实现了在自主可控平台上的移植,且驱动程度不彻底,无法彻底发挥独立显卡性能。同时由于自主硬件平台本身的性能局限,CPU 对 DDR 的读写速率较低,支持内存容量有限,极大限制了大容量图形图像数据动态分享系统内存,影响图形图像显示效果。

显存分配是显卡驱动程序的核心,其效率决定了显卡驱动程序的效率。目前基于开源社区的驱动程序源码在显存分配上采用 GEM 或类似 GEM 的显存管理算法，在不清楚 GPU 内部细节的情况下，该类方法无法高效地完成显存的动态分配和高效快速存取，影响了显卡驱动程序的运行效率。

由于国产计算平台面世时间不长，相关类似技术或发明较少。目前，未见与本发明类似的发明专利、技术成果或实现方案。

发明内容

本发明提供一种在龙芯计算平台上实现独立显卡显存分配的方法，采用 TTM 显存管理方法解决了显存访问控制问题，重点实现了基于 TTM 的显存同步机制；同时针对龙芯 CPU 的二级 cache 锁结构，通过修改操作系统内核实现基于二级 cache 的锁机制，实现对局部性显存数据的直接 cache 高效存取，进而提升显存数据的存取效率。

该种在龙芯计算平台上实现独立显卡显存分配的方法，包括以下步骤：

步骤 1：基于 TTM 算法设计面向 TTM 算法的数据结构定义，创建 buffer object 数据结构及其基类，实现数据的替换与 CPU 的映射；

步骤 2：设计隔离机制实现数据同步，通过对创建的缓冲区 fence 以实现对缓冲区加锁，进而实现对数据的同步，实现同一时刻多进程或多处理器核对同一缓冲区对象空间的访问；

步骤 201 定义 fence 及其对象的数据结构，每当创建一个缓冲区对象时，TTM 会生成一个对应的 fence，当其他的进程想要访问这个缓冲区对象时，首先申请 fence，如果不成功则将此进程放入等待队列，当 fence 被释放时，触发 fence 完成中断，并去等待队列中寻找优先级最高的进程，唤醒进程，执行相应操作；

步骤 202 当应用程序调用步骤 1 所述的 buffer object 时,首先查看 fence 中的 count 值；若其大于 0 则将对 count 实行减 1 操作，同时对缓冲区对象进行相应操作，操作完毕后将对 count 值实行加 1 操作，调用 needed_flush 函数查看哪些信号需要被触发，其中 needed_flush 函数为通知哪些类型的信号在被调用的时候会被触发的函数；之后调用 flush 函数，其中 flush 函数为触发位域中对应的信号类型的函数，并且通过 needed_flush 函数的结果来管理位域的各个位；若 count 值小于或者等于 0，则将此应用程序放入等待队列中；然后调用 wait 函数，wait 函数用于判断当前进程或子进程是否结束，其返回值为非零值时说明驱动会覆盖 TTM 的 wait 函数，返回 0 表明 wait 函数返回正常，如果 wait 函数返回值非 0，则调用驱动的 wait 函数，然后继续等待；当应用程序在等待队列的首位时，等待信号的到来，如果信号发生，进行和上面的程序同样的操作；如果等待时间超过 fence 的生存周期，则触发 lockup 函数，lockup 函数为返回向量或数组中的数值函数，判断是 GPU 的 lockup 还是其他，如果是 GPU，重启 GPU，继续等待；如果不是，增加生存周期，继续等待；

步骤 3：采用基于龙芯 3B 处理器芯片二级 cache 锁机制的内核调用方法，通过在操作系统内核中增加两个系统调用 sys_scache_lock 和 sys_scacheunlock，实现对龙芯芯片内二级缓存进行加锁，提高 DMA 对显存数据的快速存取和读写，结合步骤 2 的数据同步，实现显卡显存数据访问控制。

步骤 3 中对龙芯芯片内二级缓存进行加锁，具体为：Linux Kernel 中增加两个系统调用 sys_scache_lock 和 sys_scacheunlock，把物理地址 addr 开始的 size 字节大小的数据锁到二级 cache；其中，系统调用 sys_scache_lock 通过配置总线对二级 cache 模块内部的 4 组锁窗口寄存器进行动态配置，落在被锁区域中的二级 cache 块会被锁住，因而不会被替换出二级 cache；需要释放时调用 sys_scacheunlock 进行解锁；此外当二级 cache 收到 DMA 写请求时，如果被写的区域在二级 cache 中命中且被锁住，那么 DMA 写请求将直接写入二级 cache 而不是显存或内存；对于独立显卡 DMA 设备，通过修改驱动程序，使用二级 cache 锁机制把缓冲区锁到二级 cache，显著提升显存的访问效率。

其中创建完成 buffer object 及其基类后，每一次应用程序调用 buffer object，系统均为其分配到一段内存。

所述的一段内存可被不同程序共享，这一区域仅可被 GPU 识别，需调用显卡驱动实现 buffer object 地址空间与 CPU 地址空间的映射。

步骤 1 中利用 Linux 虚拟内存机制，虚拟显存可获得最大 4G 的空间，每个 buffer object 分配到的显存空间不一定分配到物理显存，只有当 buffer object 及其基类被读取或调用时，即触发中断，告知 TTM 显存管理系统并为其分配空间；若在此情况下仍存在显存空间不足，则将暂时不用的 buffer object 交换出显存并放入硬盘中，等到需要的时候再置换回来。

本发明的有益效果

1) 本发明采用 TTM 算法实现独立显卡显存管理，在基于国产 CPU 的计算平台上实现了高性能显卡显存的访问控制，显著提升了国产显控计算平台的图形图像处理能力。

2）本发明充分结合龙芯 3B 处理器体系结构特征，利用其二级缓存带锁的硬件模块，采用在开源操作系统内核中加入系统调用的方法实现将局部性数据加入二级缓存的锁中，实现了独立显卡对缓存数据的快速读写，进而提升图形图像处理能力。

附图说明
略
具体实施方式
下面结合附图详细说明本发明。
1. TTM 显存管理算法优化与实现

TTM 算法是一种通用显存访问控制管理方法，可面向不同 CPU 计算平台、不同厂商显卡（核心显卡或独立显卡）提供高效的显存数据读写控制机制，实现了全面的功能和良好的效率。

1）TTM 算法执行流程

上层应用程序通过用户态 DRM 动态链接库调用 DRM 设备对象，之后便调用 TTM 文件对象。TTM 对 DRM 是以文件的形式存在的，即它封装了真正的缓冲区对象，这主要是与 Linux 下的文件系统相匹配。

之后，TTM 模块被设计成可以高效管理显存的控制模块，从用户角度看，TTM 管理的对象是一系列 buffer object。buffer object 是应用程序分配的一段内存，可以被不同程序共享，它包括一段可以被 GPU 读取的内存区域。一旦用户创建了一个缓冲区对象，其便可以将这个对象映射到用户的地址空间。只要有应用程序引用一个 buffer object，它就被保证不会消失，但是 buffer 的位置应该会不断变化。

一旦应用程序创建一个缓冲区对象，它就会将这个对象映射到自己的地址空间中，尽管可能由于这个缓冲区的地址比较特殊，需要将这个缓冲区重新分配到可以被 CPU 存取的地址空间中。TTM 通过硬件交互层中的 ioctl 功能模块实现一种称为"确认"的机制，当缓冲区被确认之前，它是可以任意移动的；但当缓冲区被确认之后，即意味着它一定可以被 GPU 所存取。之后便是对应的缓冲区对象和 fence 对象，最终会传递到显卡驱动，实现相应的操作。从而实现了显存的即时、快速存取。

2）TTM 算法数据结构设计

TTM 显存管理中有很多重要的数据结构，本发明所采用的 TTM 算法中重点使用了名为 buffer object 的数据结构及其基类，通过它的结构与元素，可清晰了解 TTM 的处理流程。buffer object 是 TTM 模块管理的主要对象，在程序中主要是通过 ttm_buffer_object 结构体来管理 buffer object，它是 TTM_buffer_object 的基类，实现了数据的替换与 CPU 的映射。GPU 映射由驱动实现，不过对于简单的 GPU 设计来说，下面的 offset 可以直接用作 GPU 的虚拟地址。对于存在多个 GPU 显存管理上下文来说，驱动应该单独管理这些地址空间，并且用这些 object 来实现正确的替换和 GPU 映射。

下面是 ttm_buffer_object 的定义：

Struct ttm_buffer_object{
Struct drm_user_object_base;
Struct ttm_bo_deviee *bdev;
Struct kref kref;
Struct kref list_kref;
uint32_t proposed_flags;
unsigned long buffer_start;
enum ttm_bo_type type:
unsigned long offset:
struct ttml_mem_reg mem;
uint32_t val_seq;
bool seq_valid;
struct list_head lru;
struct list_head ddestroy;
struct list_head swap:
struct file *Persistant_swap--storage;
void（*destroy）(struct ttm_buffer_object*);
void *sync_obj_arg:
void *sync_obj;
uint32_t priv_flags;
wait_queue_head_t event_qucue;
struct mutex mutex;
unsigned long num_pages:
struct ttm_tt *ttm;
struct rb_node vm_rb;

```
struct drm_mm_node *vm_node:
uint64_t addr space_offset:
atomic_t cpu--writers;
atomic_t reserved;
size_t acc_size;
struct fence_pbject *fence;
struct map_list map_llst;
}
```

结构里有几个比较重要的项：

Struct drm_user_object_base：user objeet 使每个 buffer object 都对应一个用户空间的 32 位的 handle，并且由此可以追踪 object；

Struct ttm_bo_deviee *bdev：是指向 buffer object 设备结构体的指针；

Struct kref kref：指这个 buffer object 的引用次数，当 refcount 等于 0 时，这个对象被放进 delay 列表中；

unsigned long buffer_start：用户空间映射的地址的起始位置；

unsigned long num_pages：实际上占用的页数；

struct fenee_object *fence：与 buffer object 对应的 fence object；

struct map list_map_list：bo_type_deviee 类型 buffer 在 device 里映射的空间。

3) TTM 显存管理的同步机制

TTM 中的同步是通过隔离机制（也称 fence）方法实现的。fence 类似于信号量，只不过 fence 加锁的对象是缓冲区对象。每当创建一个缓冲区对象时，TTM 会生成一个对应的 fence，当其他的进程想要访问这个缓冲区对象时，首先去申请 fence，如果不成功的话将此进程放入等待队列，当 fence 被释放时，触发 fence 完成中断，并去等待队列中寻找优先级最高的进程，唤醒进程，执行相应操作。

接下来是 fence 对象的定义：

```
struct ttm_fence_device{
struct ttm_mem_gIobal *mem_glob:
struct ttm_fence_class_manager *fence_class;
uint32_t num_classes;
atomic t count;
const struct ttm_fence_driver *driver;
```

};

其中 count 指的是当前 fence 对象的个数,这是非常重要的一个变量,当 count 的值大于 0 时说明 fence 管理的区域是可以被读取的,如果等于或小于 0,说明此块区域已经被其他程序所占用,此时当前进程只能被放到 waiting list 里面,直到别的进程释放这一区域;fence_class 是所有 fence 的管理者;driver 是 fence 相应的一系列操作函数,接下来介绍下 driver 的定义:

Struct ttm_fence_driver{
bool(*has_irq)(
struct ttm_fence_device *fdev,
uint32_t fenee_class,uint32_t fiags
);
int(*emit)(
struct ttm_fence_deviee *fdev,
uint32_t fence_class,
uint32_t flags,
uint32_t *breadcrumb,unsigned long *timeout_jiffies
):
void(*flush)(
struet ttm_fence_deviee *fdev, uint32_t fence_class
);
void(*poll)(
struct ttm_fence_dcvice *fdev,
uint32_t fence_class,ulnt32_t types
);
uint32_t(*needed_flush)(
struct ttm_fence_object *fence
);
int(*wait)(
struet ttm_fenee_object *fenee,bool lazy,
bool interruptibel,uint32_t mask
);
void(*signaled)(

```
    struct ttm_fence_object *fence
);
void(*lockup)(
    struct ttm_fence_object *fence,uint32_t fenee_types
);
};
```

它的成员都是一系列回调函数,这些函数实现了 fence 的一系列操作。

Has_irq 函数是由等待者调用的,返回 1 表明信号的触发是自动实现的,返回 0 表明信号的触发需要调用 poll 函数来实现。

singaied 函数是在原子上下文中被调用的,当信号类型改变时此函数便会被调用;

当等待时间超过 fence 对象的生存时间时,lockup 回调函数便会被调用,如果是 GPU 的 lockup,这个函数会重置 GPU,调用 ttm_fence_handier,传入错误状态然后返回;如果不是这种情况,它会增加生存时间的值,然后继续等待;

Wait 函数的返回值为非零值时说明驱动会覆盖 TTM 的 wait 函数,返回 0 表明 wait 函数返回正常;

Emit 函数用来确定所给参数的 fence 是否存在,返回的是 breadcrumb 中的序列值;

Frush 函数用来触发位域 ttm_fenee_class_manager 中的 pending_flush 对应的信号类型,并且通过 needed_flush 函数的结果来管理位域的各个位;

Needed_flush 函数告诉 flush 函数哪些类型的信号在 nush 函数被调用的时候会被触发。

Fence 功能的使用流程如下:

a. 当应用程序访问一个缓冲区对象时,首先查看 fence 中的 count 值。若其大于 0 将对 count 实行减 1 操作,同时对缓冲区对象进行相应操作,操作完毕后将对 count 值实行加 1 操作,调用 needed_flush 函数,查看哪些信号需要被触发,之后调用 flush 函数;

b. 若 count 值小于或者等于 0,则将此程序放入等待队列中,等待队列是以 FIFO 的形式来存储的。接下来调用 wait 函数,如果 wait 函数返回值非 0,调用驱动的 wait 函数,然后继续等待。当程序在等待队列的首位时,等待信号的到来,如果信号发生,进行和上面的程序同样的操作。如果等待时间很长,都已经超过了 fence 的生存周期时,便会触发 lockup

函数，判断是 GPU 的 lockup 还是其他，如果是 GPU，重启 GPU，继续等待；如果不是，增加生存周期，继续等待。

图 2（图略）描述了 fence 执行的流程。其中 count 的初始值如果设为 1，表明这是一种互斥类型的 fence；如果设为大于 1 的值，则表明这个 fence 可以实现多个应用程序同时读写并且可以接受竞态，即竞态是可接受范围内。

2. 二级缓存锁机制设计及实现

缓存（cache）缓解了 CPU 数据处理速率与显存存取访问速率之间的矛盾。对于具有良好数据局部性的程序，cache 效率将更好发挥二级 cache 锁机制通过把数据和指令锁到 cache，降低了 cache 缺失率，从而提高了部分特定应用的性能。二级 cache 锁机制包括静态和动态，静态锁 cache 在程序编译时，把程序需要频繁访问的数据锁到 cache，直到整个程序运行结束；动态二级 cache 锁机制，则是在程序运行时，剖析程序运行时的特点，把需要经常访问的数据锁到 cache。

龙芯 3B 处理器的二级 cache 在设计时增加了锁机制，提高一些特定计算任务的性能。通过配置锁窗口寄存器，落在被锁区域中的二级 cache 块会被锁住，因而不会被替换出二级 cache。通过配置总线可以对二级 cache 模块内部的 4 组锁窗口寄存器进行动态配置，但必须保证 4 路二级 cache 中一定有 1 路没有被锁住。此外当二级 cache 收到 DMA 写请求时，如果被写的区域在二级 cache 中命中且被锁住，那么 DMA 写请求将直接写入二级 cache 而不是内存。对于独立显卡（DMA 设备）来说，通过修改驱动程序，使用二级 cache 锁机制把缓冲区锁到二级 cache，可以提高 IO 访问的性能，显著提升显存的访问效率。

具体实现上，Linux Kernel 中增加两个系统调用 sys_scache_lock (unsigned long addr, unsigned int size) 和 sys_scacheunlock (unsigned long addr, unsigned int size)，把物理地址 addr 开始的 size 字节大小的数据锁到二级 cache。

2. 审查意见通知书

该申请涉及一种在龙芯计算平台上实现独立显卡显存分配的方法，经审查，现提出以下审查意见：

权利要求 1 请示保护一种在龙芯计算平台上实现独立显卡显存分配的方法，其技术特征包含"基于 TTM 算法设计面向 TTM 算法的数据结构定义"和"buffer object 数据结构"，而该权利要求中并未对"TTM 算法"和

"buffer object 数据结构"进行说明,且在所属技术领域中,并未有"TTM 算法"和"buffer object 数据结构"的具体定义,所属技术领域的技术人员依据该权利要求当前的内容也不清楚"TTM 算法"具体是何种算法以及不清楚"buffer object 数据结构"为何种数据结构,从而导致该权利要求保护的范围不清楚,不符合《专利法》第二十六条第四款的规定。

权利要求 1 的技术特征还包含"基于 TTM 算法设计面向 TTM 算法的数据结构定义,创建 buffer object 数据结构及其基类,实现数据的替换与 CPU 的映射",而该权利要求中并未对"实现数据的替换与 CPU 的映射"进行说明,且在所属技术领域中,并未有"实现数据的替换与 CPU 的映射"的具体定义,所属技术领域的技术人员依据该权利要求当前的内容也不清楚"实现数据的替换与 CPU 的映射"具体是如何实现的,从而导致该权利要求保护的范围不清楚,不符合《专利法》第二十六条第四款的规定。

3. 针对审查意见的答复

(1) 依据专业技术网站查询信息

权利要求 1 中的"TTM 算法"(The Translation Table Manager),是一种通用显存访问控制管理方法,该方法提供一个单用户空间 API 来容纳所有硬件的需要,同时支持统一内存架构(UMA),有效管理图形内存以大量存储帧缓冲区、纹理、顶点和其他与图形相关的数据,可面向不同 CPU 计算平台、不同厂商显卡(核心显卡或独立显卡)提供高效的显存数据读写控制机制,实现了全面的功能和良好的效率。

TTM 算法通过对一系列 buffer object 和 fence object 进行操作,最终实现 GPU 和 CPU 的数据交互,实现上层应用程序对显卡驱动的调用,从而实现相应操作。

(2) 依据专业技术网站查询

权利要求 1 中的"buffer object 数据结构",是显卡对显存管理的基本结构,是对一片内存的抽象,radeon 显卡驱动中使用的是 radeon_bo 结构来管理和描述一片显存,radeon_bo 结构定义如下:

```
struct radeon_bo *vram_obj = NULL;
uint64_t vram_addr;
unsigned  size;
void *vram_map,   *gtt_map;
size = 1 024 * 768 * 4;
r = radeon_bo_create(rdev,   size,   PAGE_SIZE,   true,
```

RADEON_GEM_DOMAIN_VRAM，&vram_obj）；

参数如下：

- rdev，radeon_device 结构体指针；
- size，该 bo 的大小；
- True，来自内核还是用户空间的请求，如果是内核，则分配 bo 结构过程是不可中断的，并且从用户空间和内核空间访问这篇显存的时候虚拟地址和物理地址间的映射关系是不同的；
- RADEON_GEM_DOMAIN_VRAM，显存位于 vram 还是 gtt 内存；
- vram_obj，bo 指针，返回的 bo 结构体。

（3）权利要求 1 中记载的"实现数据的替换与 CPU 的映射"

这是采用现有的处理手段就可以实现，其步骤如下：

① 创建并初始化 buffer object（bo），分配显存；

② 获取 bo 代表的显存的 GPU 虚拟地址，GPU 将使用这个地址访问内存；

③ 映射 bo 代表的显存空间，以及返回映射后的 CPU 虚拟地址，驱动将使用这个地址访问内存；

④ 在 CPU 和 GPU 之间进行数据拷贝和传输；

⑤ 数据拷贝完毕后，释放内存和 bo 结构。

在说明书具体实施方式第 6 段记载了实现 CPU 的映射的方式"之后，TTM 模块被设计成可以高效管理显存的控制模块，从用户角度看，TTM 管理的对象是一系列 buffer object。buffer object 是应用程序分配的一段内存，可以被不同程序共享，它包括一段可以被 GPU 读取的内存区域。一旦用户创建了一个缓冲区对象，它便可以将这个对象映射到用户的地址空间。只要有应用程序引用一个 buffer object，它就被保证不会消失，但是 buffer 的位置应该会不断变化。"在此过程中，buffer object 是一个内存段，在被不同程序共享中，有数据替换的过程，这在显存管理中是非常成熟的处理手段。

4. 要点分析

根据上述内容可以看出，本案例属于典型的不符合《专利法》第二十六条第四款中所规定的权利要求清楚地限定要求专利保护的范围的类型。

具体来说，审查员根据领域内的公知常识进行分析后，认为权利要求 1 中未对"TTM 算法""buffer object 数据结构""实现数据的替换与 CPU 的映射"进行说明，且认为在所属技术领域中没有上述概念的有关定义，因此，导致权利要求要求保护的范围不清楚。针对上述问题，在答复过程中，首先应当在公知范围内查找相关证明文件,例如,可以通过查找所属技术领域内的教材、论文、专业技术网站等公开的技术文件获得有关证据,通过解释说明以及提交证据文件消除审查员的疑问。

对于审查员提出的其他问题,即"提高DMA对显存数据的快速存取和读写""显著提升显存的访问效率"属于商业性宣传用语,导致权利要求不简要。由于上述技术特征仅仅是对方法效果的阐述,不涉及具体技术方案,确实存在表述不清且属于商业性宣传的问题,在答复过程中,仅需要删除这些不准确的表述即可。

3.4.5 案例9:一种半导体激光器超高频微波阻抗匹配方法

1. 专利申请文件

权利要求书

1. 一种半导体激光器超高频微波阻抗匹配方法,其特征在于,包括以下步骤:

步骤1:采用阻抗测试转接板,对半导体激光器输入阻抗进行测量,具体为:

a. 所述阻抗测试转接板包括依次连接在半导体激光器引脚的50Ω传输线装置及SMA连接器。

b. 测量SMA连接器处输出阻抗值。

c. 基于传输线理论,采用扣除法,扣除SMA连接器和50Ω传输线装置对半导体激光器引脚处输出阻抗值的影响,计算出半导体激光器引脚处输入阻抗值Z1。

步骤2:基于微波阻抗匹配网络,对半导体激光器输入阻抗进行匹配:

微波阻抗匹配网络由依次串联在半导体激光器引脚处的第一微带线、集总参数元件阻抗匹配电路以及第二微带线组成,该三部分构成T形微波阻抗匹配网络;集总参数元件阻抗匹配电路采用两端电感之间并联电容的形式实现。

a. 对第一微带线的宽度和长度进行调整,使第一微带线与集总参数元件阻抗匹配电路之间的输入阻抗Z,即第一微带线的阻抗Z2与半导体激光器输入阻抗Z1之和Z位于Smith圆图的目标区域范围内;其中,目标区域对应的是阻值为1的等电阻圆图内对应的区域。

b. 对输入阻抗 Z 进行测试：当输入阻抗 Z 测试值为容性时，增加 T 形阻抗匹配网络的感性，即增加电感的数值；当输入阻抗 Z 为感性时，增加 T 形阻抗匹配网络的容性，即减小电感的数值。

c. 第二微带线采用 50 Ω 传输线，将输入阻抗 Z 虚部调整为零。

d. 测量 T 形微波阻抗匹配网络输出端口的输出阻抗是否在所述目标区域的中线附近，如果是，则完成阻抗匹配；如果否，则执行步骤 e。

e. 返回步骤 a，在保证输入阻抗 Z 位于目标区域范围内的同时，重新调整第一微带线的宽度和长度，然后继续执行步骤 b～步骤 d，直到 T 形微波阻抗匹配网络输出端口的输出阻抗在所述目标区域的中线附近。

2. 如权利要求 1 所述的一种半导体激光器超高频微波阻抗匹配方法，其特征在于，T 形微波阻抗匹配网络输出端口的输出阻抗在所述目标区域的位置越靠近中线越好。

说明书

一种半导体激光器超高频微波阻抗匹配方法

技术领域

本发明涉及 CPT 原子钟、原子陀螺仪、原子磁力仪及光通信等领域，尤其涉及一种半导体激光器超高频微波阻抗匹配方法。

背景技术

在 CPT 原子钟、原子陀螺仪、原子磁力仪及光通信等领域都要使用经微波信号调制后的半导体激光器，这种微波调制信号的频率一般都大于 1 GHz，只有当微波信号源与半导体激光器之间阻抗匹配时，微波信号才能有效地对半导体激光器进行调制。此外，半导体激光器的调制特性在很大程度上受到其工作参数的影响，当工作电流在阈值电流以上时，内阻较小，微波信号才能更有效地对半导体激光器进行调制，这一特性给半导体激光器进行阻抗匹配提出了特殊要求。

在微波阻抗匹配设计中，当信号频率小于 1 GHz 时，常采用集总参数进行阻抗匹配网络的设计；当微波信号频率属于超高频段时，即微波信号频率大于 3 GHz 时，阻抗匹配网络设计有其特殊性，在半导体激光器进行超高频微波阻抗匹配设计时，由于集总参数存在误差，纯微带线工艺实现困难，以及半导体激光器内部器件的特性等因素的影响，单独采用集总参数或微带线的阻抗匹配设计方法，不能解决半导体激光器超高频微波阻抗匹配的问题，而集总参数元件与微带线相结合的阻抗匹配方法，可以高效地解决半导体激光器超高频微波阻抗匹配。

发明内容

有鉴于此，本发明提供了一种半导体激光器超高频微波阻抗匹配方法，可以提高信号对半导体激光器的调制效率，有很强的技术应用价值。

一种半导体激光器超高频微波阻抗匹配方法，包括以下步骤：

步骤1：采用阻抗测试转接板，对半导体激光器输入阻抗进行测量，具体为：

a. 所述阻抗测试转接板包括依次连接在半导体激光器引脚的50Ω传输线装置及SMA连接器。

b. 测量SMA连接器处输出阻抗值。

c. 基于传输线理论，采用扣除法，扣除SMA连接器和50Ω传输线装置对半导体激光器引脚处输出阻抗值的影响，计算出半导体激光器引脚处输入阻抗值Z1。

2. 基于微波阻抗匹配网络，对半导体激光器输入阻抗进行匹配：

微波阻抗匹配网络由依次串联在半导体激光器引脚处的第一微带线、集总参数元件阻抗匹配电路以及第二微带线组成，该三部分构成T形微波阻抗匹配网络；集总参数元件阻抗匹配电路采用两端电感之间并联电容的形式实现。

a. 对第一微带线的宽度和长度进行调整，使第一微带线与集总参数元件阻抗匹配电路之间的输入阻抗Z，即第一微带线的阻抗Z2与半导体激光器输入阻抗Z1之和Z位于Smith圆图的目标区域范围内；其中，目标区域对应的是阻值为1的等电阻圆图内对应的区域。

b. 对输入阻抗Z进行测试：当输入阻抗Z测试值为容性时，增加T形阻抗匹配网络的感性，即增加电感的数值；当输入阻抗Z为感性时，增加T形阻抗匹配网络的容性，即减小电感的数值。

c. 第二微带线采用50Ω传输线，将输入阻抗Z虚部调整为0。

d. 测量T形微波阻抗匹配网络输出端口的输出阻抗是否在所述目标区域的中线附近，如果是，则完成阻抗匹配；如果否，则执行步骤e。

e. 返回步骤a，在保证输入阻抗Z位于目标区域范围内的同时，重新调整第一微带线的宽度和长度，然后继续执行步骤b～步骤d，直到T形微波阻抗匹配网络输出端口的输出阻抗在所述目标区域的中线附近。

较佳的，T形微波阻抗匹配网络输出端口的输出阻抗在所述目标区域的位置越靠近中线越好。

较佳的，T形微波阻抗匹配网络输出端口的输出阻抗虚部的取值范围为-0.1~0.1 Ω。

本发明具有以下有益效果：

本发明采用微带线和集总参数相结合的阻抗匹配方法，解决了集总参数阻抗匹配设计中存在的误差较大无法调整，纯微带线阻抗匹配设计实现困难、工艺复杂的问题，实现了半导体激光器超高频微波阻抗匹配。阻抗网络建立了为微带线与集总参数相结合的T形阻抗匹配网络，增加阻抗匹配网络设计的灵活性。

附图说明

略

具体实施方式

下面结合附图并举实施例，对本发明进行详细描述。

1. 采用阻抗测试转接板，对半导体激光器输入阻抗测量及计算：

a. 半导体激光器的阻抗测试转接板包括依次连接在半导体激光器引脚的50 Ω传输线装置及SMA连接器。

b. 精确测量SMA连接器处输出阻抗值。

c. 基于传输线理论，采用扣除法，扣除SMA连接器和50 Ω传输线装置对半导体激光器引脚处输出阻抗值的影响，精确计算出半导体激光器引脚处输入阻抗值Z1。

2. 基于微波阻抗匹配网络，对半导体激光器输入阻抗进行匹配：

微波阻抗匹配网络由第一微带线、集总参数元件阻抗匹配电路以及第二微带线组成，三部分构成微带线与集总参数相结合的T形微波阻抗匹配网络；集总参数元件阻抗匹配电路采用两端电感之间并联电容的形式，实现T形阻抗匹配网络电路。

半导体激光器输入阻抗匹配的调整基于测试所得的阻抗变换值进行修正，使阻抗变换后的值接近50 Ω，具体过程为：

a. 对第一微带线的宽度和长度进行调整，使第一微带线与集总参数元件之间的输入阻抗Z，即第一微带线的阻抗Z2与半导体激光器输入阻抗Z1之和Z位于目标区域范围内；其中，目标区域对应的是阻值为1的等电阻圆图内对应的区域。

b. 对输入阻抗Z进行测试：当输入阻抗Z测试值为容性时，阻抗值分布在目标区域2，增加阻抗匹配网络的感性，增加T形阻抗匹配网络电路的感性，增加电感的数值；当输入阻抗Z为感性时，阻抗值分布在目标区域1，增加阻抗匹配网络的容性，增加T形阻抗匹配网络电路的容性，减小电感的数值。

c. 第二微带线采用50 Ω传输线，将输入阻抗Z阻抗虚部调整为0。

d. 测量阻抗匹配网络输出端口的输出阻抗是否在目标区域的中线附近，如果是，则完成阻抗匹配；如果否，则执行步骤e；其中，T形微波阻抗匹配网络输出端口的输出阻抗在所述目标区域的位置越靠近中线越好，最好位于中线上，则此时T形微波阻抗匹配网络输出端口的输出阻抗虚部为0，本实施例中的取值范围为-0.1~0.1 Ω。

e. 返回步骤a，在保证半导体激光器输入阻抗位于目标区域范围内的同时，重新调整第一微带线的宽度和长度，然后继续执行步骤b~步骤d，经过微带线与集总参数相结合的T形阻抗匹配网络进行若干次迭代调整，迭代次数取决于是否解决了半导体激光器超高频微波阻抗匹配，如未解决迭代将继续。

综上所述，以上仅为本发明的较佳实施例而已，并非用于限定本发明的保护范围。凡在本发明的精神和原则之内，所作的任何修改、等同替换、改进等，均应包含在本发明的保护范围之内。

2. 审查意见通知书

本申请涉及一种半导体激光器超高频微波阻抗匹配方法。经审查，现提出以下审查意见。

(1) 权利要求1不清楚

权利要求1不符合《专利法》第二十六条第四款的规定。

权利要求1记载了"目标区域对应的是阻值为1的等电阻圆图内对应的区域"，其对目标区域的限定是目标区域不仅包括该等电阻圆的圆周，也包括圆内区域。根据本领域的公知常识，在利用史密斯圆图进行阻抗匹配设计时，为了尽快找到合适的阻抗值虚部（电抗部分，即容抗和感抗），阻抗值往往沿等电阻圆的圆周移动，此时阻抗值实部（纯电阻部分）不变，仅虚部发生变化。根据权利要求1的记载，第二微带线采用50 Ω传输线，即本申请的目标是将阻抗匹配至50 Ω，归一化后阻值为1。对于目标区域中的等电阻圆圆周部分，阻抗实部满足要求，虚部经调整后位于中线附近（即趋于0），此时阻抗约等于50 Ω。对于目标区域中的等电阻圆圆内部分，本领域技术人员不清楚如何将阻抗匹配至50 Ω。因此，权利要求1不清楚，不符合《专利法》第二十六条第四款的规定。

（2）权利要求 2 不清楚

权利要求 2 不符合《专利法》第二十六条第四款的规定。

权利要求 2 记载了"输出阻抗在所述目标区域的位置越靠近中线越好"，本领域技术人员不清楚靠近至何种程度（即阻抗虚部的取值为多少）时才满足权利要求 2 的限定，因此权利要求 2 不清楚，不符合《专利法》第二十六条第四款的规定。

3. 针对审查意见的答复

（1）针对审查意见 1 的修改

根据权利要求 1 中记载的"对第一微带线的宽度和长度进行调整，使第一微带线与集总参数元件阻抗匹配电路之间的输入阻抗 Z，即第一微带线的阻抗 Z2 与半导体激光器输入阻抗 Z1 之和 Z 位于 Smith 圆图的目标区域范围内"，可以确定以上操作的目的是经过调整后使阻抗的取值范围落入阻值为 1 的史密斯圆图圆周所形成的圆形内部，因此，原权利要求 1 中记载的"目标区域对应的是阻值为 1 的等电阻圆图内对应的区域"的表述存在表达模糊的地方，现将其修改为"目标区域对应的是阻值为 1 的等电阻圆图圆周内部所对应的区域"，明确了等电阻圆图圆周上的阻值为 1，目标区域为该圆周内所对应的区域。

（2）针对审查意见 2 的修改

根据说明书中记载的"T 形微波阻抗匹配网络输出端口的输出阻抗在所述目标区域的位置越靠近中线越好，最好位于中线上，则此时 T 形微波阻抗匹配网络输出端口的输出阻抗虚部为 0"，可以明确"输出阻抗在所述目标区域的位置越靠近中线越好"的含义实际为"输出阻抗虚部趋近于 0"，因此，将原权利要求书中记载的"输出阻抗在所述目标区域的位置越靠近中线越好"，修改为"输出阻抗在所述目标区域的位置越靠近中线越好，即输出阻抗虚部接近于 0"。

4. 要点分析

根据上述内容可以看出，本案例属于典型的不符合《专利法》第二十六条第四款中所规定的权利要求清楚地限定要求专利保护的范围的类型。

具体来说，审查员根据领域内的公知常识进行分析后，认为权利要求 1 中"目标区域"的限定不准确，即"目标区域"不仅涵盖了等电阻圆图的圆周内部还包括了圆周本身的区域，权利要求 2 中"越靠近中线越好"所指代的含义不明确。针对上述问题，在答复过程中，首先应当根据说明书中记载的内容对权利要求中所存在的不清楚的地方进行具体的解释说明，通过说理分析消除审查员的疑问，同时，为后续对权利要求书的修改提供依据，即修改未超出原说明书和权利要求书记载的范围；然后，根据原说明书中的记载，针对审查意见对权利要求进行适应性的修改。

3.4.6 案例10：基于喷雾燃烧引燃的附壁油膜燃烧实验装置和方法

1. 专利申请文件

权利要求书（摘引权利要求1、6）

1. 一种基于喷雾燃烧引燃的附壁油膜燃烧实验装置，其特征在于，包括具有光学视窗（5）的定容燃烧弹（1），定容燃烧弹（1）布置具有可控加热丝的壁面（2）、轻质燃料喷油器（3）、重质燃料喷油器（4）、缸压传感器（6）及加热棒（7）；轻质燃料喷油器（3）对准壁面（2）；定容燃烧弹（1）外设有进气系统（8）、排气系统（9）、系统控制单元（10）、光学测试系统（11）和数据记录系统（12）；进气系统（8）和排气系统（9）分别与定容燃烧弹（1）的进、排气口相连；系统控制单元（10）与壁面（2）的加热丝、轻质燃料喷油器（3）、重质燃料喷油器（4）、缸压传感器（6）、加热棒（7）、进气系统（8）、排气系统（9）、数据记录系统（12）相连，实现控制和数据收集。

加热棒（6）将定容燃烧弹（1）的弹体温度加热至重质燃料自燃温度以上，但低于轻质燃料自燃温度；系统控制单元（10）控制壁面（2）温度，模拟发动机缸内壁面；轻质燃料喷油器（3）向所述壁面（2）喷射轻质液体燃料，形成附壁油膜；重质燃料喷油器（4）将重质燃料喷入高温容弹内，自燃形成火焰喷向轻质燃料的附壁油膜，并将其引燃。

光学测试系统（11）通过光学视窗（5）记录壁面的火焰燃烧过程，将记录的图片信息发送给数据记录系统（12）；缸压传感器（6）记录定容燃烧弹内附壁油膜的燃烧压力，用于分析燃烧放热规律。

6. 一种采用如权利要求1~5任意一项所述的基于喷雾燃烧引燃的附壁油膜燃烧实验装置的实验方法，系统控制单元（10）控制实验过程，包括以下步骤：

步骤1：调节光学测试系统（11），直到能清晰地观测到壁面中心处参照物；

步骤2：控制加热棒（7）加热定容燃烧弹，使定容燃烧弹内温度达到设定温度，该设定温度在重质燃料自燃温度以上，但低于轻质燃料自燃温度；

步骤 3：控制加热系统将壁面（2）温度加热至预设值，模拟发动机缸内壁面温度；

步骤 4：控制排气系统（9）将定容燃烧弹（1）抽真空，去除定容燃烧弹内的废气；

步骤 5：利用分压法调节进气系统（8）所提供的混合气体掺混比例和初始压力，并充入定容燃烧弹；

步骤 6：触发轻质燃料喷油器，喷油并在壁面上形成附壁油膜；油膜尺寸参数通过调节喷油器角度、喷油压力以及喷油量实现；

步骤 7：触发重质燃料喷油器喷油，由于定容燃烧弹内温度高于重质燃料燃点，重质燃料会迅速燃烧，火焰撞击附壁油膜将其引燃；

步骤 8：通过光学测试系统和缸压传感器记录下附壁油膜燃烧过程和燃烧压力；

步骤 9：保存实验数据；

步骤 10：打开排气阀使定容燃烧弹内已燃烧废气流出，并用新鲜空气扫气，为下次实验做好准备。

说明书

基于喷雾燃烧引燃的附壁油膜燃烧实验装置和方法

技术领域

本发明涉及一种实验装置，具体涉及一种基于喷雾燃烧引燃的附壁油膜燃烧实验装置和实验方法。

背景技术

对于缸内直喷发动机，随着其向结构小型化与高增压、高喷油压力的方向发展，燃料由于蒸发时间有限等原因容易撞击并附着在气缸壁以及活塞壁上形成附壁油膜，造成实际燃油损失，增加了污染物排放。与此同时，附壁油膜的燃烧会引起气缸壁以及活塞表面的局部温度升高，若温度高于合金材料的熔点会产生烧蚀现象，严重损坏发动机。因此，可以从附壁燃烧方向来研究抑制烧蚀现象的方法。

以往的研究多从油膜蒸发的角度对附壁燃烧进行了研究，很少有附壁油膜燃烧的报道。已见报道也是通过数值模拟的角度实现的。

发明内容

有鉴于此，根据附壁油膜燃烧的特点，本发明提供了基于喷雾燃烧引燃的附壁油膜燃烧实验装置和实验方法，以模拟发动机内的附壁油膜燃烧现象。

通过容弹壁面加热模拟发动机缸内壁面温度条件。利用轻质燃料（如汽油）与重质燃料（如柴油）的自燃温度差异，调节燃烧弹温度，使重质燃料自燃，之后引燃附壁油膜。从而避开了轻质燃料喷油过程中即发生燃烧而无法形成油膜的现象。

为了解决上述技术问题，本发明是这样实现的。

一种基于喷雾燃烧引燃的附壁油膜燃烧实验装置，包括具有光学视窗（5）的定容燃烧弹，定容燃烧弹布置有可控加热丝的壁面、轻质燃料喷油器、重质燃料喷油器、缸压传感器及加热棒；轻质燃料喷油器对准壁面；定容燃烧弹外设有进气系统、排气系统、系统控制单元、光学测试系统和数据记录系统；进气系统和排气系统分别与定容燃烧弹的进、排气口相连；系统控制单元与壁面的加热丝、轻质燃料喷油器、重质燃料喷油器、缸压传感器、加热棒、进气系统、排气系统、数据记录系统相连，实现控制和数据收集。

加热棒将定容燃烧弹的弹体温度加热至重质燃料自燃温度以上，但低于轻质燃料自燃温度；系统控制单元控制壁面温度，模拟发动机缸内壁面；轻质燃料喷油器向所述壁面喷射轻质液体燃料，形成附壁油膜；重质燃料喷油器将重质燃料喷入高温容弹内，自燃形成火焰喷向轻质燃料的附壁油膜，并将其引燃。

光学测试系统通过光学视窗记录壁面的火焰燃烧过程，将记录的图片信息发送给数据记录系统；缸压传感器记录定容燃烧弹内附壁油膜的燃烧压力，用于分析燃烧放热规律。

优选地，通过调节轻质燃料喷油器的喷油压力以及喷油量，调节液体燃料在壁面上表面形成的油膜形状、大小以及厚度。

优选地，所述进气系统向定容燃烧弹预先通入氧气、氮气的混合气体，通过调节氧气、氮气的掺混比例和预混燃烧初始压力，改变附壁燃烧的初始环境条件。

优选地，壁面固定在定容燃烧弹的底部中央位置，其中壁面内部嵌有温度可控的加热丝；轻质燃料喷油器布置在定容燃烧弹某一侧面的上端，喷嘴以一定的角度对着壁面的中心位置；重质燃料喷油器布置于定容燃烧弹顶面中央位置；光学视窗布置于定容燃烧弹四个周向面；缸压传感器布置在定容燃烧弹任一侧面的上端位置。

优选地，加热棒布置于定容燃烧弹的弹体。

本发明还提供了一种采用上述基于喷雾燃烧引燃的附壁油膜燃烧实验装置的实验方法，系统控制单元控制实验过程，包括以下步骤：

步骤1：调节光学测试系统，直到能清晰地观测到壁面中心处参照物；

步骤2：控制加热棒加热定容燃烧弹，使定容燃烧弹内温度达到设定温度，该设定温度在重质燃料自燃温度以上，但低于轻质燃料自燃温度；

步骤3：控制加热系统将壁面温度加热至预设值，模拟发动机缸内壁面温度；

步骤4：控制排气系统将定容燃烧弹抽真空，去除定容燃烧弹内的废气；

步骤5：利用分压法调节进气系统所提供的混合气体掺混比例和初始压力，并充入定容燃烧弹；

步骤6：触发轻质燃料喷油器，喷油并在壁面上形成附壁油膜；油膜尺寸参数通过调节喷油器角度、喷油压力以及喷油量实现；

步骤7：触发重质燃料喷油器喷油，由于定容燃烧弹内温度高于重质燃料燃点，重质燃料会迅速燃烧，火焰撞击附壁油膜将其引燃；

步骤8：通过光学测试系统和缸压传感器记录下附壁油膜燃烧过程和燃烧压力；

步骤9：保存实验数据；

步骤10：打开排气阀使定容燃烧弹内已燃烧废气流出，并用新鲜空气扫气，为下次实验做好准备。

有益效果

（1）本发明能够利用轻质燃料和重质燃料自燃温度的不同，利用重质燃料喷雾的自燃火焰，将轻质燃料油膜引燃，并进行相关研究。重质燃料的喷射形成持续的燃烧火焰，可以持续将火焰扑向油膜，与发动机缸内的燃烧具有更好的相似性。

（2）本发明能够方便快捷地改变油膜形状、大小以及厚度等因素。

（3）本发明能控制缸内油膜燃烧的缸内环境条件，如初始温度、压力及氧浓度等，为附壁燃烧的变参数研究提供可能。

（4）本发明能控制附壁燃烧的初始壁面温度，模拟发动机缸内壁面状态。

（5）本发明先加热再喷油，避免了加热过程中油膜蒸发消失。

（6）本发明提供了即时记录火焰燃烧过程的可视化窗口，能够通过拍摄记录附壁油膜燃烧过程，还通过记录缸压传感器测得火焰燃烧过程的瞬态压力信息，为附壁燃烧特性的研究提供关键数据。

附图说明

略

具体实施方式

下面结合附图并举实施例，对本发明进行详细描述。

本发明提供了一种基于喷雾燃烧引燃的附壁油膜燃烧实验方案，该方案利用定容燃烧弹温度可控的特点，通过温度控制引燃重质燃料(如柴油、重油等)，再通过重质燃料燃烧形成的火焰和大量热引燃燃点更高的轻质燃料（如汽油、醇类等）。与直接通过热量控制引燃轻质燃料相比，本发明可以实现瞬态加热，对油膜实现引燃，避免了加热过程中油膜蒸发消失。同时，重质燃料的喷射形成持续的燃烧火焰，可以持续将火焰扑向油膜，与缸内的燃烧具有更好的相似性。

图1（图略）为本发明基于喷雾燃烧引燃的附壁油膜燃烧实验装置的示意图。该装置包括可加热的定容燃烧弹1、壁面2、轻质燃料喷油器3、重质燃料喷油器4、光学视窗5、缸压传感器6、加热棒7、进气系统8、排气系统9、系统控制单元10、光学测试系统11和数据记录系统12。本实施例中，光学测试系统11采用高速摄像机。

壁面2固定在定容燃烧弹1的底部中央位置，其中壁面2内部嵌有温度可控的加热丝。轻质燃料喷油器3布置在定容燃烧弹1内部的某一侧面的上端，喷嘴以一定的角度对着壁面2的中心位置，用于喷射轻质燃料，形成附壁油膜。通过调节轻质燃料喷油器3的喷油角度、喷油压力以及喷油量，调节液体燃料在壁面2上表面形成的油膜形状、大小以及厚度。重质燃料喷油器4布置于定容燃烧弹1顶面中央位置。光学视窗5布置于定容燃烧弹1四个周向面。缸压传感器6布置在定容燃烧弹1任一侧面的上端位置。加热棒7布置于定容燃烧弹1的弹体上，用于控制弹体温度。进气系统8和排气系统9分别与定容燃烧弹1的进排气口相连。

系统控制单元10连接壁面2加热丝、轻质燃料喷油器3、重质燃料喷油器4、缸压传感器6、加热棒7、光学测试系统11、进气系统8、排气系统9和数据记录系统12。该系统控制单元10的功能包括：

1）控制排气系统9在对定容燃烧弹抽真空和实验完成后的排气。

2）控制进气系统8向定容燃烧弹1预充环境气体；本实施例中，进气系统8可以向定容燃烧弹通入氧气、氮气的混合气体，通过调节氧气、氮气的掺混比例和预混燃烧初始压力，改变附壁燃烧的初始环境条件。

3）控制加热棒7加热定容燃烧弹，使定容燃烧弹内温度达到设定温度，该设定温度在重质燃料自燃温度以上，但低于轻质燃料自燃温度。

4）控制壁面2加热丝，调节壁面温度，模拟缸内实际壁面温度状态。

5）控制轻质燃料喷油器向所述壁面2喷射液体燃料，形成附壁油膜，且可以通过调节喷油器3的喷油压力以及喷油量，调节液体燃料在壁面2上表面形成的油膜形状、大小以及厚度。

6）触发重质燃料喷油器喷油，由于定容燃烧弹内温度高于重质燃料燃点，重质燃料会迅速燃烧，火焰撞击附壁油膜将其引燃。

7）控制光学测试系统11开始拍摄，该光学测试系统11通过光学视窗5拍摄壁面的火焰燃烧过程，并将拍摄的图片信息发送给数据记录系统12。系统控制单元10还通过缸压传感器6获得火焰燃烧过程中的瞬态压力信息，用于分析燃烧放热规律。上述获得的数据可以用于从附壁燃烧方向来研究抑制烧蚀现象。

在实验时，定容燃烧弹内腔通过进气系统预先充满气体（氧气、氮气混合气），且氧浓度可调；加热棒将定容燃烧弹的弹体温度加热至重质燃料自燃温度以上，但低于轻质燃料自燃温度；壁面温度加热至模拟发动机缸内壁面温度的预设值；轻质燃料喷油器向所述壁面喷射轻质液体燃料，形成附壁油膜；重质燃料喷油器将燃料喷入高温容弹内，自燃形成火焰喷向形成的轻质燃料油膜，并将其引燃。

基于该附壁油膜燃烧实验装置，系统控制单元控制实验过程如下：

步骤1：系统控制单元10调节高速摄像机的焦距，直到能清晰地观测到壁面中心处参照物。

步骤2：控制加热棒7加热定容燃烧弹，使定容燃烧弹内温度达到设定温度，该设定温度在重质燃料自燃温度以上，但低于轻质燃料自燃温度。

步骤3：系统控制单元10控制加热系统将壁面2温度加热至预设值，以模拟发动机缸内壁面温度。

步骤4：控制排气系统9将定容燃烧弹1抽真空，去除定容燃烧弹内的废气。

步骤5：利用分压法调节进气系统8所提供的混合气体掺混比例和初始压力，并充入定容燃烧弹。

步骤6：触发轻质燃料喷油器，喷油并在壁面上形成附壁油膜；油膜尺寸参数通过调节喷油器角度、喷油压力以及喷油量实现。

步骤7：触发重质燃料喷油器喷油，由于定容燃烧弹内温度高于重质燃料燃点，重质燃料会迅速燃烧，火焰撞击附壁油膜将其引燃。

步骤8：使用高速摄像机和缸压传感器记录下附壁油膜燃烧过程和燃烧压力。

步骤9：保存实验数据。

步骤10：打开排气阀使定容燃烧弹内已燃烧废气流出，并用新鲜空气扫气，为下次实验做好准备。

由以上实例可以看出，本实验提供了一种附壁油膜燃烧实验装置的设计方法，能够有效控制油膜形成、大小以及厚度等因素，便于探究附壁油膜燃烧的机理，以寻找抑制烧蚀现象的方法。而且，通过控制加热和喷油的顺序，避免了加热过程中油膜蒸发消失。

综上所述，以上仅为本发明的较佳实施例而已，并非用于限定本发明的保护范围。凡在本发明的精神和原则之内，所作的任何修改、等同替换、改进等，均应包含在本发明的保护范围之内。

2. 审查意见通知书

本申请请求保护一种基于喷雾燃烧引燃的附壁油膜燃烧实验装置以及用该装置的试验方法，经审查，现提出如下审查意见：

第一，权利要求1中记载有："加热棒6将定容燃烧弹1的弹体温度加热至重质燃料自然温度以上"，但根据说明书附图中记载加热棒的附图标记为7，因此，权利要求1不能得到说明书的支持。

第二，权利要求1中还记载有："重质燃料喷油器4将重质燃料喷入高温容弹内"，根据本申请的发明内容来看，此处重质燃耗需要喷入定容燃烧弹内才可以实现本发明，本领域技术人员不清楚此处的高温容弹是否指代上文中的定容燃烧弹，若是，建议修改为一致的表述方式，以达到权利要求的准确、清楚。

第三，权利要求6中记载有："步骤3：控制加热系统将壁面2温度加热至预设值，模拟发动机缸内壁面温度"，但是根据权利要求以及说明书中记载内容，本申请中可以实现对定容燃烧弹进行加热的只有加热棒，本领域技术人员不清楚此处的加热系统是否指代加热棒，以上造成了权利要求6不清楚。

因此，本申请的权利要求1和6均不符合《专利法》第二十六条四款的规定。

3．针对审查意见的答复

第一，针对审查意见 1 中指出的问题，现将原权利要求 1 中第 2 段第 1 行记载的"加热棒 6"修改为"加热棒 7"，以克服原权利要求 1 得不到说明书支持的问题。

第二，针对审查意见 2 中指出的问题，根据说明书中记载的"在实验时，定容燃烧弹内腔通过进气系统预先充满气体（氧气、氮气混合气），且氧浓度可调；加热棒将定容燃烧弹的弹体温度加热至重质燃料自燃温度以上，但低于轻质燃料自燃温度；壁面温度加热至模拟发动机缸内壁面温度的预设值；轻质燃料喷油器向所述壁面喷射轻质液体燃料，形成附壁油膜；重质燃料喷油器将燃料喷入高温容弹内，自燃形成火焰喷向形成的轻质燃料油膜，并将其引燃"。可明确地得到，重质燃料喷油器是要将燃料喷入定容燃烧弹内而不是将燃料喷入高温容弹内，因此，现将原权利要求 1 中第 2 段倒数第 2 行记载的"重质燃料喷油器 4 将重质燃料喷入高温容弹室内"修改为"重质燃料喷油器 4 将重质燃料喷入定容燃烧弹 1"。

第三，针对审查意见 3 中指出的问题，根据说明书中记载的"步骤 2：控制加热棒 7 加热定容燃烧弹，使定容燃烧弹内温度达到设定温度，该设定温度在重质燃料自燃温度以上，但低于轻质燃料自燃温度。步骤 3：系统控制单元 10 控制加热系统将壁面 2 温度加热至预设值，以模拟发动机缸内壁面温度"，及说明书附图中记载的壁面与加热棒的位置关系，可明确地得到，原权利要求书中记载的"加热系统"与"加热棒"的含义相同，因此，现将原权利要求书中记载的"加热系统"修改为"加热棒"。

4．要点分析

根据上述内容可以看出，本案例属于典型的不符合《专利法》第二十六条第四款中所规定的权利要求未得到说明书的支持的类型。

具体来说，审查员根据说明书公开的内容进行分析后，认为权利要求中"加热棒 6""重质燃料喷油器 4 将重质燃料喷入高温容弹室内"及"加热系统"等技术特征得不到说明书的支持。针对上述问题，在答复过程中，首先应当在说明书中找到上述技术特征的具体表述，并通过解释说明表述出权利要求书中的技术特征与说明书中记载的具体内容的关系；然后，根据说明书中记载的内容对审查员指出的问题进行适应性的修改。

3.4.7 案例11：一种340 GHz基于薄膜型器件准光型宽带双工器

1. 专利申请文件

权利要求书

1. 一种340 GHz基于薄膜型器件准光型宽带双工器，其特征在于，该双工器包括：吸波腔体、极化隔离器、极化变换器、一对340 GHz收发互易喇叭天线及一对天线支架。

所述吸波腔体是一外部形状为T字形的柱状腔体，腔体内部形状与外部形状相同；所述极化隔离器是一椭圆形金属垫片，其一侧设有带金属线光栅的薄膜；所述极化隔离器固定于吸波腔体内的水平段与垂直段相贯处，并与水平段呈45°夹角；所述极化变换器是一圆形金属垫片，其两侧表面贴有薄膜，每一薄膜上设有周期性金属单元阵列，所述金属单元为一贯穿薄膜表面的长方形金属薄片，相邻两个长方形金属薄片之间均匀设有一排正方形金属薄片；所述极化变换器倾斜一定角度固定于吸波腔体的水平段内；所述天线支架中的一个固定于吸波腔体垂直段的顶端，另一个固定于吸波腔体水平段的一端；所述喇叭天线固定于天线支架上。

6. 根据权利要求1所述340 GHz基于薄膜型器件准光型宽带双工器，其特征在于，所述极化隔离器一侧的金属薄膜上的光栅为周期小于工作波长的占空比为0.5的金属线栅结构。

说明书

一种340 GHz基于薄膜型器件准光型宽带双工器

技术领域

本发明涉及雷达及通信技术领域，具体涉及一种340 GHz基于薄膜型器件准光型宽带双工器。

背景技术

在无线系统中，发射机工作于超高功率，而接收机则工作于超低功率，当需要收发信息在同一地点完成时，如何保证发射机功率不进入接收机使接收机烧毁，是保证系统正常工作的必要条件，而实现这一功能的器件称为双工器。低频微波波段的双工器形式主要有波导双工器、同轴双工器、介质双工器、声表面波（Surface Acoustic Wave-SAW）双工器、微带双工器等，然而上述形式的双工器受限于制造工艺在太赫兹波段是极难实现的，目前现有实用波导型双工器也仅在 110 GHz 左右，进入厘米波频段应用较多的环形器实现收发隔离，且结合铁氧体的研究和应用是该微波技术近来的一大突破。环形器应用了 1/4 波长的微波传输线原理，十分依赖于工作波长，因此带宽较窄，但是仍无法应用在毫米波及亚毫米波段。目前，南京 55 所应用 MEMS 技术制作的双工器最高工作频段为 60～90 GHz。

针对太赫兹频段电磁波，波长进入毫米及微米量级，上述双工器的制作是十分有难度的。因此近年来国内外提出了很多基于准光学的方法来制造在太赫兹频段的双工器。主要类型有：基于光学分束器的收发隔离，该方法虽然简单易行成本低，但是信号通路传输损耗大，隔离度较低；基于法拉第旋转片出射波为线极化的准光型双工器，随着频率的升高由法拉第极化旋转片带来的损耗将加大，隔离度一般最大在 40 dB 左右，出射波为线极化，照射复杂物体时回波信噪比较低；基于反射型极化变换器和透射性极化变换器的准光型双工器，其中基于反射型极化变换器的准光型双工器的突出优点是传输损耗低、隔离度高，但是其工作带宽较窄，对摆放角度和电磁波入射具有较高要求，基于透射性极化变换器的准光型双工器可有效克服这些缺点，但是高性能透射型极化变换器的设计和加工在毫米波及太赫兹频段难度较大，且由于器件特征尺寸较小，有效吸波材料的缺乏，非常容易在器件的边缘产生电磁波的绕射。因此，急需要研制工作在 340 GHz 频率附近的高性能双工器及其关键组成器件。

发明内容

有鉴于此，本发明提供了一种 340 GHz 基于薄膜型器件准光型宽带双工器，不仅能够解决现有技术中在同频点信号的收发隔离问题，还能减少电磁波的多径效应。

实现本发明的技术方案如下：

一种 340 GHz 基于薄膜型器件准光型宽带双工器，该双工器包括：吸波腔体、极化隔离器、极化变换器、一对 340 GHz 收发互易喇叭天线及一对天线支架。

所述吸波腔体是一外部形状为 T 字形的柱状腔体，腔体内部形状与外部形状相同；所述极化隔离器是一椭圆形金属垫片，其一侧设有带金属线光栅的薄膜；所述极化隔离器固定于吸波腔体内的水平段与垂直段相贯处，并与水平段呈 45°夹角；所述极化变换器是一圆形金属垫片，其两侧表面贴有薄膜，每一薄膜上设有周期性金属单元阵列，所述金属单元为一贯穿薄膜表面的长方形金属薄片,相邻两个长方形金属薄片之间均匀设有一排正方形金属薄片;所述极化变换器倾斜一定角度固定于吸波腔体的水平段内;所述天线支架中的一个固定于吸波腔体垂直段的顶端,另一个固定于吸波腔体水平段的一端;所述喇叭天线固定于天线支架上。

进一步地,本发明所述极化变换器倾斜的角度处于5°~20°,较佳选取为15°。

进一步地,本发明所述极化隔离器一侧的金属薄膜上的光栅为:周期小于工作波长的占空比约为0.5的金属线栅结构。

进一步地,本发明所述极化变换器为透射型极化变换器。

进一步地,本发明所述薄膜采用超薄聚酰亚胺衬底。

进一步地,本发明所述聚酰亚胺薄膜为液态聚酰亚胺溶液通过在硬质基片表面旋涂固化得到。

进一步地,本发明所述极化隔离器上薄膜的厚度为 10 μm,极化变换器上薄膜的厚度为 5 μm。

进一步地,本发明所述周期性金属单元阵列的材料为铝,厚度为 500 nm。

进一步地,本发明所述正方形金属薄片宽为 136 μm,正方形金属薄片的周期为 261 μm,长方形金属薄片宽为 116 μm,周期为 457 μm。

有益效果:

1. 本发明吸波腔体的设计使信号传输路径短,且发射通道和接收通道共用,节省了材料和提高了效率。

2. 本发明在吸波腔体内设置极化隔离器的设计,在提高隔离度的同时减少了电磁波的多径效应。

3. 本发明吸波腔体、天线支架及收发天线共同形成波导型器件,在小型化基础上大大减小了器件本身的质量,更加适合于在航天及航空系统中的应用,同时本发明中将收发天线利用天线支架和吸波腔体集成在一起,解决了在太赫兹波段微组装的难题。

4. 本发明不仅应用频率高、应用带宽大,而且传输损耗小,其中关键器件极化隔离器和极化变换器的选材和结构设计满足了 340 GHz 高频设备的应用,且在 325~355 GHz 频段内皆有较高性能。

5. 本发明吸波腔体中极化变换器放置位置与吸波腔体中轴线具有一个小角度,在角度较小时增加了器件的隔离度,且对传输损耗影响较小。

6. 本发明相对于传统双工器而言,在同频点、同频带内均能提供高隔离度。

附图说明

略

具体实施方式

下面结合附图并举实施例，对本发明进行详细描述。

本发明提供一种 340 GHz 基于薄膜型器件准光型宽带双工器，如图 1 和图 2 所示（图略），该双工器包括吸波腔体 1、极化隔离器 2、极化变换器 3、一对 340 GHz 收发互易喇叭天线 4 和一对天线支架 5；所述吸波腔体 1 是一外部形状为 T 字形的柱状波导腔体，腔体内部为形状与外部形状一致的贯穿各个端面的空心腔体；所述极化隔离器 2 是一椭圆形金属垫片，其一侧设有带金属线光栅的薄膜，所述极化隔离器固定于吸波腔体内的水平段与垂直段相贯处，并与水平段呈 45°夹角；所述极化变换器 3 是一圆形金属垫片，其两侧表面贴有薄膜，每一薄膜上设有周期性金属单元 31 阵列，所述周期性金属单元 31 为一贯穿薄膜表面的长方形金属薄片，相邻两个长方形金属薄片之间均匀设有一排正方形金属薄片 32，如图 3 所示（图略），所述极化变换器倾斜一定角度固定于吸波腔体的水平段内；所述天线支架中的一个固定于吸波腔体垂直段的顶端，另一个固定于吸波腔体水平段的一端；所述喇叭天线固定于天线支架上。

本实施例中所述天线支架通过波导端口与吸波腔体固定，其中一个天线支架固定于吸波腔体垂直段的顶端，另一个天线支架固定于吸波腔体水平段靠近极化隔离器的一端上。

本实施例中极化变换器倾斜一定的角度（即与吸波腔体中轴线形成一个小角度），随着角度的增加可增加器件的隔离度，但是角度过大会增加该双工器的传输损耗，因此本实例中该角度处于 5°~20°的角度范围内，较佳为 15°。

本实例吸波腔体 1 采用波导型模块，内部电磁波传输通道为直径约 30 mm 的内腔；为了降低金属腔体四周电磁波的多径反射，采用北矿磁材有限公司生产的铁氧体吸波材料 BMA-RD 对波导腔内表面进行贴装，即内部表面贴装一层 BMA-RD 铁氧体吸波材料。

本实例极化隔离器 2 一侧的金属薄膜上的光栅为周期远小于工作波长的占空比为 0.5 的金属线栅结构，能够实现很好的隔离效果。

本实例极化变换器 3 为透射型极化变换器，周期性金属单元阵列的材料为铝，周期性金属单元阵列的厚度为 500 nm，大于工作频段的三倍趋肤深度，正方形金属薄片宽为 136 μm，长方形金属薄片宽为 116 μm，其周期为 457 μm×261 μm。

本实例极化隔离器2和极化变换器3上的薄膜均采用超薄聚酰亚胺衬底，聚酰亚胺衬底为液态聚酰亚胺溶液通过在硬质基片如玻璃片、硅片等表面旋涂固化得到，厚度为 5 μm。

利用本发明 340 GHz 基于薄膜型器件准光型宽带双工器，若发射天线发射电磁波为垂直线极化波，极化隔离器能够顺利通过发射的垂直线极化波，且传输损耗维持在低于 0.5 dB 水平；对接收天线而言（其极化方向与发射天线相互垂直），水平极化分量的发射波会在极化隔离器位置被隔离掉大部分功率，该器件能满足发射天线波束中心功率密度与进入接收天线功率密度之比维持在 43 dB 以上。发射通路中，极化变换器可以把发射端垂直线极化波变换为圆极化波（假设极化方向为左旋），当发射波照射到探测目标，形成逆向圆极化回波，此时该圆极化波旋方向与发射圆极化波相反，即右旋圆极化波。该右旋圆极化波由极化变换器再次变成线极化波，此时回波为水平线极化波（即回波与发射线极化波相互正交）。回波在极化隔离器处表现为反射形式，进入接收天线且反射损耗很小，此时接收通道接收的目标回波信号能量本就相对很低，对发射通道造成影响基本可忽略不计。本实例 340 GHz 准光型宽带双工器在两正交极化电场方向传输损耗测试如图 5 所示（图略），本实例 340 GHz 准光型宽带双工器件的隔离度测试图如图 6 所示（图略）。

综上所述，以上仅为本发明的较佳实施例而已，并非用于限定本发明的保护范围。凡在本发明的精神和原则之内，所作的任何修改、等同替换、改进等，均应包含在本发明的保护范围之内。

2. 审查意见通知书

本申请涉及一种 340 GHz 基于薄膜型器件宽带双工器，能够解决现有技术中在同频点信号的收发隔离问题，还能减少电磁波的多径效应，审查员针对本申请的权利要求进行了检索，基于目前的检索工作，审查员尚未检索到影响新颖性和创造性的文件，但是权利要求的要件不满足授予专利权的其他规定，现提出以下审查意见：

（1）权利要求 1、6 不符合《专利法》第二十六条第四款的规定。

1）权利要求 1 中记载了：所述极化变换器倾斜一定的角度固定于吸波腔体的水平段内，本领域技术人员不清楚一定角度为多大角度；导致权利要求 1 的保护范围不清楚。

权利要求 1 中还记载了：相邻两个长方形金属薄片之间均匀设有一排正

方形金属薄片,而根据说明书的记载可知,所述一排正方形金属薄片是沿长方形金属薄片的长度方向均匀间隔排列的,本领域技术人员不清楚当正方形金属薄片沿长方形金属薄片的宽度方向排列时,是否可以实现同样的技术效果,因此权利要求 1 的上述描述无法得到说明书的支持。

因此权利要求 1 不符合《专利法》第二十六条第四款的规定。

2)权利要求 6 中记载了:所述极化隔离器为周期小于工作波长的占空比为 0.5 的金属线栅结构,本领域技术人员不清楚,是所述极化隔离器为周期为 0.5 且小于工作波长的占空比的金属线栅结构,还是所述极化隔离器为周期小于工作波长,且占空比为 0.5 的金属线栅结构,导致该权利要求保护范围不清楚,不符合《专利法》第二十六条第四款的规定。

3．针对审查意见的答复

针对审查意见 1 指出的问题,根据说明书中的记载可知,极化变换器倾斜固定于吸波腔体的水平段内,其倾斜的角度存在多种选择,并且给出了最佳实施例为,倾斜角度为 15°,因此,将原始权利要求 1 中记载的"所述极化变换器倾斜一定角度固定于吸波腔体的水平段内",修改为"所述极化变换器倾斜固定于吸波腔体的水平段内"。

审查意见 1 中还指出的权利要求 6 中记载的"所述极化隔离器为周期小于工作波长的占空比为 0.5 的金属线栅结构",根据说明书中记载的"本实例极化隔离器 2 一侧的金属薄膜上的光栅为周期远小于工作波长的占空比为 0.5 的金属线栅结构,能够实现很好的隔离效果"。可以确定,权利要求 6 中的进一步限定的含义为"所述极化隔离器为周期小于工作波长,且占空比为 0.5 的金属线栅结构"。

4．要点分析

根据上述内容可以看出,本案例属于典型的不符合《专利法》第二十六条第四款中所规定的权利要求保护范围不清楚的类型。

具体来说,审查员根据说明书公开的内容进行分析后,认为权利要求中记载的"一定角度"表述不清楚。该问题属于典型的"技术用于含义不明确"的问题,针对这一问题,在答复过程中,可以考虑在满足修改不超范围的情况下删除含义不明确的技术特征。此外,审查员还指出"所述极化隔离器为周期小于工作波长的占空比为 0.5 的金属线栅结构"的表述具有二义性,针对这一问题,在答复过程中,可以在说明书中找到上述技术特征的具体表述,并通过解释说明表述出权利要求书中的技术特征与说明书中记载的具体内容的关系，说明根据说明书中所记载的内容能够明确该技术特征的唯一含义。

3.5 针对《专利法》第二十六条第三款的答复

3.5.1 法条解读

根据《专利法》第二十六条第三款规定，说明书应当对发明或实用新型作出清楚、完整的说明，以所属技术领域的技术人员能够实现为准；所属技术领域的技术人员能够实现，是指所属技术领域的技术人员按照说明书记载的内容，就能够实现该发明或实用新型的技术方案，解决其技术问题，并且产生预期的技术效果。

《专利审查指南》在第二部分第二章第 2 节的第 2.1.3 节列举了五种"无法实现"的情况：

1．说明书中只给出任务和/或设想，或者只表明一种愿望和/或结果，而未给出任何使所属技术领域的技术人员能够实施的技术手段；

2．说明书中给出的技术手段对所属技术领域的技术人员来说是含糊不清的，根据说明书记载的内容无法具体实施；

3．所属技术领域的技术人员根据说明书中给出的技术手段并不能解决发明或者实用新型所要解决的技术问题；

4．申请的主题为由多个技术手段构成的技术方案，对于其中一个技术手段，所属技术领域的技术人员按照说明书记载的内容并不能实现；

5．说明书中给出了具体的技术方案，但未给出实验证据，而该方案又必须依赖实验结果加以证实才能成立。例如，对于已知化合物的新用途发明，通常情况下，需要在说明书中给出实验证据来证实其所述的用途以及效果，否则将无法达到能够实现的要求。

需要说明的是，《专利法》第二十六条第三款规定的"清楚"是指说明书是否对实现发明目的的技术方案进行了清楚的说明；而《专利法》第二十六条第四款规定的"权利要求书应当以说明书为依据，清楚、简要地限定要求专利保护的范围"中的"清楚"是对权利要求的限制，要求其保护范围清楚；读者需要分清两个不清楚的区别，才能对审查员提出的"不清楚"问题进行有针对性的答复。

3.5.2 答复思路分析

由于《专利法》第三十三条的规定，公开不充分的缺陷是不能够通过向申请文件中补加实施例和/或补充技术特征来克服的。因此,不能通过对说明书进行实质性修改的方式克服公开不充分的缺陷,只能通过意见陈述进行争取。

针对审查意见的问题,首先需要确认说明书是否真的存在公开不充分的问题,如果是审查员对发明创造所属技术领域的现有技术和/或发明内容解读错误而评判说明书具有公开不充分的缺陷的情况,根据审查指南的规定,既然"实现"是检验"清楚"和"完整"的准则,申请人应在答复意见中予以指出并进行进一步释明,以使审查员确信本领域技术人员能够理解本发明,能够实施技术方案,解决技术问题并实现相应的技术效果。

在公开不充分的审查意见中,由于审查员未能充分理解发明的技术方案,而得出了无法实现的结论,这在审查过程中是比较少见的情形;而在实务操作中,说明书对技术方案未进行清楚、完整的说明,而导致发明目的不能实现是比较常见的问题;如果未记载的部分方案是公知技术,那么我们可以通过向审查员提供正规出版物的证据来证明不清楚或不完整的技术特征属于现有技术,以证明该技术特征是现有技术,也就是"所属技术领域的技术人员"能够根据该现有技术实现发明目的,那么也就满足了"能够实现"的要求,证明了说明书是公开充分的。但如果不是公知技术,那么说明书就是公开不充分的,因此面临被驳回的可能。

还有一种情况是说明书中提出可以解决多个技术问题,但说明书中只对解决部分技术问题的技术方案进行了清楚、完整的说明,另外一部分技术问题未给出解决方案,那是不是本申请就会因为公开不充分而导致被驳回呢?如果说明书对部分技术问题来说是充分公开的,而对另一部分技术问题是公开不充分的,则专利申请文件是符合《专利法》第二十六条第三款的规定的,不应该以"公开不充分"为理由驳回。

3.5.3 案例12:一种基于零日攻击图的网络脆弱性评估方法

1. 专利申请文件

说明书

一种基于零日攻击图的网络脆弱性评估方法

技术领域

本发明属于网络安全技术领域,具体涉及一种基于零日攻击图的网络脆弱性评估方法。

背景技术

在利用漏洞评估网络脆弱性方法中大多数的研究人员只是分析已知的漏洞能对网络形成的损害去度量网络安全性,这样不考虑未知漏洞的分析方法,缺乏对未知漏洞的预防,一旦出现未知漏洞这些措施就失效了,因此在网络脆弱性评估中需要引入未知漏洞。

"零日漏洞"又叫零时差攻击,是指被发现后立即被恶意利用的安全漏洞。通俗地讲,即安全补丁与瑕疵曝光的同一日内,相关的恶意程序就出现。这种攻击利用目标缺少防范意识或缺少补丁,从而能够造成巨大破坏。零日漏洞常常被在某一产品或协议中找到安全漏洞的黑客所发现。一旦它们被发现,零日漏洞攻击就会迅速传播,一般通过 Internet 中继聊天或地下网站传播。Lingyu Wang 等人提出了 K 零日安全性。他们的方案不是试图推测未知漏洞出现的可能性,而是统计侵占某个网络资产需要多少个零日漏洞,较大的值意味着更高的安全性,因为在同一时间内有更多未知的漏洞可用,可应用和可利用的可能性将会显著降低。他们正式定义度量方法,分析计算度量的复杂性,为棘手案例设计启发式算法,最后通过案例研究证明将度量应用于现有网络安全实践可能会产生可操作的知识。

现有网络脆弱性评估技术中存在许多不足之处。比如 CVSS、CWSS 等许多漏洞评分系统可以评估单个网络漏洞严重程度,但单一的漏洞分析不能体现网络攻击的复杂过程,也不能发现潜在的网络威胁。另外,基于贝叶斯网络的评估方法,必须根据专家经验事先制定先验概率表,马尔科夫转移模型中的概率也缺乏选取依据,评估有失客观性。并且大多数的脆弱性分析当中没有考虑零日漏洞问题,不能发现潜在威胁。

发明内容

有鉴于此,本发明的目的是提供一种基于零日攻击图的网络脆弱性评估方法,具有对未知漏洞的处理能力,可以发现潜在的网络脆弱点。

一种基于零日攻击图的网络脆弱性评估方法,包括以下步骤:

步骤1: 确定物理网络的信息,包括:各主机所包含的服务、各主机所包含的权限以及主机之间存在的网络连接关系。

步骤2: 生成零日攻击图,具体为:

步骤201: 根据步骤1获得的网络信息,将网络中攻击者拥有用户权限的主机存到集合1中;将网络中攻击者不拥有用户权限的主机存到集合2中。

步骤202：在集合1中任意选择一个主机，定义为主机H0；集合2中任意选择一个主机，定义为主机H1；判断主机H0与主机H1之间是否有网络连接，如果没有，主机H0无法对主机H1进行攻击；如果有网络连接，则主机H0上的攻击者就有可能通过主机H1的每个服务器上的漏洞实现对主机H1的攻击，则攻击者获得了主机H1的用户权限，则从主机H0经过主机H1的每个服务器对主机H1的攻击均形成一条攻击路径；遍历主机H1上所有服务器，确定主机H0对主机H1进行攻击的攻击路径；将主机H1从集合2中删除，将其添加到集合1中。

步骤203：再从集合2中任选一个主机，定义为H2；按照步骤202的方法，确定与H2两主机之间的攻击路径；依此类推，按照步骤202的方法遍历集合2中所有主机，确定与H0之间的攻击路径。

步骤204：继续从集合1中任意选取一个主机，依次按照步骤202和步骤203的方法，确定攻击路径；依此类推，直到遍历集合1中所有的主机，则完成了网络中任意两个主机之间的攻击路径的确定，得到零日攻击图G。

步骤3：将所述零日攻击图中各主机作为节点，计算各个节点的介数，根据介数值确定网络中的关键脆弱点。

较佳的，所述步骤3中计算节点介数的具体方法为：

第一步：在零日攻击图G中，针对每一个攻击路径，计算其中一个节点1利用服务的零日漏洞攻击另一个节点2所需的攻击代价，记为一条攻击路径的攻击代价；

第二步：确定两节点1和2之间攻击代价最小的路径的数量M；

第三步：针对网络中除节点1和2的任意一个节点x，计算第一步中确定的最小攻击代价路径中包含该节点x的攻击路径的数量N，求得数量N与数量M的比值；按此方法获得节点x在所有网络中任意两节点之间的比值，得到所有比值的和值，即为该节点x的介数。

较佳的，所述第一步中攻击代价的获得方法为：

如果两个节点之间的某个服务存在已知的漏洞，则借鉴CVSS评分系统的指标计算攻击代价$\text{Cost}() = C_{Av} \times W_{Av} + C_{Ac} \times W_{Ac} + C_{Ava} \times W_{Ava}$；其中，$C_{Av}$表示漏洞利用方式的攻击代价评估值，$C_{Ac}$表示漏洞攻击复杂度的攻击代价评估值，$C_{Ava}$表示脆弱性可利用性的攻击代价评估值；$W_{Av}$、$W_{Ac}$、$W_{Ava}$为各项评估值的权重。

较佳的，第一步中借鉴CVSS评分系统的指标计算攻击代价时，当服务存在多个已知漏洞时，根据威胁程度最高漏洞的C_{Av}、C_{Ac}和C_{Ava}计算攻击代价。

较佳的，所述第一步中攻击代价的获得方法为：如果两个节点之间的服务不存在已知漏洞，则攻击代价 $\text{Cost}() = 1 - (CI \times W_{CI} + \rho \times W_\rho)$；其中，$CI$ 为该服务的常用指数，ρ 为历史漏洞因子，W_{CI}、W_ρ 分别为服务的常用指数、历史漏洞因子所占权值。

较佳的，W_{Av}、W_{Ac}、W_{Ava} 取值分别为 0.25、0.25 和 0.5。

本发明具有如下有益效果：

本发明的一种基于零日攻击图的网络脆弱性评估方法，是一种全面、可靠的网络脆弱性评估方法，首先假设网络中主机上所有的服务都包含零日漏洞，通过给定模式的逻辑推理生成零日攻击图，然后基于漏洞扫描技术和CVSS漏洞评分系统量化利用零日漏洞进行攻击所需花费的攻击代价，最后以网络中心性理论分析获得网络中的关键脆弱性；在处理已知漏洞的同时充分考虑网络中所有可能存在未知漏洞，使得评估方法具备对未知漏洞的处理能力，并通过逻辑推理发现潜在的网络脆弱点，评估当前网络的安全性，为进一步网络安全防护提供了参考依据，提升网络的安全性、可靠性和可用性。

附图说明

略

具体实施方式

下面结合附图并举实施例，对本发明进行详细描述。

步骤1：获得物理网络的信息，具体为：

我们站在攻击者的角度来看，把网络中的路由器、交换机、网桥、电脑终端等统称为主机；主机的系统或安装的应用程序称为服务（或应用）；主机的使用者拥有的操作称为权限；服务上被利用的缺陷或错误称为漏洞，分别用 H、S、P、V 表示。各集合间存在如下的映射关系：

1. 确定各主机所包含的服务，即从主机到服务集的映射，表示为：serv(.) = {< s_http, h_h1 > | s_http ∈ S, h_h1 ∈ H}；

2. 确定各主机包含哪些权限，即主机到权限的映射，表示为：priv(.) = {< p_user, h_h1 > | p_user ∈ P, h_h1 ∈ H}；

3. 确定主机之间存在的网络连接关系，即网络连接关系映射，表示为：conn(.) = {< h_h1, h_h2 > | h_h1 ∈ H, h_h2 ∈ H}。

在进行网络脆弱性评估之前需要搜集各集合的信息，然后利用网络中搜集到各集合间的映射关系生成零日攻击图。

步骤 2：零日攻击图的生成，具体为：

通常来说，网络的脆弱性主要由主机上的服务漏洞和用户权限漏洞引起。主机上的每个服务或权限都有可能被攻击者利用，我们不可能提前预知一个服务或权限被如何利用，为了全面地分析攻击者可能的攻击途径，因此假设所有的服务或权限都具有能被攻击者利用的零日漏洞。

攻击者拥有网络中某台主机的用户权限，该主机可以与网络中其他主机通信，按照以下两个主要步骤扩展生成零日攻击图：

步骤 201：根据步骤 1 获得的网络信息，将网络中攻击者拥有用户权限的主机存到集合 1 中；将网络中攻击者不拥有用户权限的主机存到集合 2 中。

步骤 202：在集合 1 中任意选择一个主机，定义为主机 H0；集合 2 中任意选择一个主机，定义为主机 H1；如图 1 和图 2 所示，判断主机 H0 与主机 H1 之间是否有网络连接，如果没有，主机 H0 无法对主机 H1 进行攻击；如果有网络连接，则主机 H0 上的攻击者就有可能通过主机 H1 的每个服务上的漏洞实现对主机 H1 的攻击，则攻击者获得了主机 H1 的用户权限，因此，从主机 H0 经过主机 H1 的每个服务对主机 H1 的攻击均可以形成一条攻击路径；遍历主机 H1 上所有服务，确定主机 H0 对主机 H1 进行攻击的攻击路径；将主机 H1 从集合 2 中删除，将其添加到集合 1 中。

步骤 203：再从集合 2 中任选一个主机，按照步骤 202 的方法，确定两个集合中选择出来的两主机之间的攻击路径；依此类推，按照步骤 202 的方法遍历集合 2 中所有主机。

步骤 204：继续从集合 1 中任意选取一个主机，依次按照步骤 202 和步骤 203 的方法，确定攻击路径；依此类推，直到遍历集合 1 中所有的主机，则完成了网络中任意两个主机之间的攻击路径的确定，得到如图 2 所示的零日攻击图 G（图略）。

如图 3 所示（图略），主机 H1 与主机 H2 存在网络连接，主机 H2 与主机 H3 存在网络连接，而主机 H1 与主机 H3 之间没有网络连接。利用模式 1 中所述方法，主机 H1 上的攻击者利用服务 S1 的零日漏洞得到主机 H2 的使用权限，使用此权限利用主机 H3 上服务 S2 的零日漏洞攻击存在网络连接的主机 H3，使得攻击者得到主机 H3 的用户权限。通过这样的逻辑推理方式能够发现网络中潜在的脆弱点。

具体的，如图 2 中，攻击者对主机 H0 拥有用户权限，零日攻击图 G

中表示为<p_user, H0>；主机 H0 和主机 H1 有网络连接，表示为<H0, H1>；主机 H1 中具有服务 s_Apache，表示为<s_Apache, H1>；满足以上三个条件后，则主机 H0 通过服务 s_Apache 对主机 H1 形成一条攻击路径，主机 H1 也成了攻击者具有使用权限的主机，因此，主机 H1 通过网络连接关系，可以对其他主机进行攻击。同理，主机 H1 还具有服务 s_ssh，因此主机 H0 通过服务 s_ssh 对主机 H1 形成另一条攻击路径。

进一步的，攻击者拥有主机 H1 的用户权限 P1，P1 是主机 H1 上的低级权限，主机 H1 上有管理员权限 P2，攻击者利用管理员权限 P2 的零日漏洞提升权限，攻击操作成功后攻击者的目标是主机的管理员权限。

步骤 3：网络脆弱性评估方法

生成零日攻击图后，通过计算零日攻击图中零日漏洞攻击节点的介数，即所有最短路径中经过零日漏洞攻击节点的路径的数目占最短路径总数的比例，寻找网络中的主要的脆弱部位，交由专家分析这些零日漏洞节点在整个网络中的作用和影响力，得到网络脆弱性评估的结论。

其中，介数是 2001 年 brandes 提出的算法 "A faster algorithm for betweenness centrality"，在无权图上复杂度为 O（mn）O（mn），在有权图上复杂度为 O（mn+nlogn）O（mn+nlogf_0n），在网络稀疏的时候，复杂度接近 O（n2）。节点介数定义为网络中节点对最短路径中经过节点 i 的数目占所有最短路径数的比例。其定义为在图 G=（V，E）中，设 σst 代表从节点 s∈V 到节点 t∈V 路径的数目，设 σst（V）代表从节点 s 到节点 t 的最短路径经过节点 v∈V 的数目。介数反应节点整个网络中的作用和影响力，是一个重要的全局几何量，具有很强的现实意义。

步骤 301：攻击代价指标及计算方法

攻击代价是指网络中某节点利用另外一个主机上某个服务的零日漏洞攻击对其进行攻击的代价。计算零日漏洞攻击节点（网络中各个主机）的介数前需要对零日漏洞攻击节点赋予权值，这里选取攻击代价进行表示。零日漏洞攻击代价的评价指标计算中，需要对零日漏洞进行鉴别。

如果两个节点之间的某个服务存在已知的漏洞，则借鉴 CVSS 评分系统的部分指标计算，当服务存在多个已知漏洞时选取威胁程度最高漏洞进行计算，具体为：

已知漏洞的攻击代价：Cost() = $C_{Av} \times W_{Av} + C_{Ac} \times W_{Ac} + C_{Ava} \times W_{Ava}$，Cost()表示攻击者利用零日漏洞的攻击代价，其值越大，表示攻击者利用该漏洞进行攻击所需的代价越高；W_{Av}、W_{Ac}、W_{Ava} 为各项的权重，取值分别为 0.25、0.25、0.5，参照上述的已知漏洞攻击成本计算指标，则已知漏洞的攻击成本取值范围为[0，1]之间。

基于 CVS 从以下几个方面评估利用已知漏洞所需花费的攻击代价，它能够反映出已知漏洞对网络资产破坏、利用的难易程度、潜在危害影响等方面对网络安全可能导致的威胁。各代价计算指标如下所示：

漏洞的利用方式（AV），根据攻击者与目标之间的物理位置关系可以将已知漏洞的利用方式包划分为包括本地、临近、远程三种，使用 C_{Av} 表示漏洞利用方式的攻击代价评估值。

C_{Av}	本地网络（L）	0.3
	临近网络（N）	0.6
	远程网络（R）	0.9

漏洞的攻击复杂度（AC），主要表现为实现攻击的条件要求以及攻击步骤的复杂程度。复杂度高的漏洞利用可能需要多个攻击步骤才能完成，而且在攻击时所需要具备的条件要求可能也较高，对于攻击者来说进行攻击所付出的代价也就越大，使用 C_{Ac} 表示漏洞攻击复杂度的攻击代价评估值。

C_{Ac}	高（H）	0.9
	中（M）	0.4
	低（L）	0.2

漏洞可利用性（Ava），分为四个等级：未验证的、理论上验证的、功能上实现的、完整实现四个等级，使用 C_{Ava} 来表示脆弱性可利用性的攻击代价评估值。

C_{Ava}	未验证的	0.9
	理论上验证的	0.7
	功能上实现的	0.3
	完整实现	0.1

但如果某个服务不存在已知漏洞，由于我们不可能提前知晓未知漏洞具体细节，只能从侧面进行分析计算。由漏洞出现的一般规律可知，日常使用广泛、历史漏洞记录多的服务其再次出现漏洞的概率会更大，因此针对这两点专门给出了未知漏洞攻击代价的计算方法。

未知漏洞的攻击代价为：$\text{Cost}() = 1 - (CI \times W_{CI} + \rho \times W_\rho)$；

CI 为该服务的常用指数，ρ 为历史漏洞因子，W_{CI}、W_ρ 分别为服务的常用指数、历史漏洞因子所占权值。零日漏洞攻击过程中的攻击成本按照给定的 CI、ρ 代入计算。W_{CI} 取值范围为 $[0, 1]$，$W_\rho = 1 - W_{CI}$，在计算时可以调整 W_{CI} 的值。

服务的常用指数 CI 是指在信息系统中某服务被使用的情况，反映该服务的出现及使用的频繁程度。服务的常用指数准确来说是使用服务在整个网络中的数量和分布规律描述的，但由于网络规模和信息隔离的造成这些数据收集难度很大，因此一般选用软件的下载量来进行评估服务的常用指数。

服务的历史漏洞因子 ρ 指的是某服务自投入使用以来历史上出现漏洞的频繁程度，描述服务以往出现漏洞的可能性大小。

得到服务上漏洞攻击代价后，在零日攻击图 G 中即确定了该服务连接的两个节点之间的其中一个节点利用该漏洞攻击另一个节点所需的代价；如此，就可以得到零日攻击图 G 中任意两节点之间经由不同服务进行攻击的攻击代价。

步骤302：最小代价攻击路径算法。

根据上述对节点介数的定义我们知道，要计算节点的介数需要提前获得任意两节点间的最小攻击代价路径数目以及每条攻击路径的路径信息。因此在为零日攻击图中零日漏洞利用计算攻击代价之后，我们的零日攻击图可以表示为有向带权图。零日漏洞的攻击代价表示该边的权值，节点为前置条件和后置条件。而节点间最小代价攻击路径指的是在零日攻击图中两个节点之间攻击者从源节点到目的节点所需花费攻击代价最小的路径。

步骤303：关键脆弱点评估。

最小代价攻击路径计算方法可以得到任意两主机节点间的最小攻击代价路劲信息，进而计算零日攻击图中零日漏洞攻击节点的介数，得到关键脆弱点，主要算法步骤如下：

第一步：针对任意两个节点1和2，确定两主机节点间的最小攻击代价路径的数量 M；

第二步：针对网络中除节点1和2的任意一个节点 x，计算第一步中确定的最小攻击代价路径中包含该节点 x 的最小攻击代价路径的数量 N，求得数量 N 与数量 M 的比值；获得节点 x 在所有网络中任意两节点之间的比值，得到所有比值的和值，即为该节点 x 的介数。

第三步：所有的零日漏洞攻击节点的介数排序，介数较高的零日漏洞攻击节点作为网络关键脆弱点。

介数值较高的零日漏洞攻击节点即为我们寻找的网络中的关键脆弱点，是网络脆弱性的具体体现，它们反映出这些零日漏洞的在网络中的重要位置或攻击威胁较高，是必须重点关注的节点，应当交由专家进行具体定性审计和分析，以此为网络安全防护和安全优化提供有针对性的建议，提升网络的安全性。

综上所述，以上仅为本发明的较佳实施例而已，并非用于限定本发明的保护范围。凡在本发明的精神和原则之内，所作的任何修改、等同替换、改进等，均应包含在本发明的保护范围之内。

2．审查意见通知书

本申请涉及一种基于零日攻击图的网络脆弱性评估方法，经审查，意见如下：

本申请要解决的技术问题是（参见说明书第 0002-0005）在利用漏洞评估网络脆弱性方法中大多数的研究人员只是分析已知的漏洞能对网络形成的损害去度量网络安全性，这样不考虑未知漏洞的分析方法，缺乏对未知漏洞的预防。本申请要达到的技术效果是（参见说明书第 0024 段）：在处理已知漏洞的同时充分考虑网络中所有可能存在的未知漏洞，使评估方法具备对未知漏洞的处理能力，并通过逻辑推理发现潜在的网络脆弱点，评估当前网络的安全性。但本申请在说明书中仅记载了在生成攻击图时包括零日漏洞，但本领域技术人员知晓，零日漏洞是指被发现后立即被恶意利用的安全漏洞，也就是说，零日漏洞也是已知漏洞，只不过零日漏洞是刚发现的漏洞，所以，零日漏洞并不是未知漏洞。因此，本申请的说明书中并没有记载如何针对未知漏洞采用何种技术手段进行处理，也就是说，说明书中只给出一种愿望，而未给出任何使所属技术领域的技术人员能够实施的技术手段。因此，本申请不符合《专利法》第二十六条第三款的规定。

3．针对该审查意见的答复

本申请提供一种基于零日攻击图的网络脆弱性评估方法，主要包括以下方案：

步骤1：确定物理网络的信息；

步骤2：根据物理网络的信息生成零日攻击图（其中，为了全面地分析攻击者可能的攻击途径，假设物理网络中所有的服务或权限都具有能被攻击者利用的零日漏洞，由此生成了零日攻击图）；

步骤 3：将所述零日攻击图中各主机作为节点，计算各个节点的介数，根据介数值确定网络中的关键脆弱点。

本申请的发明点在于：基于生成的零日攻击图，利用漏洞扫描技术和 CVSS 漏洞评分系统量化利用零日漏洞进行攻击所需花费的攻击代价，最后以网络中心性理论分析获得网络中的关键脆弱节点；这些关键脆弱节点就是最有可能被攻击的未知漏洞，因此，基于本申请的方法，可以对最有可能被攻击的未知漏洞进行处理，提升网络的安全性；所以，本申请的技术方案中实际上不包含采用未知漏洞来推理网络脆弱点的技术环节，因此本申请不存在说明书公开不充分的问题。

4．要点分析

本案例中，审查员认为说明书中仅记载了在生成攻击图时包括零日漏洞，而零日漏洞是已知漏洞，并不是未知漏洞，因此，本申请采用的技术方案并没有考虑未知漏洞，不具备对未知漏洞的处理能力，未解决所提出的"对未知漏洞的预防"技术问题，导致说明书公开不充分。

通过分析本申请说明书公开的内容可知，本申请先基于生成的零日攻击图，利用漏洞扫描技术和 CVSS 漏洞评分系统量化利用零日漏洞进行攻击所需花费的攻击代价，最后以网络中心性理论分析获得网络中的关键脆弱节点；这些关键脆弱节点就是最有可能被攻击的未知漏洞，因此，本申请的方法可以实现对最有可能被攻击的未知漏洞进行处理的目的，达到提升网络的安全性的技术效果；因此，审查员对本申请只考虑零日漏洞不具备对未知漏洞的处理能力的理解是错误的。

3.6 针对实用新型审查意见的答复

实用新型专利申请只做初步审查，不做实质性审查。实用新型在初步审查时，会进行申请文件的形式审查，以及明显实质性缺陷审查；其中，明显实质性缺陷审查包括：

①专利申请是否明显属于《专利法》第五条规定的违反社会公德、妨害公共利益的情形、第二十五条规定的不授予专利权的主题的情形；

②是否不符合《专利法》第十八条规定的外国人或组织在我国申请专利的条件、第十九条第一款委托代理、第二十条第一款向外申请保密审查的规定；

③是否明显不符合《专利法》第二条第三款实用新型的定义、第二十二条第二款新颖性或第四款实用性、第二十六条第三款说明书公开充分,或第四款权利要求以说明书为依据,清楚、简要的规定;

④是否明显不符合《专利法》第三十一条第一款单一性、第三十三条修改不能超范围的规定;

⑤是否明显不符合《专利法》实施细则第十七条至第二十二条申请文件的撰写形式、第四十三条第一款分案申请的规定;

⑥是否依照《专利法》第九条规定不能重复授权。

实用新型的审查意见,如权利要求不清楚、没有以说明书为依据,不符合单一性、修改超范围、不是技术方案等的答复思路,基本上与前文所述的发明专利申请的答复思路一致,但需要特别注意的是:实用新型的保护客体与发明不完全相同,创造性的评判要求要比发明低。

本节以实用新型的保护客体问题和公开不充分问题为例,进行解读和分析。

3.6.1 法条解读

《专利法》第二条第三款规定:实用新型,是指对产品的形状、构造或者其结合所提出的适于实用的新的技术方案。

实用新型与发明的相同之处在于,两者都必须是一种技术方案,即具有技术特征,且符合一定的自然规律,能够解决技术问题,获得技术效果;但不同的是,发明既可以保护产品,也可以保护方法,而实用新型仅限于产品,方法不属于实用新型的保护客体。并且,也不是所有的产品都能够采用实用新型的方式进行保护,因为实用新型专利所保护的产品,是经过产业方法制造的,有确定形状、构造且占据一定空间的实体。一切方法以及未经人工制造的自然存在的物品均不属于实用新型专利保护的客体。其中,上述方法包括产品的制造方法、使用方法、通信方法、处理方法、计算机程序以及将产品用于特定用途等。例如,齿轮的制造方法、工作间的除尘方法或数据处理方法,自然存在的雨花石等均不属于实用新型专利保护的客体。

但需要注意的是,实用新型不保护方法,指的是权利要求中不能有关于方法方案的改进,并不是指完全不能写方法术语。权利要求中可以使用已知方法的名称去限定产品的形状、构造,但该方法的步骤、工艺条件等不能写入权利要求。例如,以焊接、铆接等已知方法名称限定各部件连接关系的,不属于对方法本身提出的改进,是可以作为技术特征写入实用新型的权利要求中。但是,如果权利要求中既包含形状、构造特征,又包含对方法本身提出的改进，例如含有对产品制造方法、使用方法或计算机程序进行限定的技术特征，则不属于实用新型专利保护的客体。总之，如果必须包含方法特征，则采用的一定是已知的方法，不能对方法本身进行改进；一旦包含了对方法本身提出的改进，则该项技术方案不属于实用新型专利保护的客体。

《专利审查指南》（2010）中对产品的形状进行了定义：

产品的形状是指产品所具有的、可以从外部观察到的确定的空间形状。

对产品形状所提出的改进包括对产品的三维形态或二维形态所提出的改进，例如，可以是对三维凸轮形状、刀具形状作出的改进；也可以是对型材的二维断面形状的改进。但产品的形状特征不能是生物的或自然形成的，如植物盆景中的植物自然生长的形状、自然形成的假山形状等；也不能是以摆放、堆积等方法获得的非确定的形状。

对于无确定形状的产品，例如气态、液态、粉末状、颗粒状的物质或材料，其形状不能作为实用新型产品的形状特征。但是，如果这些无确定形状的物质在产品中受该产品结构特征的限制，则该物质可以作为产品方案的一个技术特征，例如，对温度计的形状构造所提出的技术方案中允许写入无确定形状的酒精作为其中一个技术特征。

此外，产品的形状可以是在某种特定情况下所具有的确定的空间形状，例如，具有新颖形状的冰杯、降落伞等。

《专利审查指南》（2010）中对产品的构造也进行了定义：

产品的构造是指产品的各个组成部分的安排、组织和相互关系。

产品的构造可以是机械构造，如构成产品的零部件的相对位置关系、连接关系和机械配合关系等，也可以是线路构造，如构成产品的元器件之间的连接关系。

复合层可以认为是产品的构造，产品的渗碳层、氧化层等属于复合层结构。但是，物质或材料的微观结构，如物质的分子结构、组分、金相结构等不属于产品的构造。

实用新型的请求保护的技术方案中，可以包含已知材料的名称，即可以将现有技术中的已知材料应用于具有形状、构造的产品上，但是，如果对材料本身提出了改进，那么，即便该权利要求中还包含了形状、构造特征，也不属于实用新型保护的客体。

3.6.2 答复思路分析

在涉及《专利法》第二条第三款规定的实用新型专利保护客体的问题时，目前的审查意见中主要是认为请求保护的权利要求中包含了对方法、材料的改进等，因此不是实用新型保护客体的问题。对于该类审查意见，一般是陈述权利要求所述的方案中采用的是现有技术中的方法、材料，没有涉及对方法、材料的改进，本实用新型是对产品的形状或构造进行了改进，本领域技术人员在本发明提出的形状、构造的基础上，根据现有的方法、材料即可获得本发明，即现有方法、材料直接应用即可，不涉及改进；或者是将关于方法、材料改进的部分进行删除，但依然要说明采用现有的方法、材料也是能够实现的。

在涉及《专利法》第二十六条第三款说明书公开不充分的问题时，一般首先分析这方面是否为实现该专利申请技术方案所必须了解的内容，如果是，则进一步分析该内容是否能够根据申请文件中记载的内容推知获得，或者是记载在本说明书中所引证的文件中，或者是本技术领域的公知常识或常用手段；如果本领域技术人员不需要了解这方面的内容也能实现该专利申请的技术方案，则应当在意见陈述书中作出充分的说明，具体论述按照原申请文件记载的内容能够实现该专利申请技术方案的理由。

需要注意的是，一定不能在意见陈述书中表示同意该观点并将这部分内容补充到说明书中，这样做，要么，以说明书公开不充分为由，驳回该专利申请；要么，以修改超范围为由，驳回该专利申请。

3.6.3 案例13：一种次氯酸钠溶液精确配制装置

1. 专利申请文件

权利要求书

1. 一种次氯酸钠溶液精确配制装置，包括10%次氯酸钠的储槽（1）、生消水槽Ⅰ（2）、次氯酸钠高位槽Ⅰ（3）、文丘里反应器Ⅰ（4）、次氯酸钠中间储槽（5）、次氯酸钠高位槽Ⅱ（6）、生消水槽Ⅱ（7）、文丘里反应器Ⅱ（8）和配制成品槽（9），其特征在于，还包括：控制器（15）、设置在文丘里反应器Ⅰ（4）的次氯酸钠入口处以及生消水入口处的阀Ⅰ（12）和阀Ⅱ（13）、设置在次氯酸钠高位槽Ⅰ（3）出口处和生消水槽Ⅰ（2）出口处的流量计Ⅰ（16）和流量计Ⅱ（17）、设置在文丘里反应器Ⅱ（8）的生消水入口处的阀Ⅲ（14）以及设置在次氯酸钠高位槽Ⅱ（6）出口处和生消水槽Ⅱ（7）出口处的流量计Ⅲ（18）和流量计Ⅵ（19）；所述阀Ⅰ（12）、阀Ⅱ（13）、阀Ⅲ（14）、流量计Ⅰ（16）、流量计Ⅱ（17）、流量计Ⅲ（18）和流量计Ⅵ（19）分别与控制器（15）连接；所述控制器（15）

用于根据设定的文丘里反应器Ⅰ（4）、文丘里反应器Ⅱ（8）的配置浓度控制控制阀Ⅰ（12）、阀Ⅱ（13）和阀Ⅲ（14）的开度。

2．如权利要求1所述的次氯酸钠溶液精确配制装置，其特征在于，还包括在线分析仪（20），其中，在线分析仪（20）安装在配置成品槽（9）处，用于检测配置成品的有效氯含量；所述在线分析仪（20）与控制器（15）连接，控制器（15）根据在线分析仪（20）显示的pH值，调节阀Ⅲ（14）的开度。

3．如权利要求1所述的次氯酸钠溶液精确配制装置，其特征在于，配置的次氯酸钠溶液成品的质量百分比浓度为0.085%～0.12%时，文丘里反应器Ⅰ（4）配制出的次氯酸钠的质量百分比浓度为0.8%～1.2%，文丘里反应器Ⅱ（8）配制出的次氯酸钠的质量百分比浓度为0.085%～0.12%。

4．如权利要求3所述的次氯酸钠溶液精确配制装置，其特征在于，经过控制器（15）对阀Ⅰ（12）、阀Ⅱ（13）、阀Ⅲ（14）的控制，使流量计Ⅰ（16）显示的流量F1和流量计Ⅱ（17）显示的流量F2之间的比值F1/F2为8～12；流量计Ⅲ（18）显示的流量F3和流量计Ⅵ（19）显示流量F4之间的比值F3/F4为10～12。

2．审查意见通知书

审查员认为，权利要求1请求保护"一种次氯酸钠溶液精确配制装置"，其中的特征"所述阀Ⅰ（12）、阀Ⅱ（13）、阀Ⅲ（14）、流量计Ⅰ（16）、流量计Ⅱ（17）、流量计Ⅲ（18）和流量计Ⅵ（19）分别与控制器（15）连接；所述控制器（15）用于根据设定的文丘里反应器Ⅰ（4）、文丘里反应器Ⅱ（8）的配置浓度控制控制阀Ⅰ（12）、阀Ⅱ（13）和阀Ⅲ（14）的开度"，其中的"控制器"是依赖于其计算机软件程序/软件实现"根据设定的文丘里反应器Ⅰ（4）、文丘里反应器Ⅱ（8）的配置浓度控制控制阀Ⅰ（12）、阀Ⅱ（13）和阀Ⅲ（14）的开度"的功能，其实质包含了计算机程序/软件的改进，软件属于方法，不属于实用新型的保护客体，因此权利要求1不符合《专利法》第二条第三款的规定。

3．针对该审查意见的答复

尊敬的审查员，您好：

感谢您对本申请的认真审查并提出审查意见。针对您的审查意见，本申请人认真阅读后，进行如下修改和陈述：

针对审查员提出的权利要求1中涉及控制器，认为控制器中依赖计算机软件才能实现相应的功能，权利要求1实质包含了计算机软件的改进，不属于实用新型保护客体的问题：

本发明虽然涉及控制器，且控制器根据设定的文丘里反应器Ⅰ（4）、文丘里反应器Ⅱ（8）的配置浓度控制控制阀Ⅰ（12）、阀Ⅱ（13）和阀Ⅲ（14）的开度；但是，本发明并没有对控制器的控制方法进行改进，即本领域技术人员，采用现有常规的控制方法均可实现阀Ⅰ（12）、阀Ⅱ（13）和阀Ⅲ（14）的开度控制；本发明的重点并不在于控制方法，而是利用二级文丘里反应器实现溶液浓度的精准配置；在搭建了本发明的配制装置后，控制器采用常规的控制方法均可实现各个阀的精确控制，并没有对控制方法进行改进。

因此，申请人认为，本实用新型并没有涉及计算机软件的改进，属于实用新型保护客体。

再次感谢您对本申请的仔细工作。

申请人恳请审查员在审核上述修改及答复意见的基础上，早日授予本专利申请的专利权。如有进一步探讨，申请人恳请审查员给予进一步陈述意见或当面会晤的机会。谢谢！

4. 要点分析

对于实用新型涉及的软件算法问题，一般需要陈述实用新型的保护重点是什么，是否是对产品的形状或构造提出了新的设计或改进，对于智能控制而言，其是否真的涉及控制算法的改进，采用现有的常规控制方法是否能够实现本发明。

本案例中，申请人针对现有技术中"低浓度的次氯酸钠溶液的生产是将10%次氯酸钠溶液与生消水按一定比例经过一、二段文丘里反应器经一次配置、二次复配过程得到，而目前的次氯酸钠溶液的配制完全手动操作，配置过程中需要操作人员一直在现场关注就地仪表，根据仪表显示流量估算溶液流量及配置比值，根据估算的流量及配比操作手阀开度。配制完成后由理化分析判断配置质量，进而决定是否调整配比。现有配置过程自动化程度低，人为因素居多，流量计量及配比的精确度难以保证，并且配比的调整取决于理化分析结果，滞后性比较大。乙炔清洁系统需使用质量百分比浓度为0.085%～0.12%的次氯酸钠溶液，现有人工调配方式快速精确地难达到该浓度，调试过程较长"的问题，提出了一种次氯酸钠溶液精确配制装置，该配置装置能够快速在线精准地配置出质量百分比浓度为0.085%～0.12%的次氯酸钠溶液，配置精度高、速度快。权利要求1中涉及控制器，确实需要相应的控制算法才可以实现其控制功能,然而,本发明的重点在于搭建了一个二级文丘里反应器来实现溶液浓度的精准配置,在搭建好二级文丘里反应器后,根据两个文丘里反应器的配置浓度控制各个阀的开度,这种控制算法并不复杂,根据现有的常规控制方法即可实现,没有涉及对控制方法进行改进,即现有的控制方法直接应用即可,因此,该项技术方案未涉及计算机软件的改进,属于实用新型保护客体。

3.6.4 案例14:一种心谱贴

1. 专利申请文件

说明书

一种心谱贴

技术领域

本实用新型涉及心电监测技术领域,具体涉及一种用于监测动态心电信号并可以更换电池的心谱贴。

背景技术

动态心电图监护仪也就是Holter,是目前比较常用的设备,但其存在体积大、连线多、待机时间短等问题。市面上近年来出现了一种小型的心电监护设备,如东方泰华的TKECG-H01,单导联、体积小、无连线,大大提高了用户的使用体验。但这些产品采用充电电池的方式,由于锂电池的容量限制,可连续工作的时间仅为1~2天。

实用新型内容

有鉴于此,本实用新型提供了一种用于监测动态心电信号并可以更换电池的心谱贴,不但采用了小体积、单导联、无引线的设计,而且使用了可更换电池的方式,用户可以连续使用7天,且可以在电池用尽时,快速更换电池继续使用。

为了解决上述技术问题,本实用新型是这样实现的。

一种心谱贴,包括长条形片状硅胶主体,硅胶主体中部嵌入塑胶壳,塑胶壳内部安装电路板;纽扣电池安装在电池舱内,纽扣电池与电路板电连接;需要与外部心电感应器件相连接的电极扣固定在硅胶中,并与电路板电连接;所述电路板中设有用于向外部发射信号的无线通信模块。

优选地,所述硅胶主体两端为弧形。

优选地，电极扣固定在硅胶主体的两端弧形部位。

优选地，硅胶主体安装电极扣的区域向安装面反方向突起，形成圆形凸区。

优选地，电池舱设置在塑胶壳中，塑胶壳背面具有可开启的电池舱盖。

优选地，所述电池舱盖与塑胶壳的连接方式为卡扣旋紧。

优选地，所述无线通信模块采用蓝牙通信模块或Wi-fi通信模块。

优选地，所述纽扣电池为锂电池。

优选地，所述塑胶壳为两端为弧形的长条形舱室，长条形舱室的上底面为平面，侧面为弧面。

优选地，电极扣通过注塑方式固定在硅胶中。

有益效果：

1. 本设备体积小、无连线，方便使用佩戴；

2. 本设备采用锂纽扣电池，可以长时间工作，且采用可更换电池方案，在电池用尽时，快速更换继续使用。

附图说明

略

具体实施方式

下面结合附图并举实施例，对本实用新型进行详细描述。

实施例1

本实施例的心谱贴包括长条形片状硅胶主体1，硅胶主体1中部嵌入塑胶壳2，本实施例中塑胶壳2为两端为弧形的长条形舱室，长条形舱室的上底面为平面，侧面为弧面。塑胶壳2内部空间划分为电气舱和电池舱3。电气舱安装电路板，电池舱3安装纽扣电池4。纽扣电池为电路板供电。

其中，硅胶主体1为两端为弧形的长条型片状形结构。

需要与外部心电感应器件（例如图中所示的心电贴片8，图略）相连接的电极扣6固定在硅胶主体1的两端，通过注塑方式固定在硅胶中，并与电路板电连接。硅胶主体安装电极扣6的区域向安装面反方向突起，形成圆形凸区7，使电极扣6更多的容纳于圆形凸区内部，只有扣部伸出在外，使安装平面更加平滑。

本实施例中，电池舱设置在塑胶壳2中，塑胶壳2背面具有可开启的电池舱盖5，电池舱盖5通过卡扣旋紧的方式连接于塑胶壳2，从而便于开启和关闭，而且能够保证关闭后的牢固程度。为了便于充电，纽扣电池4为锂电池。安装电池步骤为，先将电池盖逆时针旋转，之后取下，放入电池，盖上电池盖，顺时针旋转锁紧。

电路板包括模数转换模块、运算器、无线通信模块和有电池供电的电源模块。电路板一面安装模数转换模块、运算器和无线通信模块，另一面安装电池。该无线通信模块用于向外部发射数字心电信号。该无线通信模块采用蓝牙通信模块或Wi-fi通信模块实现，从而实现无线测量。

一种使用方式为，先将L电极、R电极部位的电极扣与外部心电感应器件相连接，心电感应器件的另一侧与皮肤粘贴，贴于左胸的上部。

工作原理为：

本心谱贴使用电池供电，通过L/R电极与通用的心电电极贴连接，并通过通用的心电电极贴从人体皮肤采集心电模拟电压信号，通过内部电路板，将模拟的心电信号转换成数字信号，并通过运算器处理，生成编码的数字心电信号流。使用蓝牙或Wi-fi无线信号与智能终端连接，把数字心电信号流传输到智能终端系统中。

实施例2

本实施例中，通过螺纹或者卡接的方式连接电池舱盖和电池舱。

实施例3

本实施例中，将电池舱设计在主体外部，用连线将电路板与电池相连接。

2. 审查意见通知书

审查员认为，该专利申请涉及一种心谱贴，其所要解决的技术问题是："由于锂电池的容量限制，可连续工作的时间仅为1～2天。"说明书记载了以下内容："一种心谱贴，包括长条形片状硅胶主体……优选地，电极扣通过注塑方式固定在硅胶中。"首先，说明书没有公开锂纽扣电池具体规格、型号等，本领域技术人员不清楚如何实现锂纽扣电池可以长时间工作。其次，说明书没有公开模数转换模块、运算器、无线通信模块、有电池供电的电源模块具体的电路连接结构，本领域技术人员不清楚如何实现供电与检测心电信号。综上所述，对所属技术领域的技术人员来说，说明书中给出的技术手段是含混不清的，根据说明书记载的内容无法具体实施，使说明书及附图所记载的内容不能构成一个清楚完整的技术方案，因而不符合《专利法》第二十六条第三款的规定。

3. 针对该审查意见的答复

尊敬的审查员，您好：

感谢您对本申请的认真审查并提出审查意见。针对您的审查意见，本申请人认真阅读后，进行如下修改和陈述：

修改 1：本申请人将"实用新型内容"第一段中描述的"而且使用了可更换电池的方式，用户可以连续使用 7 天，且可以在电池用尽时，快速更换电池继续使用"，修改为"而且使用了可更换电池的方式，可以在电池用尽时，快速更换电池继续使用"。将被删除的"用户可以连续使用 7 天"修改到"实用新型内容"的有益效果部分，作为"采用锂纽扣电池"的效果。

修改 2：本申请人将"有电池供电的电源模块"修改为"由电池供电的电源模块"。这里是一处笔误，从权利要求 1 所公开的方案可以看出，"纽扣电池安装在电池舱内，纽扣电池与电路板电连接"，因此，电源模块并不包括纽扣电池，纽扣电池作为电力源，与电源模块相连，电源模块负责进行电能分配等工作。因此，该修改并没有超出原申请文件公开的范围。

基于上述修改，本申请人提出以下意见陈述：

第一，关于没有公开纽扣电池具体规格、型号的问题。

如本申请说明书背景技术所述，现有心电监护设备"采用充电电池的方式，由于锂电池的容量限制，可连续工作的时间仅为 1~2 天"，这里所要强调的是现有技术采用了充电电池，在电量用尽后，不能更换电池，而是需要对充电电池进行充电，充电期间将耽误设备使用。

正是由于该问题的存在，本方案所要解决的技术问题之一是"在电池用尽时，快速更换电池继续使用"，从而延长设备的连续使用时间。

而达到上述技术效果的技术方案就是本方案采用了纽扣电池。纽扣电池是一种常用的电池形式，电量用尽直接更换即可，即使用了可更换电池的方式，无须充电，不存在充电期间耽误设备使用的问题，使本设备能够持续长时间使用。任何规格、型号的纽扣电池均可以应用于本方案，根据纽扣电池的形状、大小，只需适应性改变电池舱的结构即可，这是常规设计，本领域技术人员根据本申请的记载，是可以加以实施的，并不存在技术手段含混不清的问题，符合《专利法》第二十六条第三款的规定。

第二，关于没有公开模数转换模块、运算器、无线通信模块、有电池供电的电源模块具体电路连接结构，使本领域技术人员不清楚如何实现供电与检测心电信号的问题。

本申请所要保护的是心谱贴的结构形式、材料选择、供电电池的选择，从而解决相应技术问题。而电路板的电路组成以及供电电路的具体设计方案并非所要保护的重点。电路板中供电模块的电路设计以及检测心电信号的电路设计均可以参考并采用常规的设计方案。如图 1 所示的连接方式：

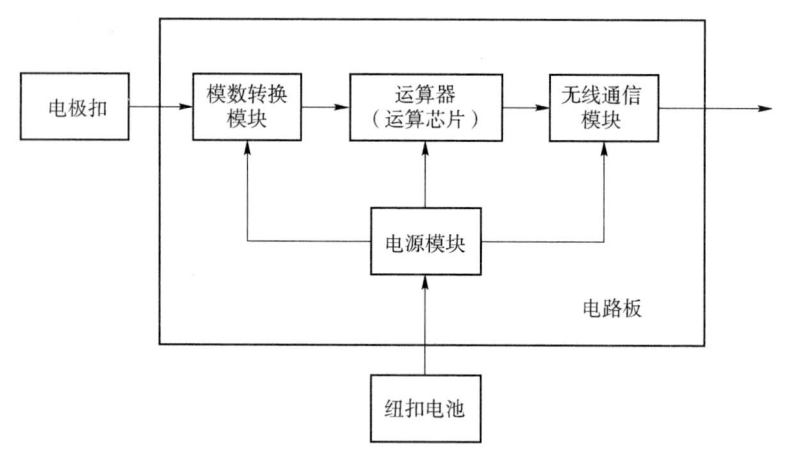

图 1 连接方式

如图 1 所示，电极扣与模数转换模块相连，电极扣还与外部的心电感应器件相连，这样，心电感应器件采集的心电信号可以通过电极扣传递到电路板上，由模数转换模块进行模数转换后，进入运算器进行数据处理等操作。这便是检测心电信号的实现方式。这里，模数转换模块可以选用专为心电图应用设计的低功耗低电压模数转换集成电路芯片，比如，美国的 Texas Instruments 公司的 ADS1293。至于更细节的电路设计，则参考所使用的芯片的说明书即可完成设计。

再如图 1 所示，纽扣电池与电源模块相连，纽扣电池提供的电力进入电源模块，由电源模块进行处理，例如电源转换、分配等。电源模块与所有用电模块相连（如图 1 所示）。这便是供电的实现方式。这里，电源模块可以选用高转换效率的降压型 DC-DC（BUCK）电压转换芯片，为所有模块提供电源。至于更细节的电路设计，则参考所使用的芯片的说明书即可完成设计。

对于运算器，即运算控制器，可以选用低功耗无线片上系统（SOC）芯片，比如，常见的有美国 Dialog 公司的 DA14580，挪威 Nordic 公司的 nRF51288A，均为低功耗低电压蓝牙 SOC 集成电路芯片。该类芯片，内部集成了运算控制器模块（ARM 控制器）、存储器模块、无线收发器模块和 IO 控制器模块。SOC 集成电路使用通用 SPI 接口与模数转换芯片连接，通过软件设计，实时读取模数转换芯片所采集到的信号数据。数据经过运算控制器处理后，打包并通过无线收发器发送到接收设备。对于没有集成无线收发器模块的运算控制器，无线通信模块则选用独立的芯片即可。至于更细节的电路设计，则参考所使用的芯片的说明书即可完成设计。

综上所述，供电与检测心电信号的实现，可以采用常规方式实现，因此说明书中并未具体描述，只描述了想要强调的部分，例如电路板一面安装模数转换模块、运算器和无线通信模块，另一面安装电池，这样可以减少连线，充分利用设备内部空间；再如，无线通信模块采用蓝牙通信模块或Wi-fi通信模块实现，从而实现无线测量。因此，通过阅读本申请说明书，再加上现有技术的知识，本领域技术人员是可以实现供电与心电信号检测的。因此，本申请文件并不存在技术手段含混不清的问题，符合《专利法》第二十六条第三款的规定。

再次感谢您对本申请的仔细工作。

随此意见陈述书同时附上说明书的修改页和替换页。以上修改未超出原说明书和权利要求书记载的范围。申请人恳请审查员在审核上述修改及答复意见的基础上，早日授予本专利申请的专利权。如有进一步探讨，申请人恳请审查员给予进一步陈述意见或当面会晤的机会。谢谢！

4. 要点分析

本案例中，对于没有公开锂纽扣电池的规格型号的问题，可以从本发明实际要解决的问题以及为解决该问题所采用的手段出发进行陈述。本案中，实际要解决的问题是现有技术"采用充电电池，在电量用尽后，不能更换电池，而是需要对充电电池进行充电，充电期间将耽误设备使用"的问题，本发明通过对心谱贴的形状、构造进行改进，采用可更换电池的方式，无须充电，不存在充电期间耽误设备使用的问题，从而使本设备能够持续长时间使用。该方案的重点在于心谱贴的形状、构造，至于纽扣电池，其作用是供电，其规格型号并非本发明的重点，任何规格、型号的纽扣电池均可以应用于本方案，根据纽扣电池的形状、大小，只需适应性改变电池舱的结构即可，这属于常规设计，本领域技术人员根据本申请的记载，是可以加以实施的。

对于没有公开模数转换模块、运算器、无线通信模块、有电池供电的电源模块具体电路连接结构，使本领域技术人员不清楚如何实现供电与检测心电信号的问题，同样的，本申请所要保护的是心谱贴的结构形式、材料选择、供电电池的选择，从而解决相应技术问题。电路板的电路组成以及供电电路的具体设计方案并非本发明技术方案的重点。电路板中供电模块的电路设计以及检测心电信号的电路设计均可以参考并采用常规的设计方案。因此，本领域技术人员根据本申请的记载，以及现有的公知常识及常规手段，是可以加以实施的。

参 考 文 献

［1］中华人民共和国专利法［M］. 北京：知识产权出版社，2000.

［2］中华人民共和国专利法［M］. 北京：知识产权出版社，2009.

［3］中华人民共和国专利法实施细则［M］. 北京：知识产权出版社，2001.

［4］中华人民共和国专利法实施细则［M］. 北京：知识产权出版社，2010.

［5］专利法审查指南［M］. 北京：知识产权出版社，2006.

［6］专利法审查指南［M］. 北京：知识产权出版社，2010.

［7］仇蕾安. 对我国知识产权发展现状的思考与分析［J］. 情报理论与实践，2014，37（2）.